强化学习与机器人控制

[墨] 余文(Wen Yu)
阿道夫·佩鲁斯基亚(Adolfo Perrusquía) 著
刘晓骏 译

清华大学出版社
北 京

北京市版权局著作权合同登记号　图字：01-2023-4476

图书在版编目(CIP)数据

强化学习与机器人控制 / (墨) 余文 (Wen Yu)，(墨) 阿道夫 • 佩鲁斯基亚 (Adolfo Perrusquía) 著；刘晓骏译. —北京：清华大学出版社，2023.7
书名原文：Human-Robot Interaction Control Using Reinforcement Learning
ISBN 978-7-302-63740-0

I. ①强…　II. ①余… ②阿… ③刘…　III. ①机器人控制　IV. ①TP24

中国国家版本馆 CIP 数据核字(2023)第 111020 号

责任编辑：王　军
装帧设计：孔祥峰
责任校对：成凤进
责任印制：沈　露

出版发行：清华大学出版社
网　址：http://www.tup.com.cn，http://www.wqbook.com
地　址：北京清华大学学研大厦 A 座　**邮　编**：100084
社 总 机：010-83470000　**邮　购**：010-62786544
投稿与读者服务：010-62776969，c-service@tup.tsinghua.edu.cn
质 量 反 馈：010-62772015，zhiliang@tup.tsinghua.edu.cn
印 装 者：三河市东方印刷有限公司
经　销：全国新华书店
开　本：148mm×210mm　**印　张**：8.125　**字　数**：256 千字
版　次：2023 年 9 月第 1 版　**印　次**：2023 年 9 月第 1 次印刷
定　价：98.00 元

产品编号：098661-01

作者简介

Wen Yu 于 1990 年获得清华大学自动控制学士学位，于 1992 年和 1995 年在东北大学分别获得电气工程硕士学位和博士学位。1995—1996 年，他在东北大学自动控制系担任讲师。自 1996 年以来，他一直在墨西哥国立理工学院(CINVESTAV-IPN)工作，目前在该校担任自动化控制系教授。2002—2003 年，他在墨西哥石油研究所担任研究职位。2006—2007 年，他是英国贝尔法斯特女王大学的高级客座研究员。2009—2010 年，他担任加州大学圣克鲁斯分校的客座副教授。2006 年，他还担任东北大学的客座教授。另外，他还是 IEEE 控制论、神经计算学报，以及智能和模糊系统杂志的副编辑，是墨西哥科学院的成员。

Adolfo Perrusquía(IEEE 成员)于 2014 年获得墨西哥国立理工学院(UPIITA-IPN)工程与先进技术跨学科专业机电一体化工程学士学位。他分别于 2016 年和 2020 年获得墨西哥国立理工学院(CINVESTAV-IPN)研究与高级研究中心自动控制系的硕士和博士学位。目前，他是克兰菲尔德大学的研究员，是 IEEE 计算智能协会的成员。他的主要研究方向是机器人学、机械、机器学习、强化学习、非线性控制、系统建模和系统识别。

前 言

机器人控制是控制理论和应用领域的一个热门话题，主要的理论贡献是利用线性和非线性方法，使机器人能够执行一些特定的任务。机器人交互控制是科学研究和工程应用领域的一个热门课题。机器人交互控制方案的主要目标是实现机器人与环境之间的预期性能，并能够安全、精确地运动。环境可以是机器人外部的任何材料或系统，如操作人员。机器人交互控制器可以根据位置、受力或两者结合进行设计。

最近，通过利用动态规划理论，强化学习技术被应用于最优控制和鲁棒控制。它们不需要具有系统动力学基础并且能够进行内部和外部更改。

从 2013 年开始，作者及其团队开始使用神经网络和模糊系统等智能技术研究人机交互控制。2016 年，作者将更多注意力放在如何利用强化学习解决人机交互问题上。经过四年的工作，他们在关节空间和任务空间中提出了基于模型和无模型的阻抗和导纳控制的结果，还分析了闭环系统，并且讨论了无模型最优机器人交互控制和基于强化学习的位置/受力控制设计。他们研究了庞大的离散时间空间和连续时间空间中的强化学习方法。对于冗余机器人的控制，他们使用多智能体强化学习来解决，并分析强化学习的收敛性。将最坏情况下不确定性的鲁棒人机交互控制转化为“$\mathscr{H}_2/\mathscr{H}_\infty$问题”，采用强化学习和神经网络设计并实现最优控制器。

本书假设读者熟悉基于经典和高级控制器进行机器人交互控制的一些应用，将进一步对系统识别、基于模型和无模型的机器人交互控制器进行系统性分析。本书适用于研究生以及执业工程师。阅读本书需要掌握的先决知识是：机器人控制、非线性系统分析，特别是 Lyapunov 方法、神经网络、优化技术和机器学习。本书还适用于许多对机器人和控制感兴趣的研究人员和工程师。

许多人对本书做出了贡献。第一作者要感谢 CONACYT 基金项目 CONACYT-A1-S-8216、CINVESTAV 基金项目 SEP-CINVESTAV-62 和 CNR-CINVESTAV 基金项目提供的财政支持；他还要感谢妻子 Xiaoou，她为本书投入了大量的时间和精力，没有她的帮助本书不可能完成。第二作者要衷心感谢他的导师 Prof. Wen Yu 对其博士研究的不断支持，感谢他给予的耐心、积极、热情和渊博的知识，在他的悉心帮助指导下才得以完成本书。此外，他还要感谢 Prof. Alberto Soria、Prof. Rubén Garrido、Ing. José de Jesús Meza。最后，第二作者还要感谢他的父母 Adolfo 和 Graciela，他们为本书花费了许多时间和心血，没有他们，本书不可能顺利出版。

在此要说明的是，本书各章正文在涉及参考文献时，采用的是中括号内加数字的形式，如[3]、[3,8]、[3-10]这三种形式分别表示该章中的第 3 个参考文献、第 3 个和第 8 个参考文献、第 3 个到第 10 个参考文献。本书各章中的参考文献我们采用线上形式提供，读者可通过扫描封底二维码下载得到。

目　录

第Ⅰ部分
人机交互控制

第 II 部分
机器人交互控制的强化学习

第Ⅰ部分
人机交互控制

第1章 介 绍

1.1 人机交互控制

如果已经了解了机器人动力学的相关知识，就可以设计基于模型的控制器(见图 1.1)。著名的线性控制器包括比例微分器(Proportional-Derivative，PD)[1]、线性二次调节器(Linear Quadratic Regulator，LQR)和比例积分微分器(Proportional-Integral-Derivative，PID)[2]，它们基于线性系统理论，需要在某些操作点对机器人动力学进行线性化。LQR[3-5]控制已被用作强化学习方法设计的基础[6]。

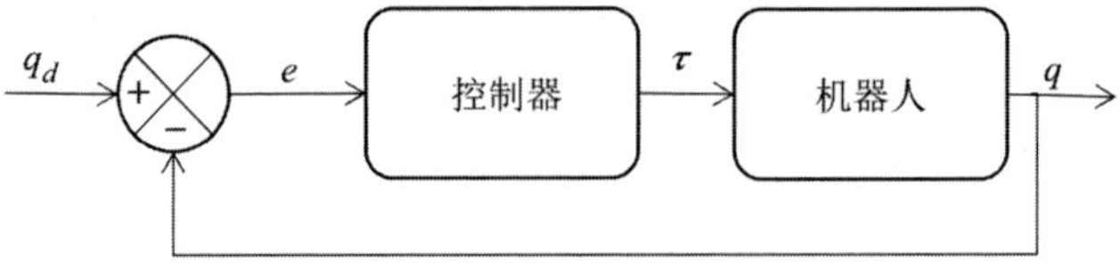

图 1.1 经典的机器人控制

经典控制器使用机器人动力学的全部或部分知识。在这些情况下(不考虑干扰)，可以设计具有完美跟踪性能的控制器。通过使用补偿或预补偿技术来代替机器人动力学，并建立了更简单的期望动力学[7-9]。在关节空间中具有模型补偿或预补偿的控制方案如图 1.2 所示。这里 q_d 是所需的参考值，q 是机器人的关节位置，$e=q_d-q$ 是关节误差，u_p 是动力学的补偿器或预补偿器，u_c 是来自控制器的控制，而 $\tau=u_p+u_c$ 是控制扭矩。典型的模型补偿控制是带有重力补偿的比例微分(PD)控制器，这有助于减少由机器人动力学的重力项而引起的稳态误差。

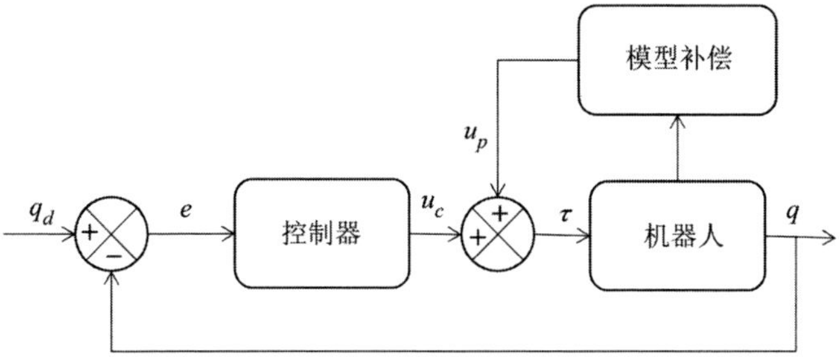

(a) 模型补偿

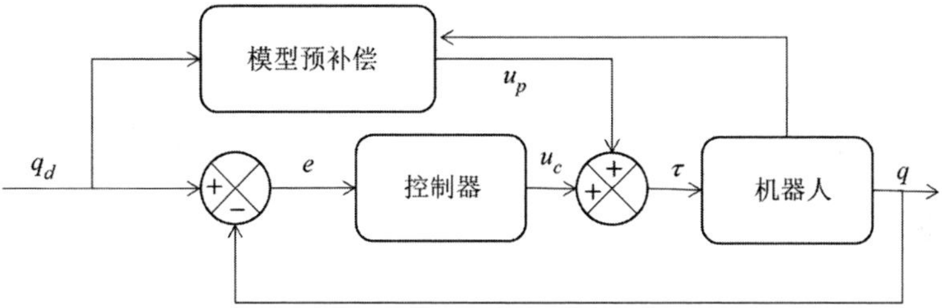

(b) 模型预补偿

图 1.2　模型补偿控制

当没有熟练掌握动力学知识时，就不可能设计以前的控制器。因此需要使用无模型控制器。一些著名的无模型控制器有 PID 控制[10, 11]、滑动模型控制[2, 12]和神经控制[13]。这些控制器在某些条件下(干扰、摩擦、参数)根据特定的设备进行调整。当新的情况出现时，控制器就会出现不同的行为，甚至达不到稳定状态。无模型控制器能胜任不同的任务，并且相对容易调整；然而当改变机器人参数或施加干扰时，它们不能保证最佳性能，并且需要重新调整控制增益。

上述所有控制器均用于位置控制的设计，不考虑与环境的交互。与交互作用相关的任务有很多种，如刚度控制、力控制、混合控制和阻抗控制[14]。可以使用 P(刚度控制)、PD 和 PID 力控制器来调节交互力[15]。位置控制也可以使用力控制来执行位置跟踪和速度跟踪[16, 17](见图 1.3)。此处，f_d 为所需力，f_e 为接触力，$e_f = f_d - f_e$ 是力的误差，x_r 是力控制器的输出，$e_r = x_r - x_d$ 是任务空间中的位置误差。力/位置控制是使用力进行补偿的[17]，它还可以使用全动态来线性化闭环系统，以实现完美跟踪[18]。

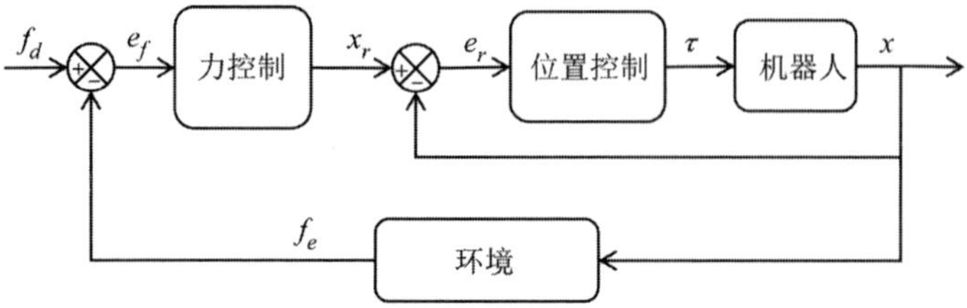

图 1.3 位置/力控制

阻抗控制[7]解决了机器人终端执行器与外部环境接触时如何移动的问题。它使用所需的动态模型(也称为机械阻抗)来设计控制。最简单的阻抗控制是刚度控制，其中机器人的刚度和环境具有比例交互作用[19]。

传统的阻抗控制是通过假设机器人模型精确来线性化系统[20-22]。这些算法需要强有力的假设，即精确的机器人动力学是已知的[23]。控制的鲁棒性在于模型的补偿。

大多数阻抗控制器假设阻抗模型的所需惯量等于机器人惯量。因此，我们只有刚度和阻尼项，这相当于 PD 控制律[8, 21, 24]。解决动态模型补偿不准确的方法是使用自适应算法、神经网络或其他智能方法[9, 25-31]。

阻抗控制有几种实现方式。在[32]中，阻抗控制使用人体特征来获得所需阻抗的惯性、阻尼和刚度分量。对于位置控制，它使用了 PID 控制，这有利于省略模型补偿。避免使用模型或在不完全了解模型的情况下继续操作的另一种方法是利用系统特性，即高传动比减速，这会导致非线性元件变得非常小，系统从而变得解耦[33]。

在机械系统中，特别是在触觉领域，导纳是从力到运动的动态映射。输入力“允许”一定量的运动[11]。基于阻抗或导纳的位置控制需要通过逆阻抗模型来获得参考位置[34–38]。这种方案更完整，因为有一个双控制回路，可以更直接地使用与环境的交互。

阻抗/导纳控制的应用相当广泛，例如，人类操作员所使用的外骨骼。为了保护人身安全需要低机械阻抗，同时跟踪控制需要高阻抗来抑制干扰。因此，还有不同的解决方案，例如频率建模和使用系统的极点和零点来降低机械阻抗[39, 40]。

基于模型的阻抗/导纳控制对建模误差较敏感。这里对经典阻抗/导纳控制器进行了一些修改，例如基于位置的阻抗控制，它使用内部位置控制回路提高了存在建模误差时的鲁棒性[21]。

1.2 控制强化学习

图 1.4 显示了强化学习的控制方案。与图 1.1 中无模型控制器的主要区别在于，强化学习在每个步骤中使用跟踪误差和控制扭矩来更新其值。

强化学习方案首先用于具有离散输入空间的离散时间系统[6, 41]。最著名的方法有 Monte Carlo[42]、Q 学习[43]、Sarsa[44]和评论家算法[45]。

如果输入空间较大或者连续，由于计算成本，经典的强化学习算法无法直接实现，并且在大多数情况下，算法不会收敛[41, 46]，这个问题被称为机器学习的维数灾难。对于机器人控制，维数灾难会增加，因为存在不同的自由度，每个自由度都需要各自的输入空间[47, 48]。另一个使维数问题更加突出的因素是扰动，因为必须考虑新的状态和控制。

为了解决维数灾难问题，可以将基于模型的技术应用于强化学习[49-51]。这些学习方法非常流行，其中一些算法被称为“策略搜索”[52-59]。然而，这些方法需要利用模型的知识来降低输入空间的维数。

与离散时间算法类似，无模型算法也有多种类型。这些算法的主要思想是设计足够多的奖励和逼近器，从而在具有较大或连续输入空间的情况下降低计算成本。

减小输入空间最简单的逼近器就是手工方法[60-65]。这种方法是通过寻找回报最小化/最大化的区域来加快学习时间。[66, 67]使用来自输入数据的学习方法，这类似于离散时间学习算法，但学习时间会增加。其他技术基于先前一系列相关方法所实现的动作，也就是说，每个时刻必须实现的动作被定义为自我完成的一项简单任务[68-72]。这些方法的主要问题是需要专家知识来获得最佳区域并且需要设置预定义动作。

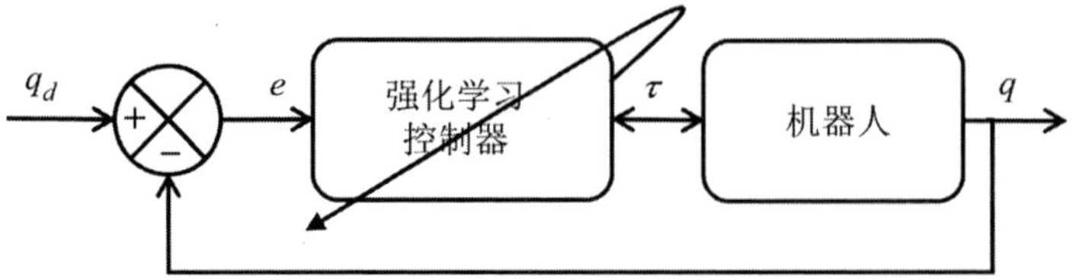

图 1.4　强化学习控制方案

逼近器的线性组合从输入数据中学习，无须专家干预。机器人控制中最广泛使用的逼近器受到人类形态学[73, 74]、神经网络[75-77]、局部模型[74, 78]和高斯回归过程[79-82]的启发。这些逼近器的成功归功于其参数和超参数的充分选择。

较差的奖励设计可能涉及较长的学习时间、收敛到错误的解，或者算法永远不会收敛到任何解。另一方面，适当的奖励设计有助于算法更快地在每个时刻找到最佳解。这个问题被称为“奖励设计的诅咒”[83]。

当使用无模型方法时，奖励的设计应使其适应系统的变化和可能的误差，这在鲁棒控制问题中非常有用，其中控制器需要能够补偿干扰或限制干扰以获得最佳性能。

1.3　本书的结构安排

本书由两个主要部分组成：

- 第 I 部分涉及不同环境下人机交互控制的设计(第 2~5 章)。
- 第 II 部分讨论了机器人交互控制的强化学习(第 6~10 章)。

第 I 部分

第 2 章：讨论机械和电气意义上机器人交互控制的一些重要概念。阻抗和导纳的概念在机器人交互控制设计和环境建模中起着重要作用。介绍典型的环境模型和一些最著名的环境模型参数估计识别技术。

第 3 章：讨论第一个使用阻抗和导纳控制器的机器人交互方案。经典控制器基于反馈线性化控制律的设计。基于所提出的阻抗模型，将闭环动力学简化为所需动力学，该阻抗模型被设计为二阶线性系统。详细解释经典阻抗和导纳控制的精度和鲁棒性问题。通过在两种不同环境中的仿真，说明这些控制器的适用性。

第 4 章：研究一些不需要完全了解机器人动力学的无模型控制器。为导纳控制方案设计无模型控制器。交互由导纳模型控制，而位置控制器使用自适应控制、PID 控制或滑动模型控制。通过 Lyapunov 稳定性理论证明了这些控制器的稳定性。通过使用不同环境和机器人进行仿真和实验，证明了这些算法的适用性。

第 5 章：提出一种新的机器人交互控制方案，称为闭环控制。本章中，环境是人类的操作者。人类与机器人没有接触。该方法使用操作员的输入力/扭矩，并通过导纳模型将其映射到终端执行器的位置/方向。由于人处于控制回路中，并不知道施加的力/扭矩是否会依赖于奇异点位置，因此这对实际应用是危险的。因此，对前几章中的导纳控制器进行了修改，以避免逆运动，并使用欧拉角修改 Jacobian 矩阵。实验证明了该方法在关节空间和任务空间的有效性。

第 II 部分

第 6 章：前几章使用所需的阻抗/导纳模型来实现所需的机器人-环境交互。在大多数情况下，这些交互并不具有最优性能，存在相对较高的接触力或较高的位置误差，因为它们需要基于环境和机器人动力学。本章讨论离散时间位置/力控制的强化学习方法。强化学习技术可以实现次优的机器人-环境交互。

最优阻抗模型通过两种不同的方法实现：使用线性二次调节器的动态规划和强化学习。第一种是基于模型的控制律，第二种是基于无模型的。为了加速强化学习方法的收敛，使用了资格迹和时间差分方法。本章讨论了强化学习算法的收敛性。利用 Lyapunov-like 分析法分析了位置和力控制的稳定性。仿真和实验验证了该方法在不同环境下的有效性。

第 7 章：本章涉及的内容与第 6 章中讨论的强化学习方法的大规模连续时间相对应。由于我们考虑的是较大的输入空间，因此经典的强化学习方法无法处理最优解问题，并且可能无法收敛。这需要使用逼近器来减少计算工作量，并且获得可靠的最优或逼近最优解。本章讨论离散和连续时间中的维数问题。

本书使用基于正则化径向基函数的参数逼近器。通过 K 均值聚类算法和随机聚类获得每个径向基函数的中心。利用压缩性质和 Lyapunov-like 分析，分析了强化学习逼近的离散和连续时间版本的收敛性。

本章提出了一种利用离散和连续时间版本的混合强化学习控制器，通过仿真和实验验证了算法在不同环境下的位置/力控制任务中的性能。

第 8 章：在最坏情况不确定性下基于改进的强化学习来设计鲁棒控制器，该控制器具有鲁棒性，并提供最优或逼近最优解。强化学习方法分为离散时间和连续时间两种。这两种方法都将奖励设计为约束下的优化问题。

在离散时间内，使用 k 近邻和双估计器技术修改强化学习算法，可以避免出现运动的高估计值。为此，开发了两种算法：大型状态和离散动作的情况以及大型状态-动作的情况。利用收缩特性分析了算法的收敛性。在连续时间内，我们在修改后的奖励下使用了与第 7 章相同的算法。通过仿真和实验证明了鲁棒控制器的有效性。

第 9 章：对于某些类型的机器人，如冗余度机器人，由于它具有奇异性，不可能计算逆运动或使用 Jacobian 矩阵。本章仅结合机器人正向运动知识，使用多智能体强化学习方法来处理此问题。本章讨论了机器人和冗余度机器人中逆运动和速度运动的解决方法。

为了确保可控性并避免奇异解或多数解，本书使用了多智能体强化学习和双值函数方法。运动方法用于避免维数灾难。我们使用小关节位移作为控制输入，直到达到所需的参考值。此外，还讨论了算法的收敛性。仿真和实验表明，与标准的 actor-critic 方法相比，该方法具有令人满意的结果。

第 10 章：我们在前几章使用的强化学习方法是从头开始学习最优控制策略，这意味着需要大量的学习时间。为了给控制器提供先前的知识，本章给出了一个$\mathcal{H}_2$在离散时间和连续时间使用强化学习的神经控制。控制器使用学习得到的动力学知识来计算最优控制器。利用收缩特性和 Lyapunov-like 分析对所提出的神经控制的收敛性进行了分析。通过仿真验证了控制器的优化和鲁棒性。

附录

附录 A：讨论机器人运动和动力学模型的一些基本概念和特性。动力学表达在关节空间和任务空间中。我们还通过 Denavit-Hartenberg 约定和 Euler-Lagrange 公式给出本书中使用的机器人和系统的运动和动力学模型。

附录 B：给出强化学习的基本理论和一些著名的控制器设计算法。讨论强化学习方法的收敛性。

第 2 章 人机交互的环境模型

2.1 阻抗和导纳

在电场中通常使用阻抗概念。图 2.1 所示是一个串行 RLC 电路，其中 V 是电源，$I(t)$是流经的电流，R 是电阻器，L 是电感器，C 是电容器。阻抗是电压相量和电流相量之间的商，即它遵循欧姆定律。

$$Z = \mathbb{V}/\mathbb{I} \tag{2.1}$$

其中 $\mathbb{V}$ 是电压相量，$\mathbb{I}$ 是电流相量。

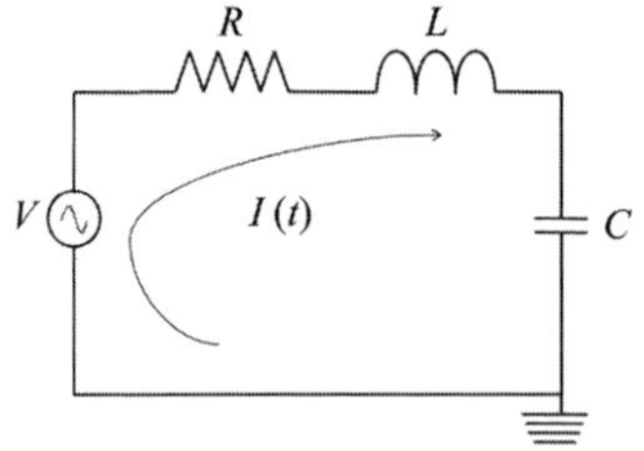

图 2.1　RLC 电路

将 Z_R、Z_L 和 Z_C 分别定义为电阻器、电感器和电容器的阻抗。Z_R 测量电阻元件阻碍通过电路的电流的程度(电阻是耗散元件)，Z_L 测量电感元件阻碍通过网络的电流水平的程度(电感元件是存储设备)，Z_C 测量电容元件对通过网络的电流水平的阻碍程度(电容元件是存储设备)[1]。

图 2.1 中 RLC 电路的动力学方程为：

$$\mathbb{V} = \left(Z_R + Z_L + Z_C\right)\mathbb{I} \tag{2.1}$$

在上面的方程中，可以通过电阻找到电流和电压之间的关系。RLC 电路的动力学方程也可以从 Kirchhoff 定律中获得，如下所示：

$$L\frac{\mathrm{d}I(t)}{\mathrm{d}t}+RI(t)+\frac{1}{C}\int_0^t I(\tau)\mathrm{d}\tau=V \tag{2.2}$$

如果将拉普拉斯变换应用于初始条件为零的微分方程(2.2)，则为：

$$\left(Ls+R+\frac{1}{Cs}\right)I(s)=V(s),\quad 或\quad \left(Ls^2+Rs+\frac{1}{C}\right)q(s)=V(s) \tag{2.3}$$

其中 q 是电荷量。

第一个表达式显示了电压和电路电流之间的阻抗关系，而第二个表达式给出了电压和电荷之间的关系，也称为阻抗滤波器：

$$Z(s)=Ls^2+Rs+1/C$$

对于机械系统，可以写出类似的关系式。考虑图 2.2 中的质量-弹簧-阻尼器系统，其中 m 是汽车质量，k 是弹簧刚度，c 是阻尼系数，F 是作用力。汽车只有水平运动，弹簧和减振器有线性运动。表示质量-弹簧-阻尼器系统的动力学方程为

$$m\ddot{x}+c\dot{x}+kx=F \tag{2.4}$$

式(2.4)的拉普拉斯变换是

$$\left(ms^2+cs+k\right)x(s)=F(s) \tag{2.5}$$

机械阻抗或阻抗滤波器为

$$Z(s)=ms^2+cs+k$$

每个元素都有其各自的作用。弹簧存储势能(相当于电容器)，阻尼器耗散动能(相当于电阻器)，质量阻碍汽车可以获得的速度(相当于电感)。

阻抗的倒数叫作导纳。在这里，当施加力时，导纳允许一定量的运动。在机械系统中，导纳可以表示为：

$$Y(s)=Z^{-1}(s)=\frac{1}{ms^2+cs+k} \tag{2.6}$$

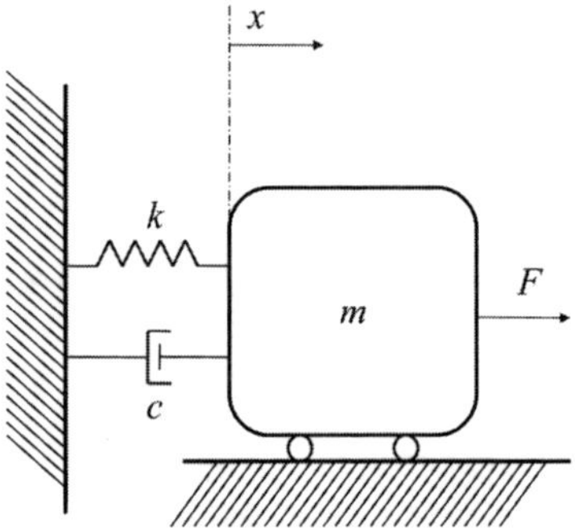

图 2.2 质量-弹簧-阻尼器系统

机械阻抗和导纳模型在环境交互应用中非常有用。环境模型是力控制、人机交互和医疗机器人的组成部分，它们都是交互控制策略的示例。如果环境不随时间变化，通常就会和线性弹簧 k 一起建模，有时还会与阻尼器 c 一起建模。这两个元素都是常量。

对于线性环境，阻抗由作用力和流的拉普拉斯变换的商定义。在电力系统中，作用力等于电压，流等于电流。在机械系统中，作用力是力或扭矩，而流是线速度或角速度。对于任何给定频率 ω，阻抗是具有实部 $R(\omega)$和虚部 $X(\omega)$的复数。

$$Z(\omega) = R(\omega) + \mathrm{j}X(\omega) \tag{2.7}$$

当 ω 接近零时，环境阻抗的幅值可能具有以下值：幅值可以接近无穷大、有限值、某个非零值，或者可以接近零。介绍以下定义：

定义 2.1 当且仅当$|Z(0)|=0$时，具有(2.7)阻抗性质的系统称为惯性系统。

定义 2.2 当且仅当$|Z(0)|=a$时，且对于某些正数$a\in(0,\infty)$成立时，具有(2.7)阻抗性质的系统是具有电阻特性的。

定义 2.3 当且仅当$|Z(0)|=\infty$时，具有(2.7)阻抗性质的系统是具有电容特性的。

电容和惯性环境是对偶表示，即电容系统的逆是惯性的，惯性系统的逆是电容的。电阻特性的环境是自对偶的。为了表示系统的对偶性，我们使用了 Norton 和 Thèvenin[2]提出的等效电路。

Norton 等效电路由与流并联的阻抗组成。Thèvenin 等效电路由与作用源串联的阻抗组成。Norton 等效电路表示电容系统。Thèvenin 等效电路表示惯性系统。这两种等效电路都可以用来表示电阻系统。

控制设计的主要基础是阶跃控制输入的稳态误差必须为零。这可以通过以下原则来实现。

对偶原理：必须控制机器人操纵器，使其能够响应环境的对偶。

这个原理可以容易地使用 Norton 和 Thèvenin 等效电路来解释。当环境具有电容性质时，它由与流并联的阻抗表示。机器人操纵器(对偶)必须由带有非电容阻抗(惯性或电阻)的作用源串联表示(见图 2.3)。

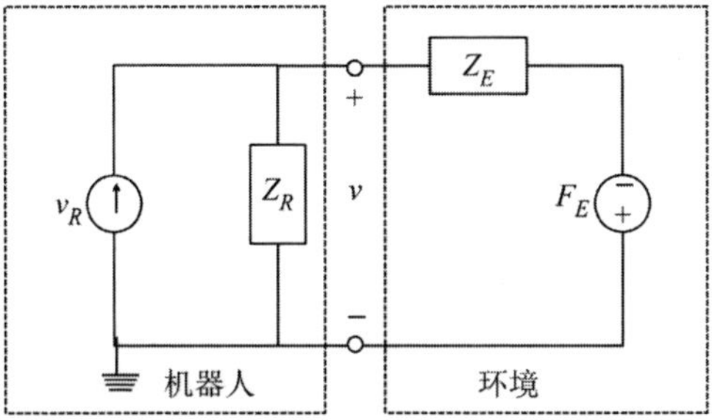

图 2.3　位置控制

当环境具有惯性特性时，它由与作用源串联的阻抗表示，机器人必须由与非惯性阻抗(电容或电阻)并联的流源表示(见图 2.4)。当环境具备电阻特性时，它可以使用任何等效电路，但操纵器的阻抗必须是非电阻特性。总之，电容特性的环境需要由力控制的机器人，惯性特性的环境需要由位置控制的机器人，电阻特性的环境则需要由位置和力两者共同控制的机器人。

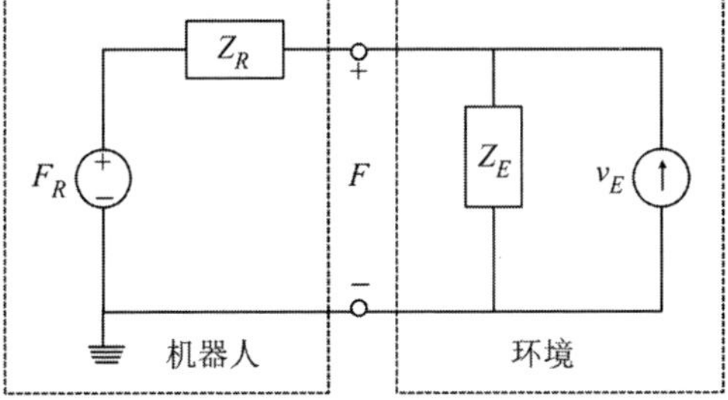

图 2.4　力控制

现在已经证明了对偶原理保证了在环境中不存在输入的阶跃控制的零稳态误差。首先，假设环境是惯性特性的，因此

$Z_E(0)=0$

其中下标 E 表示环境。图 2.3 显示了环境及其各自的操纵器，其中 Z_E 是环境的阻抗，Z_R 是机器人操纵器的阻抗，v_R 是输入流，v 是在环境和机器人之间测量出来的流。流的输入-输出传递函数为

$$\frac{v}{v_R}=\frac{Z_R(s)}{Z_R(s)+Z_E(s)} \tag{2.8}$$

如果极点位于复平面的左半平面，那么可由终值定理得出，阶跃控制输入的稳态误差为 1/s：

$$e_{ss}=\lim_{t\to\infty}(v-v_R)=\lim_{s\to 0}s(v(s)-v_R(s))=\frac{-Z_E(0)}{Z_R(0)+Z_E(0)}=0 \tag{2.9}$$

此处 $Z_R(0)\neq 0$，即操纵器的阻抗是非惯性特性。

当环境具有电容特性时，$Z_E=\infty$。图 2.4 显示了环境及其各自的对偶操纵器，其中 F_R 是机器人作用力的输入。力 F 的输入/输出转换函数为：

$$\frac{F}{F_R}=\frac{Z_E(s)}{Z_R(s)+Z_E(s)} \tag{2.10}$$

阶跃输入的稳态误差为：

$$e_{ss}=\lim_{t\to\infty}(F-F_R)=\lim_{s\to 0}s(F(s)-F_R(s))=\frac{-Z_R(0)}{Z_R(0)+Z_E(0)}=0 \tag{2.11}$$

其中 $Z_R(0)$是有限的，即机器人阻抗是具有非电容特性的。

对于电阻环境，满足零稳态误差，$Z_R(0)=0$ 且操纵器为力控制，或 $Z_R(0)=\infty$ 且操纵器是位置控制的。

二元性原则表明，在关节网络里不能同时维持两种不同的流或两种不同的作用力。跟踪位置轨迹和跟踪环境轨迹是不一致的。然而，Norton 流源和 Thèvenin 作用源的双重组合可以同时存在[2]。

2.2 人机交互阻抗模型

由阻抗控制的机器人基于二阶动力学[3]，它给出了终端执行器的位置和外力之间的关系。这种关系的特征由所需的阻抗值 $\boldsymbol{M}_d$、$\boldsymbol{B}_d$ 和 $\boldsymbol{K}_d$ 决定。它们由用户根据所需的动态性能选择得到[3]。

这里 $\boldsymbol{M}_d \in \mathbb{R}^{m\times m}$ 是所需质量矩阵，$\boldsymbol{B}_d \in \mathbb{R}^{m\times m}$ 是所需阻尼矩阵，$\boldsymbol{K}_d \in \mathbb{R}^{m\times m}$ 是所需刚度矩阵。假设环境是具有刚度和阻尼参数($\boldsymbol{K}_e$、$\boldsymbol{C}_e$)的线性阻抗特性。

通常要独立处理每个Cartesian变量，即假设不同轴上的环境阻抗是解耦的。因此，所需阻抗模型由以下 m 个微分方程给出：

$$m_{d_i}(\ddot{x}_i - \ddot{x}_{d_i}) + b_{d_i}(\dot{x}_i - \dot{x}_{d_i}) + k_{d_i}(x_i - x_{d_i}) = f_{e_i} \tag{2.12}$$

其中 $i = 1, \cdots, m, x_d, \dot{x}_d, \ddot{x}_d \in \mathbb{R}^m$ 是所需的位置、速度和加速度，以及 x，$\dot{x}$，$\ddot{x} \in \mathbb{R}^m$ 是机器人终端执行器的位置、速度和加速度。

以矩阵形式表示为：

$$\boldsymbol{M}_d(\ddot{x} - \ddot{x}_d) + \boldsymbol{B}_d(\dot{x} - \dot{x}_d) + \boldsymbol{K}_d(x - x_d) = \boldsymbol{f}_e \tag{2.13}$$

其中 $\boldsymbol{f}_e = [F_x, F_y, F_z, \tau_x, \tau_y, \tau_z]^{\top}$ 是力/扭矩矢量。所需阻抗矩阵为：

$$\boldsymbol{M}_d = \begin{bmatrix} m_{d_1} & \cdots & 0 \\ \vdots & \ddots & \vdots \\ 0 & \cdots & m_{d_n} \end{bmatrix}, \boldsymbol{B}_d = \begin{bmatrix} b_{d_1} & \cdots & 0 \\ \vdots & \ddots & \vdots \\ 0 & \cdots & b_{d_n} \end{bmatrix}, \boldsymbol{K}_d = \begin{bmatrix} k_{d_1} & \cdots & 0 \\ \vdots & \ddots & \vdots \\ 0 & \cdots & k_{d_n} \end{bmatrix} \tag{2.14}$$

环境阻抗矩阵为：

$$\boldsymbol{C}_e = \begin{bmatrix} c_{e_1} & \cdots & 0 \\ \vdots & \ddots & \vdots \\ 0 & \cdots & c_{e_m} \end{bmatrix}, \quad \boldsymbol{K}_e = \begin{bmatrix} k_{e_1} & \cdots & 0 \\ \vdots & \ddots & \vdots \\ 0 & \cdots & k_{e_m} \end{bmatrix} \tag{2.15}$$

对于单自由度机器人-环境交互，机器人和环境有接触(见图 2.5)，得到了由控制器和环境的阻抗特性组成的二阶系统。如果可以确定组合系统(阻抗控制器和环境)的阻抗特征，则可以计算环境特征。

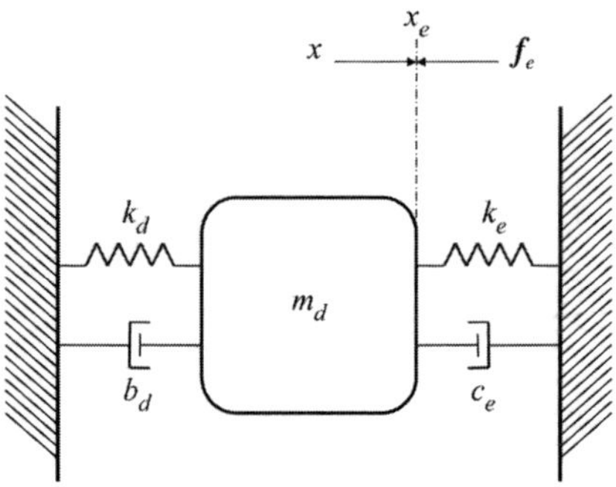

图 2.5 环境和机器人的二阶系统

如果环境位于 x_e 位置，则图 2.5 中所展示的交互动力状态为：

$$m_d(\ddot{x}-\ddot{x}_d)+b_d(\dot{x}-\dot{x}_d)+k_d(x-x_d)=-c_e\dot{x}+k_e(x_e-x) \tag{2.16}$$

其中 $x_e \leqslant x$。如果 $x_e=0$，上述系统的传递函数为：

$$x(s)=x_d(s)\left[1-\frac{c_e s+k_e}{m_d s^2+(b_d+c_e)s+k_d+k_e}\right] \tag{2.17}$$

当没有交互作用时，接触力为零，因此机器人位置 $x(t)$ 等于所需位置 $x_d(t)$。

机器人-环境阻抗的特性可以通过其对阶跃输入的响应来确定。这可以通过在机器人终端执行器处应用阶跃输入并测量接触力来实现。对于欠阻尼响应，阻尼固有频率 ω_d 可以使用测量接触力的快速傅里叶变换(FFT)确定。阻尼比 ζ 由稳定时间 T_s 得出，其给出稳态值 5%以内的收敛时间：

$$\exp^{-\zeta\omega_n T_s}=0.05 \tag{2.18}$$

其中 ω_n 是无阻尼频率。稳定时间由以下公式得出：

$$T_s=\frac{2.996}{\zeta\omega_n} \tag{2.19}$$

稳定时间之前的循环次数为：

$$\#\text{cycles}=\frac{2.996\sqrt{1-\zeta^2}}{2\pi\zeta} \tag{2.20}$$

阻尼比通过以下方式获得：

$$\zeta = \frac{0.4768}{\sqrt{\#\text{cycles}^2 + 0.2274}} \tag{2.21}$$

ζ是在接触力收敛到稳态误差的 5%以内之前的可见循环数。

环境刚度和阻尼可以通过 ω_d和 ζ得到。如图 2.5 所示，在机器人-环境系统下的等效刚度、阻尼和质量为：

$$\begin{aligned} k_{eq} &= k_d + k_e \\ b_{eq} &= b_d + c_e \\ m_{eq} &= m_d \end{aligned} \tag{2.22}$$

根据等效值，可以将固有频率和阻尼比写成

$$\omega_n = \frac{\omega_d}{\sqrt{1-\zeta^2}} = \sqrt{\frac{k_{eq}}{m_{eq}}} \quad \text{和} \quad \zeta = \frac{b_{eq}}{2\sqrt{k_{eq} m_{eq}}} \tag{2.23}$$

利用 ω_d和 ζ所产生的力的响应，以及式(2.22)和式(2.23)，可以计算环境参数为：

$$\begin{aligned} k_e &= \omega_n^2 m_d - k_d \\ c_e &= 2\zeta\sqrt{(k_d + k_e) m_d} - b_d \end{aligned}$$

这种方法的主要优点是需要的数据很少。它只需测量接触力，在大多数情况下适用于机器人交互控制方案。这是一种离线方法，不需要测量环境的挠曲度和速度。其缺点是力的响应必须是欠阻尼的，以便可以获得 ω_d 和 ζ。 这意味着必须仔细选择所需阻抗值，以获得所需的性能。此外，该方法不易应用于更复杂的环境和多点接触的情况[4, 5]。

2.3 人机交互模型的识别

我们认为最简单和最常用的环境模型是 Kelvin-Voigt 模型，它是一个弹簧-阻尼器系统[6]，如下所示：

$$f_e = C_e\dot{x} + K_e x \tag{2.24}$$

其中$\boldsymbol{C}_e,\boldsymbol{K}_e \in \mathbb{R}^{m\times n}$分别是环境的阻尼矩阵和刚度矩阵，$\boldsymbol{f}_e \in \mathbb{R}^m$是力/转矩矢量，$\boldsymbol{x},\dot{\boldsymbol{x}} \in \mathbb{R}^n$分别是机器人终端执行器的位置和速度矢量。参数识别有几种方法。下面定义回归矩阵$\boldsymbol{\phi} = \boldsymbol{\phi}(\boldsymbol{x},\dot{\boldsymbol{x}}) = [\dot{\boldsymbol{x}} \ \ \boldsymbol{x}]^{\mathrm{T}} \in \mathbb{R}^{p\times m}$和参数向量$\boldsymbol{\theta} = [\boldsymbol{C}_e \ \ \boldsymbol{K}_e]^{\mathrm{T}} \in \mathbb{R}^p$，从而满足以下线性表示：

$$\boldsymbol{f}_e = \boldsymbol{\phi}^{\mathrm{T}}\boldsymbol{\theta} \tag{2.25}$$

其中p是参数数量($p \leqslant 2m$)。式(2.25)的离散版本是：

$$\boldsymbol{F}_{e_k} = \boldsymbol{\phi}_k^{\mathrm{T}}\boldsymbol{\theta} \tag{2.26}$$

其中k是时间步长的速率。设T表示采样时间间隔，然后在时间$t = kT$时，$\boldsymbol{f}_{e_k} = \boldsymbol{f}_e(t_k)$。

式(2.26)的估计模型为

$$\hat{\boldsymbol{f}}_{e_k} = \boldsymbol{\phi}_k^{\mathrm{T}}\hat{\boldsymbol{\theta}} \tag{2.27}$$

其中$\hat{\boldsymbol{f}}_{e_k} \in \mathbb{R}^m$是力/转矩矢量$\boldsymbol{f}_{e_k}$的估计值。$\hat{\boldsymbol{\theta}} \in \mathbb{R}^p$是参数向量$\boldsymbol{\theta}$的估计值。这里我们想找到参数向量$\hat{\boldsymbol{\theta}}$，将误差降至最低：

$$\tilde{\boldsymbol{f}}_{e_k} = \hat{\boldsymbol{f}}_{e_k} - \boldsymbol{f}_{e_k} = \boldsymbol{\phi}_k^{\mathrm{T}}\tilde{\boldsymbol{\theta}}$$

其中$\tilde{\boldsymbol{\theta}} = \hat{\boldsymbol{\theta}} - \boldsymbol{\theta}$是参数误差。

最小二乘法

先介绍以下指数：

$$J_1 = \sum_{k=1}^{n} \tilde{\boldsymbol{f}}_{e_k}^{\mathrm{T}}\tilde{\boldsymbol{f}}_{e_k}$$

成本指数的最小值是梯度零，即 $\frac{\partial J_1}{\partial \hat{\boldsymbol{\theta}}}=0$，

$$\frac{\partial J_1}{\partial \hat{\boldsymbol{\theta}}}=\frac{\partial J_1}{\partial \tilde{\boldsymbol{f}}_{e_k}}\frac{\partial \tilde{\boldsymbol{f}}_{e_k}}{\partial \hat{\boldsymbol{\theta}}}=2\sum_{k=1}^{n}\tilde{\boldsymbol{f}}_{e_k}^{\top}\frac{\partial}{\partial \hat{\boldsymbol{\theta}}}(\boldsymbol{\phi}_k^{\top}\hat{\boldsymbol{\theta}}-\boldsymbol{f}_{e_k})$$

$$=2\sum_{k=1}^{n}(\boldsymbol{\phi}_k^{\top}\hat{\boldsymbol{\theta}}-\boldsymbol{f}_{e_k})^{\top}(\boldsymbol{\phi}_k^{\top})=-2\sum_{k=1}^{n}\boldsymbol{f}_{e_k}^{\top}\boldsymbol{\phi}_k^{\top}+2\hat{\boldsymbol{\theta}}^{\top}\sum_{k=1}^{n}\boldsymbol{\phi}_k\boldsymbol{\phi}_k^{\top}=0$$

如果 $\sum_{k=1}^{n}\boldsymbol{\phi}_k\boldsymbol{\phi}_k^{\top}$ 的逆存在，则

$$\hat{\boldsymbol{\theta}}=\left(\sum_{k=1}^{n}\boldsymbol{\phi}_k\boldsymbol{\phi}_k^{\top}\right)^{-1}\sum_{k=1}^{n}\boldsymbol{\phi}_k\boldsymbol{f}_{e_k} \tag{2.28}$$

式(2.28)是离散时间内的普通最小二乘法(LS)[7]。为了设计连续时间版本，使用以下成本指数

$$J_2=\int_0^t \tilde{\boldsymbol{f}}_e^{\top}\tilde{\boldsymbol{f}}_e\mathrm{d}\tau$$

上述成本指数的梯度为

$$\frac{\partial J_2}{\partial \hat{\boldsymbol{\theta}}}=-\int_0^t(2\boldsymbol{f}_e^{\top}\boldsymbol{\phi}^{\top}-2\hat{\boldsymbol{\theta}}^{\top}\boldsymbol{\phi}\boldsymbol{\phi}^{\top})\mathrm{d}\tau=0$$

如果 $\int_0^t\boldsymbol{\phi}\boldsymbol{\phi}^{\top}\mathrm{d}\tau$ 存在，则

$$\hat{\boldsymbol{\theta}}=\left[\int_0^t\boldsymbol{\phi}\boldsymbol{\phi}^{\top}\mathrm{d}\tau\right]^{-1}\int_0^t\boldsymbol{\phi}\boldsymbol{f}_e\mathrm{d}\tau \tag{2.29}$$

LS 的在线版本由[8-10]给出。

递归最小二乘法

定义以下矩阵：

$$\boldsymbol{G}_n=\sum_{k=1}^{n}\boldsymbol{\phi}_k\boldsymbol{\phi}_k^{\top}$$

然后由式(2.28)可以得到：

$$\hat{\boldsymbol{\theta}}_n = \boldsymbol{G}_n^{-1}\sum_{k=1}^{n}\boldsymbol{\phi}_k \boldsymbol{f}_{e_k}$$

且 $\hat{\boldsymbol{\theta}}_{n+1} = \boldsymbol{G}_{n+1}^{-1}\sum_{k=1}^{n+1}\boldsymbol{\phi}_k \boldsymbol{f}_{e_k}$

可以将上述总和写成：

$$\begin{aligned}\sum_{k=1}^{n+1}\boldsymbol{\phi}_k \boldsymbol{f}_{e_k} &= \sum_{k=1}^{n}\boldsymbol{\phi}_k \boldsymbol{f}_{e_k} + \boldsymbol{\phi}_{n+1}\boldsymbol{f}_{e_{n+1}} \\ &= \boldsymbol{G}_n\hat{\boldsymbol{\theta}}_n + \boldsymbol{\phi}_{n+1}\boldsymbol{f}_{e_{n+1}} + \boldsymbol{\phi}_{n+1}\boldsymbol{\phi}_{n+1}^{\top}\hat{\boldsymbol{\theta}}_n - \boldsymbol{\phi}_{n+1}\boldsymbol{\phi}_{n+1}^{\top}\hat{\boldsymbol{\theta}}_n \\ &= [\boldsymbol{G}_n + \boldsymbol{\phi}_{n+1}\boldsymbol{\phi}_{n+1}^{\top}]\hat{\boldsymbol{\theta}}_n + \boldsymbol{\phi}_{n+1}[\boldsymbol{f}_{e_{n+1}} - \boldsymbol{\phi}_{n+1}^{\top}\hat{\boldsymbol{\theta}}_n] \\ &= \boldsymbol{G}_{n+1}\hat{\boldsymbol{\theta}}_n + \boldsymbol{\phi}_{n+1}[\boldsymbol{f}_{e_{n+1}} - \boldsymbol{\phi}_{n+1}^{\top}\hat{\boldsymbol{\theta}}_n]\end{aligned}$$

因此有：

$$\begin{aligned}\hat{\boldsymbol{\theta}}_{n+1} &= \boldsymbol{G}_{n+1}^{-1}\left\{\boldsymbol{G}_{n+1}\hat{\boldsymbol{\theta}}_n + \boldsymbol{\phi}_{n+1}[\boldsymbol{f}_{e_{n+1}} - \boldsymbol{\phi}_{n+1}^{\top}\hat{\boldsymbol{\theta}}_n]\right\} \\ &= \hat{\boldsymbol{\theta}}_n + \boldsymbol{G}_{n+1}^{-1}\boldsymbol{\phi}_{n+1}[\boldsymbol{f}_{e_{n+1}} - \boldsymbol{\phi}_{n+1}^{\top}\hat{\boldsymbol{\theta}}_n]\end{aligned}$$

因为对于任何非奇异矩阵 $\boldsymbol{A}$、$\boldsymbol{B}$、$\boldsymbol{C}$、$\boldsymbol{D}$ 有：

$$(\boldsymbol{A}+\boldsymbol{B}\boldsymbol{C}^{-1}\boldsymbol{D})^{-1} = \boldsymbol{A}^{-1} - \boldsymbol{A}^{-1}\boldsymbol{B}(\boldsymbol{C}+\boldsymbol{D}\boldsymbol{A}^{-1}\boldsymbol{B})^{-1}\boldsymbol{D}\boldsymbol{A}^{-1}$$

设 $\boldsymbol{A} = \boldsymbol{G}_n$， $\boldsymbol{B} = \boldsymbol{\phi}_{n+1}$， $\boldsymbol{C} = \boldsymbol{I}$， $\boldsymbol{D} = \boldsymbol{\phi}_{n+1}^{\top}$

$$\begin{aligned}\boldsymbol{G}_{n+1}^{-1} &= [\boldsymbol{G}_n + \boldsymbol{\phi}_{n+1}\boldsymbol{\phi}_{n+1}^{\top}]^{-1} \\ &= \boldsymbol{G}_n^{-1} - \boldsymbol{G}_n^{-1}\boldsymbol{\phi}_{n+1}(\boldsymbol{I} + \boldsymbol{\phi}_{n+1}^{\top}\boldsymbol{G}_n^{-1}\boldsymbol{\phi}_{n+1})^{-1}\boldsymbol{\phi}_{n+1}^{\top}\boldsymbol{G}_n^{-1}\end{aligned}$$

设 $\boldsymbol{P}_{\boldsymbol{n}} = \boldsymbol{G}_{\boldsymbol{n}}^{-1}$ 和 $\boldsymbol{P}_{\boldsymbol{n}+1} = \boldsymbol{G}_{\boldsymbol{n}+1}^{-1}$。递归最小二乘(RLS)解为：

$$\begin{aligned}\hat{\boldsymbol{\theta}}_{n+1} &= \hat{\boldsymbol{\theta}}_n + \boldsymbol{P}_{n+1}[\boldsymbol{f}_{e_{n+1}} - \boldsymbol{\phi}_{n+1}^{\top}\hat{\boldsymbol{\theta}}_n] \\ \boldsymbol{P}_{n+1} &= \boldsymbol{P}_n - \boldsymbol{P}_n\boldsymbol{\phi}_{n+1}(\boldsymbol{I} + \boldsymbol{\phi}_{n+1}^{\top}\boldsymbol{P}_n\boldsymbol{\phi}_{n+1})^{-1}\boldsymbol{\phi}_{n+1}^{\top}\boldsymbol{P}_n\end{aligned} \tag{2.30}$$

RLS 方法(2.30)提供了一种在线参数更新方法，通过选择一个较大的初始值

$\boldsymbol{P}_0$，使其快速收敛[11-13]。

连续时间最小二乘法

连续时间的 RLS 方法的工作原理类似于式(2.30)。定义以下矩阵：

$$\boldsymbol{P}^{-1}=\int_0^t \boldsymbol{\phi}\boldsymbol{\phi}^{\top}\mathrm{d}\tau\text{，因此}\frac{\mathrm{d}}{\mathrm{d}t}\boldsymbol{P}^{-1}=\boldsymbol{\phi}\boldsymbol{\phi}^{\top}$$

LS 解式(2.29)为：

$$\hat{\boldsymbol{\theta}}=\boldsymbol{P}\int_0^t \boldsymbol{\phi}\boldsymbol{f}_e\mathrm{d}\tau$$

$$\dot{\hat{\boldsymbol{\theta}}}=\dot{\boldsymbol{P}}\int_0^t \boldsymbol{\phi}\boldsymbol{f}_e\mathrm{d}\tau+\boldsymbol{P}\boldsymbol{\phi}\boldsymbol{f}_e$$

其中 $\boldsymbol{P}\in\mathbb{R}^{p\times p}$。显然，矩阵 $\boldsymbol{P}$ 满足 $\boldsymbol{P}=\left[\int_0^t \boldsymbol{\phi}\boldsymbol{\phi}^{\top}\mathrm{d}\tau\right]^{-1}$。

现在考虑以下有用的特性：

$$\boldsymbol{P}\boldsymbol{P}^{-1}=\boldsymbol{I}$$

$$\frac{\mathrm{d}}{\mathrm{d}t}(\boldsymbol{P}\boldsymbol{P}^{-1})=0$$

$$\dot{\boldsymbol{P}}\boldsymbol{P}^{-1}+\boldsymbol{P}\frac{\mathrm{d}}{\mathrm{d}t}\boldsymbol{P}^{-1}=0$$

$$\dot{\boldsymbol{P}}=-\boldsymbol{P}\frac{\mathrm{d}}{\mathrm{d}t}(\boldsymbol{P}^{-1})\boldsymbol{P}=-\boldsymbol{P}\boldsymbol{\phi}\boldsymbol{\phi}^{\top}\boldsymbol{P}$$

因此：

$$\begin{aligned}\dot{\tilde{\boldsymbol{\theta}}}=\dot{\hat{\boldsymbol{\theta}}}&=-\boldsymbol{P}\boldsymbol{\phi}\boldsymbol{\phi}^{\top}\boldsymbol{P}\int_0^t \boldsymbol{\phi}\boldsymbol{f}_e\mathrm{d}\tau+\boldsymbol{P}\boldsymbol{\phi}\boldsymbol{f}_e\\&=-\boldsymbol{P}\boldsymbol{\phi}(\boldsymbol{\phi}^{\top}\hat{\boldsymbol{\theta}}-\boldsymbol{f}_e)=-\boldsymbol{P}\boldsymbol{\phi}\tilde{\boldsymbol{f}}_e=-\boldsymbol{P}\boldsymbol{\phi}\boldsymbol{\phi}^{\top}\tilde{\boldsymbol{\theta}}\end{aligned}$$

RLS 方法的连续时间版本为：

$$\begin{aligned}&\dot{\tilde{\boldsymbol{\theta}}}=-\boldsymbol{P}\boldsymbol{\phi}\boldsymbol{\phi}^{\top}\tilde{\boldsymbol{\theta}}\\&\dot{\boldsymbol{P}}=-\boldsymbol{P}\boldsymbol{\phi}\boldsymbol{\phi}^{\top}\boldsymbol{P}\end{aligned}\tag{2.31}$$

或者：

$$\begin{aligned}\dot{\hat{\boldsymbol{\theta}}} &= -\boldsymbol{P}\boldsymbol{\phi}\tilde{\boldsymbol{f}}_e \\ \tilde{\boldsymbol{f}}_e &= \boldsymbol{\phi}^{\top}\hat{\boldsymbol{\theta}} - \boldsymbol{f}_e \\ \dot{\boldsymbol{P}} &= -\boldsymbol{P}\boldsymbol{\phi}\boldsymbol{\phi}^{\top}\boldsymbol{P}\end{aligned} \tag{2.32}$$

离散时间和连续时间版本的RLS方法都可以通过选择一个大的初始矩阵$\boldsymbol{P}$进行快速收敛。在[14-16]中有几个变体。

梯度法

梯度法也称为自适应识别[17-19]。该方法用于自适应控制。对于离散时间系统，根据梯度下降规则更新参数：

$$\hat{\boldsymbol{\theta}}_{n+1} = \hat{\boldsymbol{\theta}}_n - \eta\frac{1}{2}\frac{\partial J_1}{\partial\hat{\boldsymbol{\theta}}_n} = \hat{\boldsymbol{\theta}}_n - \eta\boldsymbol{\phi}_n\tilde{\boldsymbol{f}}_{e_n} \tag{2.33}$$

或者

$$\tilde{\boldsymbol{\theta}}_{n+1} = \tilde{\boldsymbol{\theta}}_n - \eta\boldsymbol{\phi}_n\boldsymbol{\phi}_n^{\top}\tilde{\boldsymbol{\theta}}_n \tag{2.34}$$

其中$\eta > 0$是学习率。

对于连续时间系统，可以使用 Lyapunov 函数[20]导出辨别定律：

$$\boldsymbol{V} = \frac{1}{2}\tilde{\boldsymbol{\theta}}^{\top}\boldsymbol{\Gamma}^{-1}\tilde{\boldsymbol{\theta}} \tag{2.35}$$

其中 $\boldsymbol{\Gamma} \in \mathbb{R}^{p\times p} > 0$是自适应增益矩阵。更新辨别定律选择为：

$$\dot{\hat{\boldsymbol{\theta}}} = -\boldsymbol{\Gamma}\boldsymbol{\phi}\tilde{\boldsymbol{f}}_e = -\boldsymbol{\Gamma}\boldsymbol{\phi}\boldsymbol{\phi}^{\top}\tilde{\boldsymbol{\theta}} \tag{2.36}$$

Lyapunov 函数$\boldsymbol{V}$的时间导数为：

$$\dot{\boldsymbol{V}} = -\tilde{\boldsymbol{\theta}}^{\top}\boldsymbol{\phi}\boldsymbol{\phi}^{\top}\tilde{\boldsymbol{\theta}} \tag{2.37}$$

就参数误差 $\tilde{\boldsymbol{\theta}}$ 而言，它是负定的。可以得出结论，参数误差收敛到零，$\tilde{\boldsymbol{\theta}} \to 0$，当 $t \to \infty$ 时，环境估计($\hat{\boldsymbol{K}}_e, \hat{\boldsymbol{C}}_e$)保持有界，并且数据是持久激励(PE)。为了保证参数估计值收敛到其实际值，需要输入信号足够丰富，以激发工厂模式。

如果回归矩阵 $\boldsymbol{\phi}$ 是 PE，则矩阵 $\boldsymbol{P}$ 或 $\boldsymbol{P}_n$ 不是奇异的，并且估计值将一致(对于 LS 和 RLS 方法)。对于 GM 方法，如果 $\boldsymbol{\phi}$ 为 PE，则微分方程(2.36)一致渐近稳定。以下定义确定了 PE 条件[21]。

定义 2.4 矩阵 $\boldsymbol{\phi}$ 在时间间隔[$t, t+T$]内持续激励(PE)，如果存在常数 β_1，$\beta_2 > 0$，$T > 0$，使得始终保持以下值：

$$\beta_1 \boldsymbol{I} \leqslant \int_t^{t+T} \boldsymbol{\phi}(\sigma)\boldsymbol{\phi}^{\mathrm{T}}(\sigma)\mathrm{d}\sigma \leqslant \beta_2 \boldsymbol{I} \tag{2.38}$$

因此，对于任何参数识别方法都要求回归矩阵为 PE，以保证参数收敛。

示例 2.1 考虑 1-DOF Kelvin-Voigt 模型：

$$c_e \dot{x} + k_e x = \boldsymbol{F}$$

其中 $c_e = 8$ Ns/m，$k_e = 16$ N/m，位置是 x=0.5+0.02 sin(20t)，假设回归矩阵为 PE。在这里，我们比较了在线和连续时间 RLS 和 GM 方法。

考虑估计模型：

$$\hat{c}_e \dot{x} + \hat{k}_e x = \hat{\boldsymbol{F}}$$

它可以是线性形式

$$\boldsymbol{\phi}^{\mathrm{T}}(x, \dot{x})\hat{\boldsymbol{\theta}} = \hat{\boldsymbol{F}}$$

其中 $\boldsymbol{\phi} = [x, \dot{x}]^{\mathrm{T}}$ 和 $\hat{\boldsymbol{\theta}} = [\hat{k}_e, \hat{c}_e]^{\mathrm{T}}$。参数向量的初始条件为 $\hat{\boldsymbol{\theta}}(0) = [3, 9]^{\mathrm{T}}$。RLS 方法的初始条件为 $\boldsymbol{P}(0) = 1000\boldsymbol{I}_{2\times 2}$。GM 方法的识别增益为 $\boldsymbol{\Gamma}=10\boldsymbol{I}_{2\times 2}$。

结果如图 2.6 所示。通过选择足够大的初始条件，RLS 方法比 GM 方法收敛更快。如果 GM 矩阵增益增加，估计值开始振荡且从不收敛。该模拟假设位置、速度和力测量值处没有噪声。从统计理论中得知，噪声测度可能会导致偏估计。这个问题可以使用调谐良好的滤波器来解决。

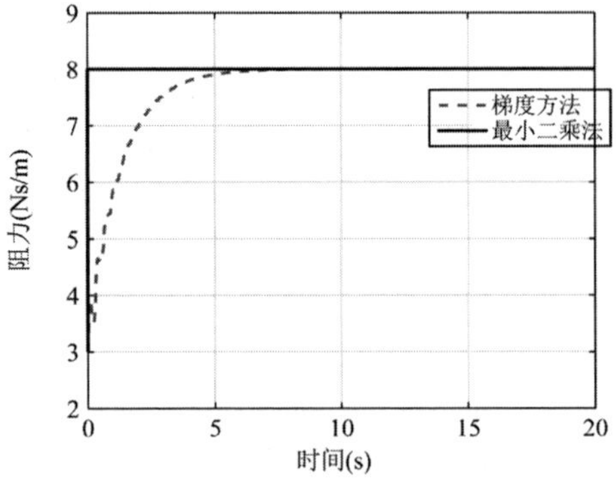

(a) 阻尼 c_e

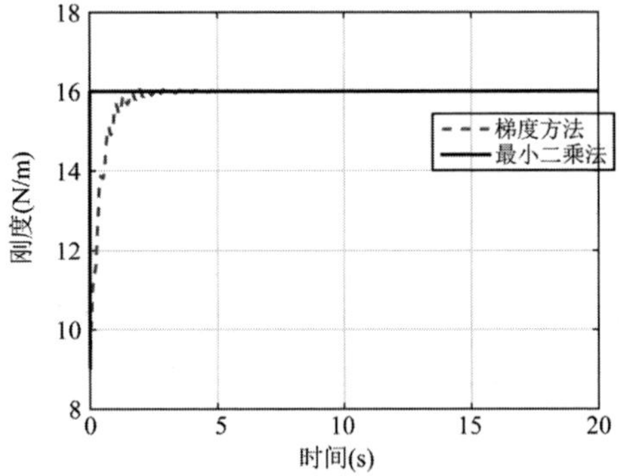

(b) 刚度 k_e

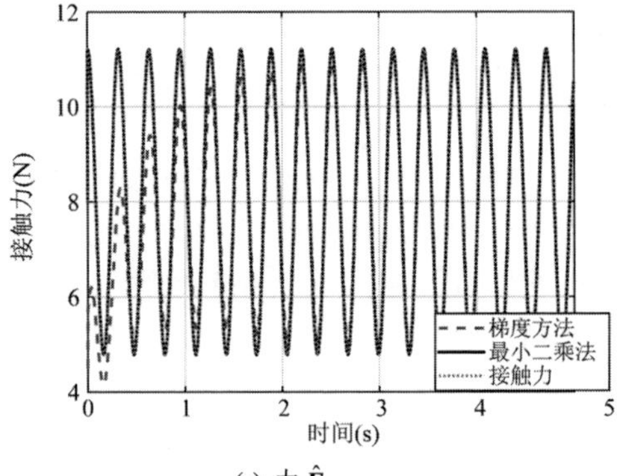

(c) 力 $\hat{\boldsymbol{F}}$

图 2.6 阻尼、刚度和力的估算

2.4　本章小结

本章中讨论了机器人交互控制中环境的重要概念和属性。阻抗和导纳为我们提供了一种物理(机械/电气)方法，以了解环境参数如何影响相互作用的行为。对偶原理有助于根据环境模型来理解位置和力的作用。本章最后介绍了离线和在线参数识别方法，以获得环境参数。

第3章 基于模型的人机交互控制

3.1 任务空间阻抗/导纳控制

阻抗控制的主要目标是在终端执行器的位置和接触力$\boldsymbol{f}_e$之间实现所需的阻抗，

$$\boldsymbol{M}_d(\ddot{x}-\ddot{x}_d)+\boldsymbol{B}_d(\dot{x}-\dot{x}_d)+\boldsymbol{K}_d(x-x_d)=\boldsymbol{f}_e \tag{3.1}$$

其中x，$\dot{x}$，$\ddot{x}\in\mathbb{R}^m$分别是机器人终端执行器在笛卡儿空间中的位置、速度和加速度；x_d，$\dot{x}_d$，$\ddot{x}_d\in\mathbb{R}^m$，是所需轨迹及其时间导数。$\boldsymbol{M}_d$、$\boldsymbol{B}_d$、$\boldsymbol{K}_d\in\mathbb{R}^{m\times m}$分别是所需阻抗模型的质量、阻尼和刚度。

基于模型的阻抗控制

该方法由Hogan[1]提出，假设你已对机器人动力学有一定的了解。它是一种反馈线性化控制律，根据所需的阻抗模型建立匹配的动态行为。

将关节空间中的机器人动力学视为

$$\boldsymbol{M}(q)\boldsymbol{J}^{-1}(q)(\ddot{x}-\dot{\boldsymbol{J}}(q)\dot{q})+\boldsymbol{C}(q,\dot{q})\dot{q}+\boldsymbol{G}(q)=\tau-\boldsymbol{J}^{\mathrm{T}}(q)\boldsymbol{f}_e \tag{3.2}$$

所以$\ddot{q}=\boldsymbol{J}^{-1}(q)(\ddot{x}-\dot{\boldsymbol{J}}(q)\dot{q})$，阻抗控制的控制律为

$$\tau=\boldsymbol{M}(q)\boldsymbol{J}^{-1}(q)(u-\dot{\boldsymbol{J}}(q)\dot{q})+\boldsymbol{C}(q,\dot{q})\dot{q}+\boldsymbol{G}(q)+\boldsymbol{J}^{\mathrm{T}}(q)\boldsymbol{f}_e \tag{3.3}$$

其中

$$u=\ddot{x}_d+\boldsymbol{M}_d^{-1}[\boldsymbol{f}_e-\boldsymbol{B}_d(\dot{x}-\dot{x}_d)-\boldsymbol{K}_d(x-x_d)] \tag{3.4}$$

在拉普拉斯域中，

$$u(s)=\boldsymbol{M}_d^{-1}\boldsymbol{Z}_d(s)x_d(s)-\boldsymbol{M}_d^{-1}\boldsymbol{f}_e(s)-\boldsymbol{M}_d^{-1}(s\boldsymbol{B}_d+\boldsymbol{K}_d)x(s) \tag{3.5}$$

阻抗控制是一种反馈线性化控制器，它假设对机器人动力学进行精确补偿。此外还实现了理想阻抗模型的完美跟踪。在大多数情况下，无法完全了解机器人动力学知识，但可以估计机器人的参数。控制律(3.3)可以写成

$$\tau = \hat{\boldsymbol{M}}(q)\boldsymbol{J}^{-1}(q)(u - \dot{\boldsymbol{J}}(q)\dot{q}) + \hat{\boldsymbol{C}}(q,\dot{q})\dot{q} + \hat{\boldsymbol{G}}(q) + \boldsymbol{J}^{\mathrm{T}}(q)\boldsymbol{f}_e \tag{3.6}$$

其中 $\hat{\boldsymbol{M}}$ 、 $\hat{\boldsymbol{C}}$ 、 $\hat{\boldsymbol{G}}$ 分别是惯性矩阵 $\boldsymbol{M}$、Coriolis 矩阵 $\boldsymbol{C}$ 和重力转矩矢量 $\boldsymbol{G}$ 的估计量。

导纳控制

可通过所需轨迹和接触力修改所需阻抗模型。轨迹由位置控制回路中的位置基准值所施加。位置的参考值是所需阻抗模型的解

$$\boldsymbol{M}_d(\ddot{x}_r - \ddot{x}_d) + \boldsymbol{B}_d(\dot{x}_r - \dot{x}_d) + \boldsymbol{K}_d(x_r - x_d) = \boldsymbol{f}_e \tag{3.7}$$

其中 x_r ， $\dot{x}_r$ ， $\ddot{x}_r \in \mathbb{R}^m$ 分别是内部控制回路及其时间导数的位置基准值。命令参考值是

$$\ddot{x}_r = \ddot{x}_d + \boldsymbol{M}_d^{-1}\left(\boldsymbol{f}_e - \boldsymbol{B}_d(\dot{x}_r - \dot{x}_d) - \boldsymbol{K}_d(x_r - x_d)\right) \tag{3.8}$$

通过拉普拉斯变换，所需阻抗模型可写成

$$\begin{gathered}\boldsymbol{M}_d s^2(x_r(s) - x_d(s)) + \boldsymbol{B}_d s(x_r(s) - x_d(s)) + \boldsymbol{K}_d(x_r(s) - x_d(s)) = \boldsymbol{f}_e(s) \\ x_r(s) = x_d(s) + \boldsymbol{Z}_d^{-1}(s)\boldsymbol{f}_e(s)\end{gathered} \tag{3.9}$$

其中

$$\boldsymbol{Z}_d(s) = s^2\boldsymbol{M}_d + s\boldsymbol{B}_d + \boldsymbol{K}_d$$

从式(3.9)中可以发现，如果没有接触力，则位置基准值 x_r 等于所需参考值 x_d。

任何位置控制律均可用于内部控制回路。导纳控制使用与式(3.6)中相同的模型补偿

$$u = \ddot{x}_r - \boldsymbol{K}_v(\dot{x} - \dot{x}_r) - \boldsymbol{K}_p(x - x_r) \tag{3.10}$$

其中 $\boldsymbol{K}_p$ ， $\boldsymbol{K}_v \in \mathbb{R}^{m\times m}$ 是比例微分(PD)对角矩阵的增益，与所需阻抗参数相互独立。

参考位置

无作用力的二阶阻抗模型(3.7)为

$$\boldsymbol{Z}_d(s)=\boldsymbol{M}_d s^2+\boldsymbol{B}_d s+\boldsymbol{K}_d=0 \tag{3.11}$$

所需阻抗模型的特征根为

$$s_{1,2}\boldsymbol{I}=\frac{-\boldsymbol{M}_d^{-1}\boldsymbol{B}_d \pm \sqrt{\boldsymbol{M}_d^{-2}\boldsymbol{B}_d^2-4\boldsymbol{M}_d^{-1}\boldsymbol{K}_d}}{2} \tag{3.12}$$

这是因为矩阵 $\boldsymbol{M}_d$、$\boldsymbol{B}_d$ 和 $\boldsymbol{K}_d$ 是对角正定的。从式(3.9)可以得出，

$$x_r(s)=x_d(s)+\boldsymbol{Z}_d^{-1}(s)\boldsymbol{f}_e(s)=x_d(s)+\left(\boldsymbol{M}_d s^2+\boldsymbol{B}_d s+\boldsymbol{K}_d\right)^{-1}\boldsymbol{f}_e(s) \tag{3.13}$$

所需阻抗可以写成特征根的乘积

$$\begin{aligned} x_r(s)&=x_d(s)+\left[(s\boldsymbol{I}-s_1\boldsymbol{I})(s\boldsymbol{I}-s_2\boldsymbol{I})\right]^{-1}\boldsymbol{f}_e(s)\\ &=x_d(s)+\left[\boldsymbol{W}(s\boldsymbol{I}-s_1\boldsymbol{I})^{-1}+\boldsymbol{V}(s\boldsymbol{I}-s_2\boldsymbol{I})^{-1}\right]\boldsymbol{f}_e(s) \end{aligned} \tag{3.14}$$

其中 $\boldsymbol{W}$ 和 $\boldsymbol{V}=-\boldsymbol{W}$ 是通过求解部分分数分解得到的矩阵

$$\boldsymbol{W}=\left(\sqrt{\boldsymbol{M}_d^{-2}\boldsymbol{B}_d^2-4\boldsymbol{M}_d^{-1}\boldsymbol{K}_d}\right)^{-1} \tag{3.15}$$

因此，位置基准值的解是

$$x_r(t)=x_d(t)+\boldsymbol{W}\int_0^t(\exp^{s_1(t-\sigma)}-\exp^{s_2(t-\sigma)})\boldsymbol{f}_e(\sigma)\mathrm{d}\sigma \tag{3.16}$$

特征根是

$$s_{1,2}\boldsymbol{I}=-r\pm p \tag{3.17}$$

其中 $r=\dfrac{\boldsymbol{M}_d^{-1}\boldsymbol{B}_d}{2}$， $p=\dfrac{\sqrt{\boldsymbol{M}_d^{-2}\boldsymbol{B}_d^2-4\boldsymbol{M}_d^{-1}\boldsymbol{K}_d}}{2}$ 。然后将式(3.16)重写为：

$$x_r(t)=x_d(t)+\boldsymbol{W}\int_0^t\exp^{-r(t-\sigma)}(\exp^{p(t-\sigma)}-\exp^{-p(t-\sigma)})\boldsymbol{f}_e(\sigma)\mathrm{d}\sigma \tag{3.18}$$

因为 $\sin\mathrm{h}(x)=\dfrac{e^x-e^{-x}}{2}$，所以参考位置的解为

$$x_r(t) = x_d(t) + 2\boldsymbol{W}\int_0^t \exp^{-r(t-\sigma)} \sinh(p(t-\sigma))\boldsymbol{f}_e(\sigma)\mathrm{d}\sigma \tag{3.19}$$

计算参考位置的另一种方法是使用状态空间。假定

$x_1 = x_r - x_d$,
$\dot{x}_1 = \dot{x}_r - \dot{x}_d = x_2$,并且
$\dot{x}_2 = \boldsymbol{M}_d^{-1}[\boldsymbol{f}_e - \boldsymbol{B}_d x_2 - \boldsymbol{K}_d x_1]$

以矩阵形式表示:

$$\dot{\boldsymbol{x}} = \begin{bmatrix} \dot{x}_1 \\ \dot{x}_2 \end{bmatrix} = \underbrace{\begin{bmatrix} 0_{m\times m} & \boldsymbol{I}_{m\times m} \\ -\boldsymbol{M}_d^{-1}\boldsymbol{K}_d & -\boldsymbol{M}_d^{-1}\boldsymbol{B}_d \end{bmatrix}}_{A} \underbrace{\begin{bmatrix} x_1 \\ x_2 \end{bmatrix}}_{x} + \underbrace{\begin{bmatrix} 0_{m\times m} \\ \boldsymbol{M}_d^{-1} \end{bmatrix}}_{B} \boldsymbol{f}_e \tag{3.20}$$

上述系统是一个线性系统,其零初始条件的解为

$$x(t) = \int_0^t \exp^{A(t-\sigma)} B\boldsymbol{f}_e(\sigma)\mathrm{d}\sigma \tag{3.21}$$

式(3.21)的主要问题是缺乏通用性,因此它无法得到应用。

3.2 关节空间阻抗控制

在关节空间中,逆运动(A.2)为

$$q_r = invf(x_r) \tag{3.22}$$

其中 $q_r \in \mathbb{R}^n$ 是关节空间标称参考。然后在关节空间中进行阻抗控制

$$\tau = \boldsymbol{M}(q)u + \boldsymbol{C}(q,\dot{q})\dot{q} + \boldsymbol{G}(q) + \boldsymbol{J}^{\mathrm{T}}(q)\boldsymbol{f}_e \tag{3.23}$$

其中 u 与式(3.4)中的相同。关节空间中的经典导纳控制律为式(3.23),u 被修改为

$$u = \ddot{q}_r - \boldsymbol{K}_p(q - q_r) - \boldsymbol{K}_v(\dot{q} - \dot{q}_r) \tag{3.24}$$

其中 $\ddot{q}_r \in \mathbb{R}^n$ 是关节空间参考的加速度。在这里,比例和微分增益的维数从 $m\times m$ 更改为 $n\times n$ 。

关节空间控制器比任务空间控制器更容易实现，因为没有使用 Jacobian 矩阵和任务空间动力学。然而，必须使用逆运动，它在任务空间中可能有不同的解。此外，奇异性可能导致阻抗模型不稳定。

对于具有多自由度的机器人(如冗余机器人)，逆运动是局部的，无法获得所有自由度的可靠解。如果机器人具有很少的自由度，并且逆运动的解可用，则最好使用关节空间控制。

3.3 准确性和鲁棒性

动力学(3.2)的等效形式为

$$\begin{aligned}\tau-\boldsymbol{J}^{\mathrm{T}}(q)\boldsymbol{f}_e=&\hat{\boldsymbol{M}}(q)\boldsymbol{J}^{-1}(q)(\ddot{x}-\dot{\boldsymbol{J}}(q)\dot{q})+\hat{\boldsymbol{C}}(q,\dot{q})\dot{q}+\hat{\boldsymbol{G}}(q)\\&+\underbrace{\left(\boldsymbol{M}(q)-\hat{\boldsymbol{M}}(q)\right)}_{-\tilde{\boldsymbol{M}}(q)}\boldsymbol{J}^{-1}(q)\left(\ddot{x}-\dot{\boldsymbol{J}}(q)\dot{q}\right)+\underbrace{\left(\boldsymbol{C}(q,\dot{q})-\hat{\boldsymbol{C}}(q,\dot{q})\right)}_{-\tilde{\boldsymbol{C}}(q,\dot{q})}\dot{q}\\&+\underbrace{\left(\boldsymbol{G}(q)-\hat{\boldsymbol{G}}(q)\right)}_{-\tilde{\boldsymbol{G}}(q)}\end{aligned}\tag{3.25}$$

将控制律(3.6)应用于动力学(3.25)

$$\hat{\boldsymbol{M}}(q)\boldsymbol{J}^{-1}(u-\ddot{x})=-\tilde{\boldsymbol{M}}(q)\boldsymbol{J}^{-1}(q)\left(\ddot{x}-\dot{\boldsymbol{J}}(q)\dot{q}\right)-\tilde{\boldsymbol{C}}(q,\dot{q})\dot{q}-\hat{\boldsymbol{G}}(q)\tag{3.26}$$

所以式(3.26)是阻抗控制和导纳控制的常见表示，其中 u 取决于控制器设计。在式(3.26)两侧乘以$\left(\hat{\boldsymbol{M}}(q)\boldsymbol{J}^{-1}(q)\right)^{-1}$，并定义动力学估计误差$\eta\in\mathbb{R}^m$：

$$\eta\triangleq-\boldsymbol{J}(q)\hat{\boldsymbol{M}}^{-1}(q)\left[\tilde{\boldsymbol{M}}(q)\boldsymbol{J}^{-1}(q)\left(\ddot{x}-\dot{\boldsymbol{J}}(q)\dot{q}\right)+\tilde{\boldsymbol{C}}(q,\dot{q})\dot{q}+\tilde{\boldsymbol{G}}(q)\right]\tag{3.27}$$

然后

$$\eta=u-\ddot{x}\tag{3.28}$$

式(3.28)表明u和$\ddot{x}$具有二阶线性动力学性质：

$$u(s)=s^2x(s)+\eta(s)\tag{3.29}$$

控制律(3.5)分为两部分

$$u(s) = v(s) - \boldsymbol{M}_d^{-1}(s\boldsymbol{B}_d + \boldsymbol{K}_d)x(s) \tag{3.30}$$

其中$u \in \mathbb{R}^m$ 被定义为

$$v(s) \triangleq \boldsymbol{M}_d^{-1}\boldsymbol{Z}_d(s)x_d(s) - \boldsymbol{M}_d^{-1}\boldsymbol{f}_e(s) \tag{3.31}$$

$v(s)$表示所需参考输入和交互力的组合，u 的另一部分是位置反馈输入。将式(3.30)代入式(3.29)得到

$$x(s) = \boldsymbol{Z}_d^{-1}(s)\boldsymbol{M}_d(v(s) - \eta(s)) \tag{3.32}$$

可以通过替换(3.31)中的(3.9)来重写 $v(s)$

$$v(s) = \boldsymbol{M}_d^{-1}\boldsymbol{Z}_d(s)x_r(s) \tag{3.33}$$

将式(3.33)代入式(3.32)得到

$$\begin{aligned} x_d(s) - x(s) &= \boldsymbol{Z}_d^{-1}(s)\boldsymbol{M}_d\eta(s) \\ &= (s^2\boldsymbol{I} + s\boldsymbol{M}_d^{-1}\boldsymbol{B}_d + \boldsymbol{M}_d^{-1}\boldsymbol{K}_d)^{-1}\eta(s) \end{aligned} \tag{3.34}$$

由于存在建模误差，除了所需的阻抗参数，没有可调参数会影响η 。阻抗控制对建模的误差很敏感。当刚度小、质量大时，灵敏度高。

与式(3.30)类似，控制输入(3.10)可分为两部分：

$$u(s) = \omega(s) - (s\boldsymbol{K}_v + \boldsymbol{K}_p)x(s) \tag{3.35}$$

其中 $\omega \in \mathbb{R}^m$ 被定义为

$$u(s) \triangleq (s^2\boldsymbol{I} + s\boldsymbol{K}_v + \boldsymbol{K}_p)x_r(s) = \boldsymbol{C}(s)x_r(s) \tag{3.36}$$

式(3.35)的第 1 部分是参考输入，第 2 部分是反馈输入。将式(3.35)代入式(3.29)得到

$$x(s) = \boldsymbol{C}^{-1}(s)(\omega(s) - \eta(s)) \tag{3.37}$$

将式(3.36)代入式(3.37)得到

$$\begin{aligned} x_r(s) - x(s) &= \boldsymbol{C}^{-1}(s)\eta(s) \\ &= (s^2\boldsymbol{I} + s\boldsymbol{K}_v + \boldsymbol{K}_p)^{-1}\eta(s) \end{aligned} \tag{3.38}$$

式(3.34)和式(3.38)中的 $\boldsymbol{C}^{-1}(s)$ 包含自由增益 $\boldsymbol{K}_p$ 和 $\boldsymbol{K}_v$，可以减弱 η 的作用。因此导纳控制比阻抗控制更鲁棒。然而，$\boldsymbol{C}^{-1}(s)$ 的动力学是由 η 所激励的，并且不利于所需阻抗的准确实现。精度的缺乏与内环动力学 $\boldsymbol{C}^{-1}(s)$ 有关。在最坏的情况下，机器人失去接触并开始振荡。阻抗控制和导纳控制方案如图 3.1 所示。

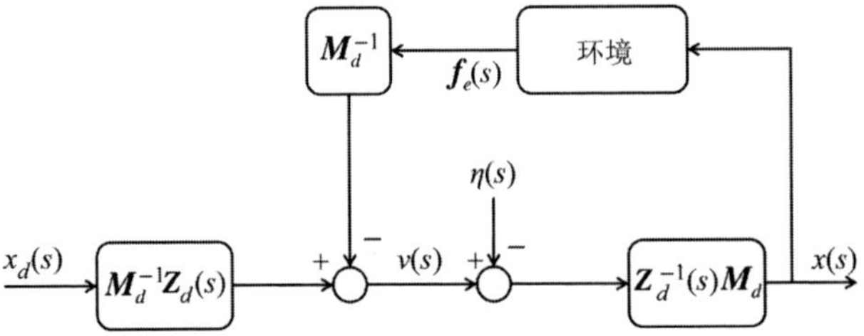

(a) 阻抗控制

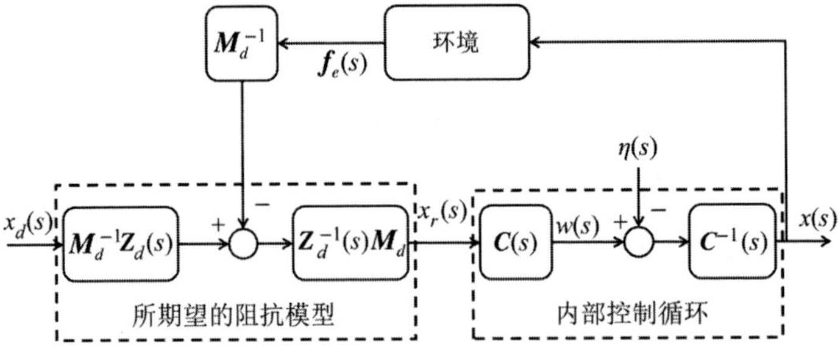

(b) 导纳控制

图 3.1 阻抗控制和导纳控制

这种阻抗控制存在精度/鲁棒性难题。它对建模的误差很敏感。导纳控制增强了建模误差的鲁棒性。然而，所需阻抗效果并不太好，其精度与内环动力学有关[2]。这是机器人交互控制中最重要的问题之一。

阻抗控制和导纳控制器在反馈线性化控制律中使用关节空间模型。阻抗和导纳模型通过 Jacobian 矩阵 $\boldsymbol{J}(q)$ 的逆映射到关节空间。利用虚功的原理来设计任务空间中的阻抗控制和导纳控制，即

$$
\begin{aligned}
&f_\tau = \boldsymbol{M}_x u + \boldsymbol{C}_x \dot{x} + \boldsymbol{G}_x + \boldsymbol{f}_e \quad \text{且} \\
&\tau = \boldsymbol{J}^{\mathrm{T}}(q) f_\tau
\end{aligned}
\tag{3.39}
$$

其中 u 如式(3.4)或式(3.10)所示。这种控制律的主要优点是避免了求 Jacobian 矩阵的逆，因此控制律不存在奇异性。然而，式(3.39)需要用到任务空间中的机器人动力学，这在机器人交互任务中并不常见。

3.4 模拟

本节使用 4-DOF 外骨骼机器人(见附录 A.1)来展示阻抗控制和导纳控制方案的性能。我们对机器人动力学已有了全面的了解。外骨骼机器人的初始条件为 $q(0)=[0,\pi/2,\ 0,\pi/4]^{\top}$ 和 $\dot{q}(0)=[0,\ 0,\ 0,\ 0]^{\top}$。

该环境使用具有未知刚度和阻尼的 Kelvin-Voigt 系统。力/转矩矢量有三个力分量($\boldsymbol{F}_x$、$\boldsymbol{F}_y$、$\boldsymbol{F}_z$)和一个转矩分量 τ_z。Jacobian 矩阵是 $\boldsymbol{J}(q)\in\mathbb{R}^{4\times4}$。所需阻抗模型具有以下所需值 $\boldsymbol{M}_d=\boldsymbol{I}_{4\times4}$、$\boldsymbol{B}_d=20\boldsymbol{I}_{4\times4}$ 和 $\boldsymbol{K}_d=100\boldsymbol{I}_{4\times4}$。所需的关节空间轨迹为

$$
\begin{aligned}
q_{1,d}(t)&=0.5\sin(\omega t)\\
q_{2,d}(t)&=\frac{\pi}{2}+0.1\cos(\omega t)\\
q_{3,d}(t)&=0.5\sin(\omega t)\\
q_{4,d}(t)&=\frac{\pi}{3}+\frac{\pi}{4}\cos(\omega t)
\end{aligned}
\tag{3.40}
$$

其中 $\omega=2\pi f$ 是角速度，$f=1/T$，其中 T 是采样周期，它的值是 12 s。导纳控制器的局部放电控制增益为：$\boldsymbol{K}_p=50\boldsymbol{I}_{4\times4}$ 和 $\boldsymbol{K}_v=10\boldsymbol{I}_{4\times4}$。

示例 3.1　高刚度环境

环境位于位置 $\boldsymbol{x}_e=[0,\ 0,\ 0.59]^{\top}$。接触力在 Z 轴方向。环境的阻尼和刚度分别为 $c_{e_z}=100$ Ns/m 和 $k_{e_z}=20000$ N/m。环境刚度大于所需的阻抗刚度。机器人与环境相互作用的固有频率和阻尼比可以从方程(2.3)中获得：

$$
\omega_n=\sqrt{100+20000}=141.77\text{rad/s}\ ,\quad \zeta=\frac{20+100}{2\omega_n}=0.42
$$

这适用于欠阻尼行为的情况。

跟踪结果如图 3.2 所示。关节位置如图 3.3 所示。由于环境的刚度高于所需

阻抗，因此终端执行器的位置靠近环境的位置，即 $x \approx x_e$。阻抗模型将所需位置 x_d 更改为参考位置 x_r。由于与新的参考位置 x_r 进行环境交互，阻抗模型改变了所需位置。当机器人与环境接触时，关节位置不能准确地对应所需的关节位置。

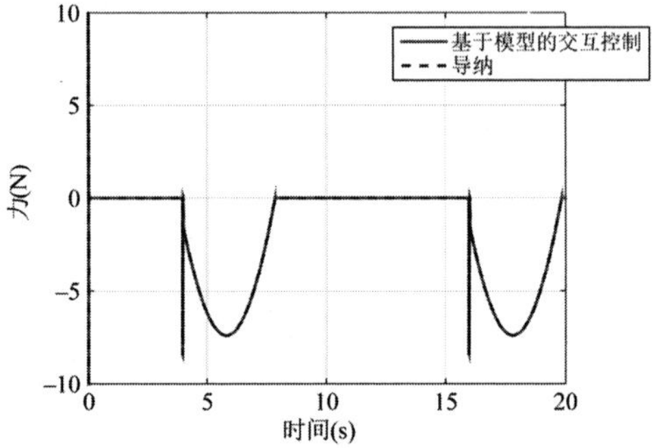

(a) 接触力 F_z

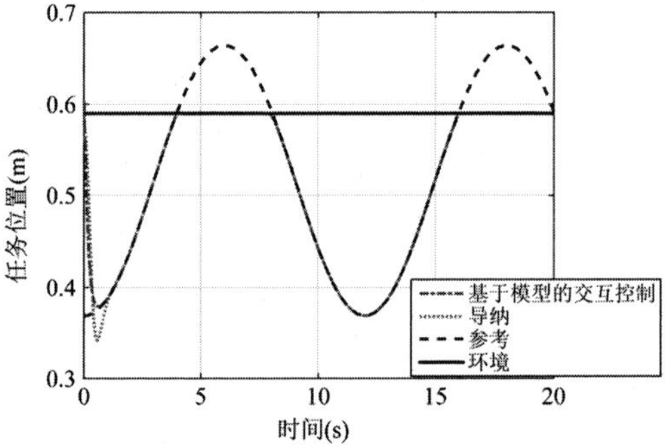

(b) Z 轴轨迹跟踪

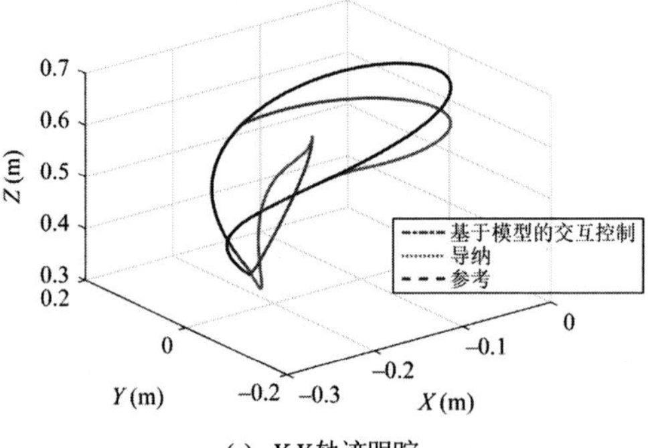

(c) X-Y 轨迹跟踪

图 3.2 任务空间中的高刚度环境

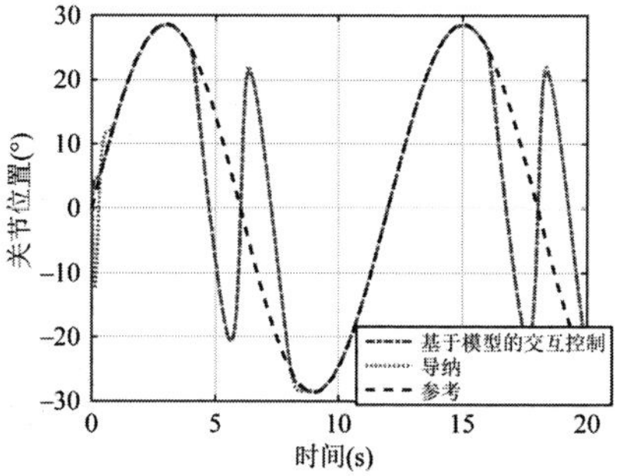

(a) 关节位置 q_1

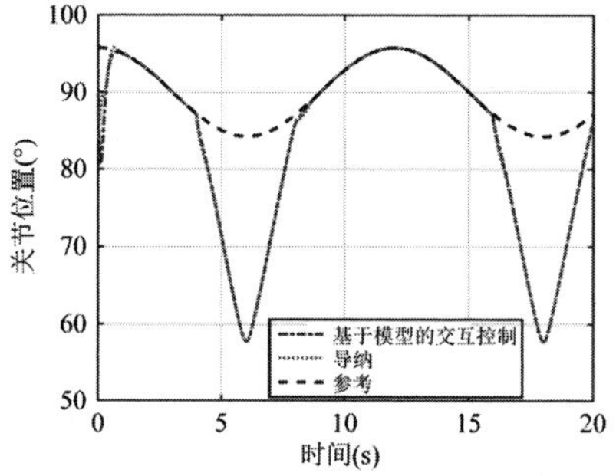

(b) 关节位置 q_2

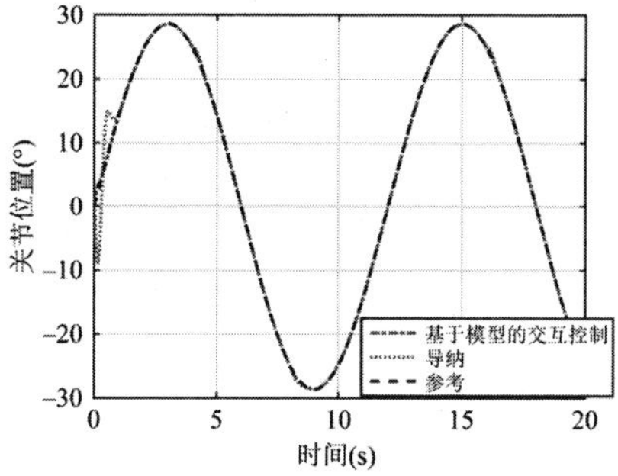

(c) 关节位置 q_3

图 3.3　关节空间中的高刚度环境

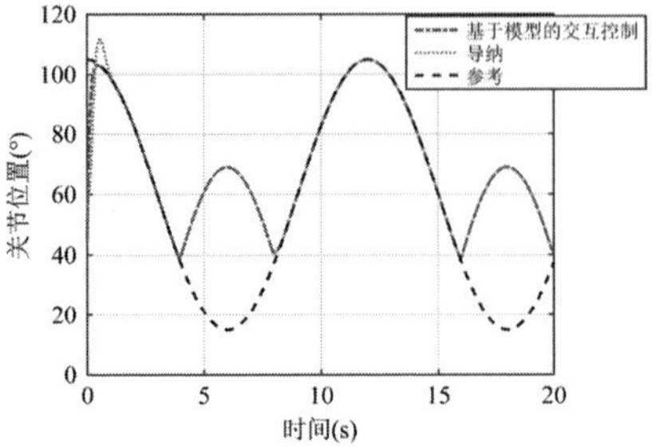

(d) 关节位置 q_4

图 3.3(续)

示例 3.2 低刚度环境

环境位于与示例 3.1 相同的位置。环境参数为 $c_{e_z}=0.5$ Ns/m 和 $k_{e_z}=5$ N/m。机器人与环境相互作用的固有频率和阻尼比为

$$\omega_n=\sqrt{100+5}=10.25\ \text{rad/s},\ \zeta=\frac{20+0.5}{2\omega_n}\approx 1$$

这对应于阻尼行为的情况。

局部放电控制增益和所需轨迹与示例 3.1 相同。跟踪结果如图 3.4 和图 3.5 所示。环境刚度低于所需阻抗刚度，因此机器人终端执行器位置接近所需位置基准，即 $x\approx x_d$。除了关节值 q_2 和 q_4，关节位置具有良好的跟踪结果。因为机器人是冗余的，Jacobian 矩阵不能给出从任务空间到关节空间的正确映射。为了得到正确的映射，需要使用完整的 Jacobian 矩阵。

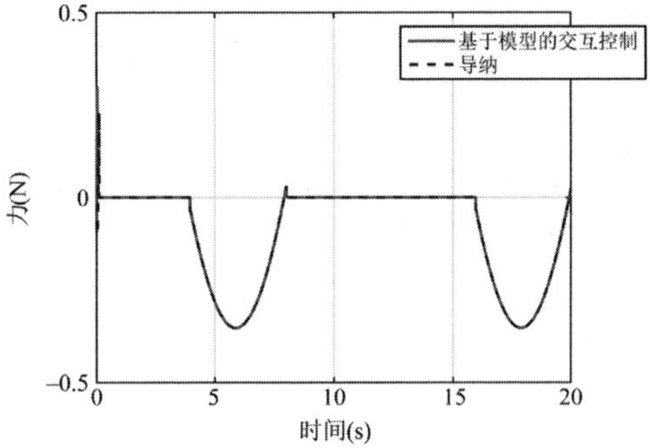

(a) 接触力 F_z

图 3.4 任务空间中的低刚度环境

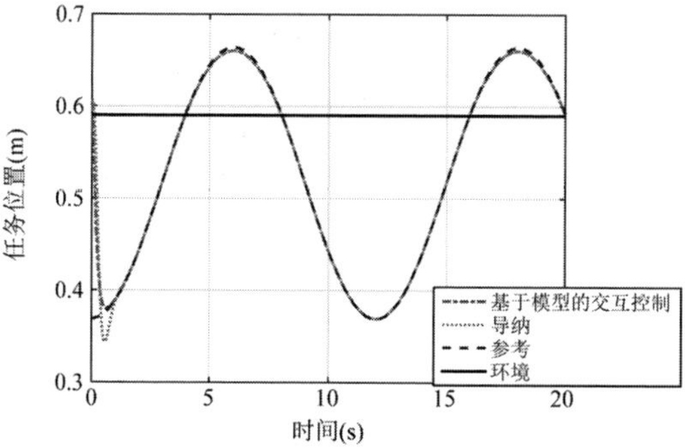

(b) Z 轴轨迹跟踪

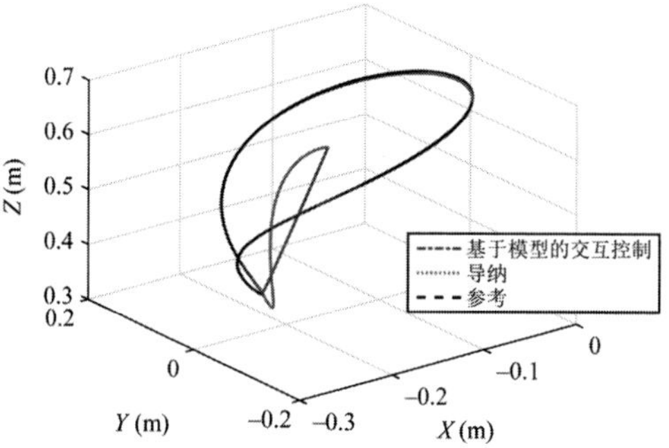

(c) 轨迹跟踪

图 3.4(续)

这两个例子表明，阻抗和导纳控制需要精确的机器人动力学知识。这导致出现了准确性/鲁棒性困境。

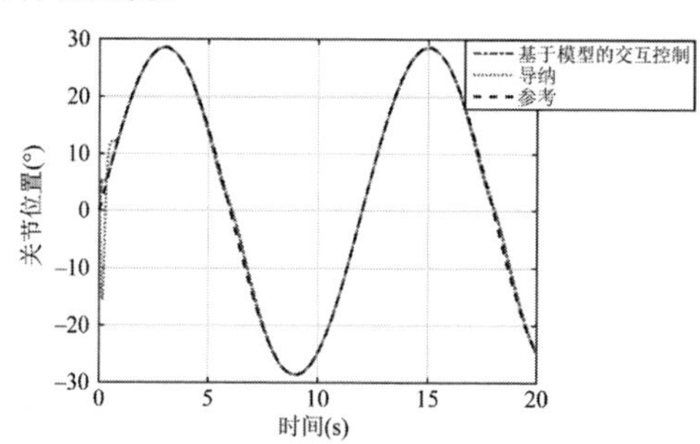

(a) 关节位置 q_1

图 3.5　关节空间中的低刚度环境

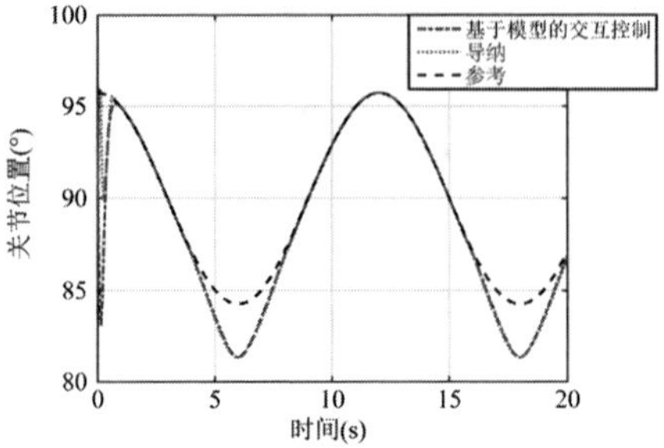

(b) 关节位置 q_2

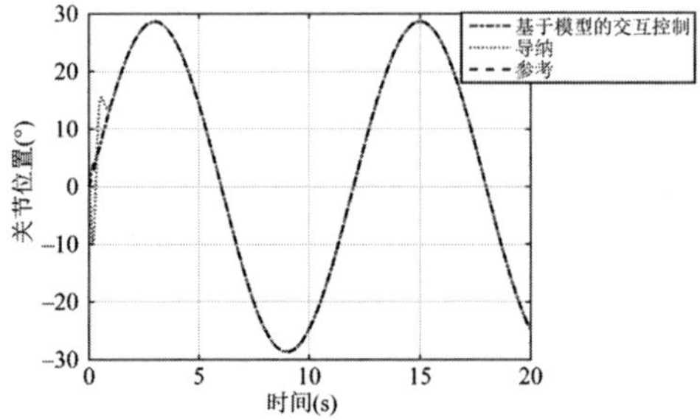

(c) 关节位置 q_3

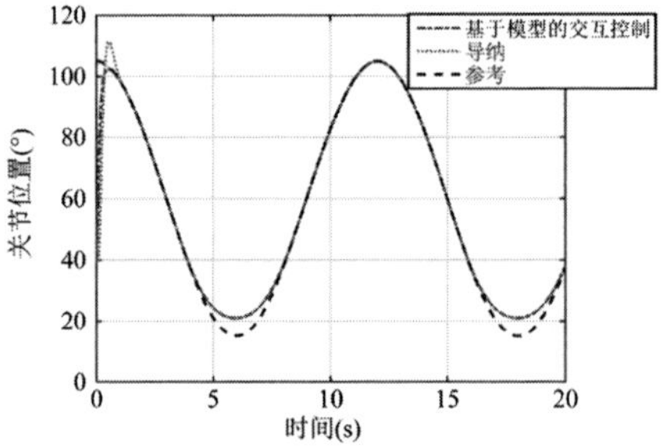

(d) 关节位置 q_4

图 3.5(续)

3.5 本章小结

本章讨论了任务空间和关节空间中的经典阻抗/导纳控制器。机器人与环境交互的响应可以根据环境和所需的阻抗参数来确定，本章也解决了阻抗控制的准确性/鲁棒性难题。当机器人动力学已知时，可以保证获得良好的所需阻抗模型。

第4章 无模型人机交互控制

4.1 使用关节空间动力学进行任务空间控制

机器人动力学可以通过回归器和参数向量的乘积进行参数化，如下所示：

$$\boldsymbol{M}(q)\ddot{q}+\boldsymbol{C}(q,\dot{q})\dot{q}+\boldsymbol{G}(q)=\boldsymbol{Y}(q,\dot{q},\ddot{q})\boldsymbol{\Theta} \tag{4.1}$$

其中 $\boldsymbol{Y}(q,\ \dot{q}\ ,\ \ddot{q}\ )\in\mathbb{R}^{n\times p}$ 是包含机器人动力学所有非线性函数的回归器，并且$\boldsymbol{\Theta}\in\mathbb{R}^{p}$ 是参数向量。

无模型导纳控制方案需要位置基准，它是从所需的阻抗模型中获得的

$$\begin{aligned}&\boldsymbol{M}_d\left(\ddot{x}_r-\ddot{x}_d\right)+\boldsymbol{B}_d\left(\dot{x}_r-\dot{x}_d\right)+\boldsymbol{K}_d\left(x_r-x_d\right)=\boldsymbol{f_e}\\&\ddot{x}_r=\ddot{x}_d+\boldsymbol{M}_d^{-1}\left[\boldsymbol{f}_e-\boldsymbol{B}_d\left(\dot{x}_r-\dot{x}_d\right)-\boldsymbol{K}_d\left(x_r-x_d\right)\right]\end{aligned} \tag{4.2}$$

无模型控制器是在任务空间中设计的，不需要机器人逆运动学知识，从(A.5)中我们有

$$\dot{q}=\boldsymbol{J}^{-1}(q)\dot{x} \tag{4.3}$$

$\dot{q}_s$ 是标称参考：

$$\dot{q}_s=\boldsymbol{J}^{-1}(q)\dot{x}_s \tag{4.4}$$

其中 $\dot{x}_s$ 是笛卡儿的标称参考。根据式(4.4)和式(4.3)，标称误差基准为

$$\boldsymbol{\Omega}=\boldsymbol{J}^{-1}(q)\left(\dot{x}-\dot{x}_s\right) \tag{4.5}$$

其中 $\dot{x}_s$ 取决于控制器设计。机器人动力学类似于式(4.1)：

$$\boldsymbol{M}(q)\ddot{q}_s+\boldsymbol{C}(q,\dot{q})q_s+\boldsymbol{G}(q)=\boldsymbol{Y}_s(q,\dot{q},\dot{q}_s,\ddot{q}_s)\boldsymbol{\Theta} \tag{4.6}$$

位置基准 x_r 具有输入状态稳定性[1]:

$$\begin{aligned}\|x_r\| &\leqslant \|x_d\| + 2\|\boldsymbol{W}\| \int_0^t \exp^{-\lambda_{\max}(r)(t-\sigma)} \sinh(\lambda_{\max}(p)(t-\sigma))\|\boldsymbol{f}_e(\sigma)\| d\sigma \\ &\leqslant \|x_d\| + \frac{2\lambda_{\max}(\boldsymbol{W})\lambda_{\max}(p)}{\lambda_{\max}^2(r) - \lambda_{\max}^2(p)} \sup_{0\leqslant\sigma\leqslant t} \|\boldsymbol{f}_e(\sigma)\|\end{aligned} \tag{4.7}$$

其中 $r > p$。因为矩阵 $\boldsymbol{M}_d$、$\boldsymbol{B}_d$、$\boldsymbol{K}_d$ 是正定的，所以 x_r 是有界的

$$\begin{aligned}\|\dot{x}_r\| &\leqslant \|\dot{x}_d\| + \frac{2\lambda_{\max}(\boldsymbol{W})\lambda_{\max}(p)}{\lambda_{\max}^2(r) - \lambda_{\max}^2(p)} \sup_{0\leqslant\sigma\leqslant t} \|\boldsymbol{f}_e(\sigma)\| \\ \|\ddot{x}_r\| &\leqslant \|\ddot{x}_d\| + \frac{2\lambda_{\max}(\boldsymbol{W})\lambda_{\max}(p)}{\lambda_{\max}^2(r) - \lambda_{\max}^2(p)} \sup_{0\leqslant\sigma\leqslant t} \|\boldsymbol{f}_e(\sigma)\|\end{aligned} \tag{4.8}$$

$\|\boldsymbol{f}_e\|$ 根据环境和所需的阻抗模型进行限制。

具有自适应重力补偿的导纳控制

比例微分控制是导纳控制方案中最简单的控制技术之一。然而，当机器人呈现重力扭矩、摩擦或干扰时，控制器无法保证渐近稳定性。

经典导纳控制器需要完全了解机器人动力学，否则导纳控制器将存在精度和鲁棒性问题。机器人动力学可以被重写为

$$\widehat{\boldsymbol{M}}(q)\ddot{q}_s + \widehat{\boldsymbol{C}}(q,\dot{q})q_s + \widehat{\boldsymbol{G}}(q) = \boldsymbol{Y}_s(q,\dot{q},\dot{q}_s,\ddot{q}_s)\widehat{\boldsymbol{\Theta}} \tag{4.9}$$

其中 $\widehat{\boldsymbol{M}}$、$\widehat{\boldsymbol{C}}$、$\widehat{\boldsymbol{G}}$ 分别是惯性矩阵、Coriolis 矩阵和重力扭矩矢量的估计量。

考虑控制律

$$\tau = u + \boldsymbol{Y}_s(q,\dot{q},\dot{q}_s,\ddot{q}_s)\hat{\boldsymbol{\Theta}}$$

并将其替换为式(A.17):

$$\begin{aligned}\boldsymbol{M}(q)\dot{\boldsymbol{\Omega}} + \boldsymbol{C}(q,\dot{q})\boldsymbol{\Omega} &= u - \boldsymbol{J}^{\mathrm{T}}(q)\boldsymbol{f}_e + \widetilde{\boldsymbol{M}}(q)\ddot{q}_s + \widetilde{\boldsymbol{C}}(q,\dot{q})\dot{q}_s + \widetilde{\boldsymbol{G}}(q) \\ &= u - \boldsymbol{J}^{\mathrm{T}}(q)\boldsymbol{f}_e + \boldsymbol{Y}_s(q,\dot{q},\dot{q}_s,\ddot{q}_s)\widetilde{\boldsymbol{\Theta}}\end{aligned} \tag{4.10}$$

其中 $\widetilde{\boldsymbol{M}} = \widehat{\boldsymbol{M}} - \boldsymbol{M}$，$\widetilde{\boldsymbol{C}} = \widehat{\boldsymbol{C}} - \boldsymbol{C}$，$\widetilde{\boldsymbol{G}} = \widehat{\boldsymbol{G}} - \boldsymbol{G}$，并且 $\tilde{\boldsymbol{\Theta}} = \widehat{\boldsymbol{\Theta}} - \boldsymbol{\Theta}$。

此处想要设计一个自适应控制律来补偿重力项。将上述控制律修改为

$$\begin{aligned}\boldsymbol{M}(q)\dot{\boldsymbol{\Omega}}+\boldsymbol{C}(q,\dot{q})\boldsymbol{\Omega}&=u-\boldsymbol{J}^{\mathrm{T}}(q)\boldsymbol{f}_e+\widetilde{\boldsymbol{G}}(q)-\boldsymbol{M}(q)\ddot{q}_s-\boldsymbol{C}(q,\dot{q})\dot{q}_s\\&=u-\boldsymbol{J}^{\mathrm{T}}(q)\boldsymbol{f}_e+\boldsymbol{Y}_{s_1}(q)\widetilde{\boldsymbol{\Theta}}-\boldsymbol{M}(q)\ddot{q}_s-\boldsymbol{C}(q,\dot{q})\dot{q}_s\\&=u-\boldsymbol{J}^{\mathrm{T}}(q)\boldsymbol{f}_e+\boldsymbol{Y}_{s_1}(q)\widetilde{\boldsymbol{\Theta}}-\boldsymbol{Y}_{s_2}(q,\dot{q},\dot{q}_s,\ddot{q}_s)\boldsymbol{\Theta}_{s_2}\end{aligned}\tag{4.11}$$

其中 $\boldsymbol{Y}_{s_1}(q)\tilde{\boldsymbol{\Theta}}$ 是重力矢量的估计误差， $\boldsymbol{Y}_{s_2}(\cdot)\boldsymbol{\Theta}_{s_2}$ 是惯性矩阵和 Coriolis 矩阵在标称参考 q_s 方面的参数化。

将控制律修改为

$$u=\boldsymbol{J}^{\mathrm{T}}(q)\boldsymbol{f}_e-\boldsymbol{K}_s\boldsymbol{\Omega}\tag{4.12}$$

其中 $\boldsymbol{K}_s\in\mathbb{R}^{n\times n}$ 是对角矩阵增益。标称笛卡儿参考 $\dot{x}_s$ 为

$$\dot{x}_s=\dot{x}_r-\boldsymbol{\Lambda}\Delta x\tag{4.13}$$

其中 $\boldsymbol{\Lambda}\in\mathbb{R}^{m\times m}$ 是对角矩阵增益， $\Delta x=x-x_r$ 是笛卡儿位置误差。笛卡儿位置误差介于终端执行器位置和所需阻抗模型的参考位置之间。

最终控制律为

$$\tau=\boldsymbol{J}^{\mathrm{T}}(q)\boldsymbol{f}_e-\boldsymbol{K}_s\boldsymbol{J}^{-1}(q)(\Delta\dot{x}+\boldsymbol{\Lambda}\Delta x)+\boldsymbol{Y}_{s_1}(q)\widetilde{\boldsymbol{\Theta}}\tag{4.14}$$

其中 $\Delta\dot{x}=\dot{x}-\dot{x}_r$ 是笛卡儿速度误差。闭环动力系统为

$$\boldsymbol{M}(q)\dot{\boldsymbol{\Omega}}+\left(\boldsymbol{C}(q,\dot{q})+\boldsymbol{K}_s\right)\boldsymbol{\Omega}=\boldsymbol{Y}_{s_1}(q)\widetilde{\boldsymbol{\Theta}}-\boldsymbol{Y}_{s_2}(q,\dot{q},\dot{q}_s,\ddot{q}_s)\boldsymbol{\Theta}_{s_2}\tag{4.15}$$

笛卡儿标称参考值是有界的：

$$\begin{aligned}&\|\dot{x}_s\|\leqslant\|\dot{x}_r\|+\lambda_{\max}(\boldsymbol{\Lambda})\|\Delta x\|\\&\|\ddot{x}_s\|\leqslant\|\ddot{x}_r\|+\lambda_{\max}(\boldsymbol{\Lambda})\|\Delta\dot{x}\|\end{aligned}\tag{4.16}$$

此外，根据式(A.3)

$$\|\dot{q}_s\|\leqslant\|\boldsymbol{J}^{-1}(q)\|\|\dot{x}_s\|\leqslant\rho_2\|\dot{x}_s\|\tag{4.17}$$

$$\begin{aligned}\|\ddot{q}_s\|&\leqslant\|\boldsymbol{J}^{-1}(q)\|\left\{\|\ddot{x}_s\|+\|\dot{\boldsymbol{J}}(q)\|\|\dot{q}_s\|\right\}\\&\leqslant\rho_2\left\{\|\ddot{x}_s\|+\rho_1\rho_2\|\dot{x}_s\|\right\}\end{aligned}\tag{4.18}$$

根据式(A.18)、(A.19)、(4.17)和(4.18)

$$\begin{aligned} \boldsymbol{Y}_{s_2}(q,\dot{q},\dot{q}_s,\ddot{q}_s)\boldsymbol{\Theta}_{s_2} &\leqslant \|\boldsymbol{M}(q)\|\|\ddot{q}_s\| + \|\boldsymbol{C}(q,\dot{q})\|\|\dot{q}_s\| \\ &\leqslant \beta_1\rho_2\left\{\|\ddot{x}_s\| + \rho_1\rho_2\|\dot{x}_s\|\right\} + \beta_2\rho_2\|\dot{q}\|\|\dot{x}_s\| \\ &\leqslant \chi(t) \end{aligned} \tag{4.19}$$

其中$\chi(t)=f(\ddot{x}_s,\dot{x}_s,\dot{q},\beta_i,\rho_i)$是一个依赖于状态的函数。

定理4.1 考虑由自适应控制器(4.14)和导纳模型(3.8)控制的机器人动力学(A.17)。如果参数由自适应律更新:

$$\dot{\tilde{\boldsymbol{\Theta}}} = -\boldsymbol{K}_{\boldsymbol{\Theta}}^{-1}\boldsymbol{Y}_{s_1}^{\top}(q)\boldsymbol{\Omega} \tag{4.20}$$

其中 $\boldsymbol{K}_{\boldsymbol{\Theta}} \in \mathbb{R}^{p\times p}$ 是对角矩阵增益，闭环动力系统是半全局渐近稳定的，当$t\to\infty$时，标称误差收敛到有界集$\boldsymbol{\varepsilon}_1$。当$t\to\infty$时，$\boldsymbol{\Omega}\to\boldsymbol{\varepsilon}_1$，参数也收敛到一个小集合$\boldsymbol{\varepsilon}_2$。

证明：考虑 Lyapunov 函数

$$\boldsymbol{V}(\boldsymbol{\Omega},\boldsymbol{\Theta}) = \frac{1}{2}\boldsymbol{\Omega}^{\top}M(q)\boldsymbol{\Omega} + \frac{1}{2}\tilde{\boldsymbol{\Theta}}^{\top}K_{\boldsymbol{\Theta}}\tilde{\boldsymbol{\Theta}} \tag{4.21}$$

其中第一项是标称误差参考$\boldsymbol{\Omega}$的机器人动能,第二项是参数误差$\tilde{\boldsymbol{\Theta}}$的二次函数。式(4.21)沿系统轨迹(4.15)的时间导数为

$$\begin{aligned} \dot{\boldsymbol{V}} &= \boldsymbol{\Omega}^{\top}\boldsymbol{M}(q)\dot{\boldsymbol{\Omega}} + \frac{1}{2}\boldsymbol{\Omega}^{\top}\dot{\boldsymbol{M}}(q)\boldsymbol{\Omega} + \tilde{\boldsymbol{\Theta}}^{\top}\boldsymbol{K}_{\boldsymbol{\Theta}}\dot{\tilde{\boldsymbol{\Theta}}} \\ &= -\boldsymbol{\Omega}^{\top}\left(-\boldsymbol{Y}_{s_1}(q)\tilde{\boldsymbol{\Theta}} + \boldsymbol{Y}_{s_2}\boldsymbol{\Theta}_{s_2} + \left(\boldsymbol{C}(q,\dot{q}) + \boldsymbol{K}_s - \frac{1}{2}\dot{\boldsymbol{M}}(q)\right)\boldsymbol{\Omega}\right) \end{aligned} \tag{4.22}$$

$$+\tilde{\boldsymbol{\Theta}}^{\top}K_{\boldsymbol{\Theta}}\dot{\tilde{\boldsymbol{\Theta}}} \tag{4.23}$$

利用附录 A.2 中的动态模型特性，将上述方程简化为

$$\dot{\boldsymbol{V}} = -\boldsymbol{\Omega}^{\top}\boldsymbol{K}_s\boldsymbol{\Omega} + \tilde{\boldsymbol{\Theta}}^{\top}\left(\boldsymbol{K}_{\boldsymbol{\Theta}}\dot{\tilde{\boldsymbol{\Theta}}} + \boldsymbol{Y}_{s_1}^{\top}(q)\boldsymbol{\Omega}\right) - \boldsymbol{\Omega}^{\top}\boldsymbol{Y}_{s_2}(q,\dot{q},\dot{q}_s,\ddot{q}_s)\boldsymbol{\Theta}_{s_2} \tag{4.24}$$

将自适应律(4.20)代入式(4.24)得到

$$\dot{\boldsymbol{V}} = -\boldsymbol{\Omega}^{\top}\boldsymbol{K}_s\boldsymbol{\Omega} - \boldsymbol{\Omega}^{\top}\boldsymbol{Y}_{s_2}(q,\dot{q},\dot{q}_s,\ddot{q}_s)\boldsymbol{\Theta}_{s_2} \tag{4.25}$$

利用式(4.19)和式(4.25)得出以下不等式

$$\dot{\boldsymbol{V}} \leqslant -\lambda_{\min}(\boldsymbol{K}_s)\|\boldsymbol{\Omega}\|^2 + \|\boldsymbol{\Omega}\|\chi(t) \tag{4.26}$$

如果

$$\|\boldsymbol{\Omega}\| \geqslant \frac{\chi(t)}{\lambda_{\min}(\boldsymbol{K}_s)} \triangleq \varepsilon_1 \tag{4.27}$$

时间导数(4.26)就是负半定的。

因此存在足够大的增益 $\boldsymbol{K}_s$，使得当 $t \to \infty$ ，$\boldsymbol{K}_s \geqslant \left|\chi(t)\right\|$，并且标称误差 $\boldsymbol{\Omega}$ 收敛到有界集 $\varepsilon_1 = \frac{\chi(t)}{\lambda_{\min}(\boldsymbol{K}_s)}$。如果回归器 $\boldsymbol{Y}_{s_1}$ 满足 PE 条件(2.38)，则估计值 $\widehat{\boldsymbol{\Theta}}$ 保持有界。因此式(4.15)的轨迹是一致极限有界(UUB)和半全局渐近稳定的。

PID 导纳控制

带有重力补偿的局部放电控制需要重力项的先验知识，而重力项并不总是可用的。最简单的一种无模型控制器是 PID(比例-积分-微分)控制。

PID 导纳控制具有与自适应控制器类似的结构，主要区别在于笛卡儿标称参考：

$$\begin{aligned} \dot{x}_s &= \dot{x}_r - \boldsymbol{\Lambda}\Delta x - \xi \\ \dot{\xi} &= \boldsymbol{\Psi}\Delta x \end{aligned} \tag{4.28}$$

其中 $\boldsymbol{\Psi} \in \mathbb{R}^{m\times m}$ 是对角矩阵增益。PID 导纳控制的控制律为

$$\tau = \boldsymbol{J}^{\top}(q)\boldsymbol{f}_e - \boldsymbol{K}_s\boldsymbol{J}^{-1}(q)\left(\Delta\dot{x} + \boldsymbol{\Lambda}\Delta x + \boldsymbol{\Psi}\int_0^t \Delta x \mathrm{d}\sigma\right) \tag{4.29}$$

PID 控制律(4.29)下的动力闭环系统(A.17)为

$$\boldsymbol{M}(q)\dot{\boldsymbol{\Omega}} + \left(\boldsymbol{C}(q,\dot{q}) + \boldsymbol{K}_s\right)\boldsymbol{\Omega} = -\boldsymbol{Y}_s(q,\dot{q},\dot{q}_s,\ddot{q}_s)\boldsymbol{\Theta} \tag{4.30}$$

它包括关节标称参考 q_s 及其时间导数的完全回归器。笛卡儿标称参考的界限为

$$\begin{aligned} \|\dot{x}_s\| &\leqslant \|\dot{x}_r\| + \lambda_{\max}(\boldsymbol{\Lambda})\|\Delta x\| + \|\xi\| \\ \|\ddot{x}_s\| &\leqslant \|\ddot{x}_r\| + \lambda_{\max}(\boldsymbol{\Lambda})\|\Delta\dot{x}\| + \lambda_{\max}(\boldsymbol{\Psi})\|\Delta x\| \end{aligned} \tag{4.31}$$

回归函数的界限为(A.18)、(A.19)、(A.23)、(4.17)和(4.18)：

$$\begin{aligned} \boldsymbol{Y}_s(q,\dot{q},\dot{q}_s,\ddot{q}_s)\boldsymbol{\Theta} &\leqslant \|\boldsymbol{M}(q)\|\|\ddot{q}_s\| + \|\boldsymbol{C}(q,\dot{q})\|\|\dot{q}_s\| + \|\boldsymbol{G}(q)\| \\ &\leqslant \beta_1\rho_2\left\{\|\ddot{x}_s\| + \rho_1\rho_2\|\dot{x}_s\|\right\} + \beta_2\rho_2\|\dot{q}\|\|\dot{x}_s\| + \beta_3 \leqslant \chi(t) \end{aligned} \tag{4.32}$$

定理 4.2　机器人(A.17)具有 PID 控制律(4.29)和导纳控制器(3.8)性质。闭

环动力系统具有半全局渐近稳定性，当$t \to \infty$时，标称参考收敛到有界集ε_3。

证明：考虑以下 Lyapunov 函数

$$V(\boldsymbol{\Omega}) = \frac{1}{2}\boldsymbol{\Omega}^{\top}\boldsymbol{M}(q)\boldsymbol{\Omega} \tag{4.33}$$

这对应于闭环系统的动能。$\boldsymbol{V}$沿系统轨迹(4.30)的时间导数为

$$\begin{aligned}\dot{V} &= \boldsymbol{\Omega}^{\top}\boldsymbol{M}(q)\dot{\boldsymbol{\Omega}} + \frac{1}{2}\boldsymbol{\Omega}^{\top}\dot{\boldsymbol{M}}(q)\boldsymbol{\Omega} \\ &= -\boldsymbol{\Omega}^{\top}\left(\boldsymbol{Y}_s(q,\dot{q},\dot{q}_s,\ddot{q}_s)\boldsymbol{\Theta} + \left(\boldsymbol{C}(q,\dot{q}) + \boldsymbol{K}_s - \frac{1}{2}\dot{\boldsymbol{M}}(q)\right)\boldsymbol{\Omega}\right)\end{aligned} \tag{4.34}$$

利用附录 A.2 中的机器人特性

$$\dot{V} = -\boldsymbol{\Omega}^{\top}\boldsymbol{K}_s\boldsymbol{\Omega} - \boldsymbol{\Omega}^{\top}\boldsymbol{Y}_s(q,\dot{q},\dot{q}_s,\ddot{q}_s)\boldsymbol{\Theta} \tag{4.35}$$

在式(4.35)中利用式(4.32)

$$\dot{V} \leqslant -\lambda_{\min}(\boldsymbol{K}_s)\|\boldsymbol{\Omega}\|^2 + \|\boldsymbol{\Omega}\|\chi(t) \tag{4.36}$$

如果标称误差$\boldsymbol{\Omega}$满足以下条件，则$\boldsymbol{V}$的时间导数为负定：

$$\|\boldsymbol{\Omega}\| \geqslant \frac{\chi(t)}{\lambda_{\min}(\boldsymbol{K}_s)} \triangleq \mu \tag{4.37}$$

上述条件意味着存在足够大的增益$\boldsymbol{K}_s$，使得$\boldsymbol{K}_s \geqslant \|\chi(t)\|$。此外，还有以下公式：

$$\frac{1}{2}\lambda_{\min}(\boldsymbol{M}(q))\|\boldsymbol{\Omega}\|^2 \leqslant \boldsymbol{V}(\boldsymbol{\Omega}) \leqslant \frac{1}{2}\lambda_{\max}(\boldsymbol{M}(q))\|\boldsymbol{\Omega}\|^2 \tag{4.38}$$

定义函数

$$\varphi_1(r) = \frac{1}{2}\lambda_{\min}(\boldsymbol{M}(q))r^2 \text{和} \varphi_2(r) = \frac{1}{2}\lambda_{\max}(\boldsymbol{M}(q))r^2$$

最终边界是

$$b = \varphi_1^{-1}\left(\varphi_2(\mu)\right) = \frac{\chi(t)}{\lambda_{\min}(\boldsymbol{K}_s)}\sqrt{\frac{\lambda_{\max}(\boldsymbol{M}(q))}{\lambda_{\min}(\boldsymbol{M}(q))}} \leqslant \frac{\chi(t)}{\lambda_{\min}(\boldsymbol{K}_s)}\sqrt{\frac{\beta_1}{\beta_0}} \tag{4.39}$$

这意味着$\boldsymbol{\Omega}$的边界为

$$\frac{\chi(t)}{\lambda_{\min}(\boldsymbol{K}_s)} \leqslant \|\boldsymbol{\Omega}\| \leqslant \frac{\chi(t)}{\lambda_{\min}(\boldsymbol{K}_s)}\sqrt{\frac{\beta_1}{\beta_0}} \tag{4.40}$$

利用上述结果可以得出 Ω 的解是一致极限有界的。因此，如果有足够大的增益$\boldsymbol{K}_s$，使得$\boldsymbol{K}_s \geqslant \|\chi(t)\|$，则当t→ ∞时，标称误差$\boldsymbol{\Omega}$收敛到有界集$\varepsilon_3 = \frac{\chi(t)}{\lambda_{\min}(\boldsymbol{K}_s)}$。

PD 和 PID 控制不需要机器人动力学知识。它们提高了机器人交互行为的鲁棒性。两个控制器都保证收敛到有界区域。无模型控制器的精度得到了提高，因为有一个额外的元素，可以使有界区域尽可能小。

自适应重力补偿有助于减少重力转矩矢量的影响，而局部放电增益有助于减少惯性和 Coriolis 矩阵的影响。PID 控制律的积分项有助于减小稳态误差。由于$\boldsymbol{\Omega}$是跟踪误差和控制增益的函数，因此可以通过对其进行适当的调整从而使跟踪误差尽可能小。

带滑模补偿的导纳控制

考虑以下笛卡儿标称参考[2, 3]：

$$
\begin{aligned}
\dot{x}_s &= \dot{x}_r - \boldsymbol{\Lambda}\Delta x - \xi \\
\dot{\xi} &= \boldsymbol{\Psi}\mathrm{sgn}(\boldsymbol{S}_x) \\
\boldsymbol{S}_x &= \Delta\dot{x} + \boldsymbol{\Lambda}\Delta x
\end{aligned}
\tag{4.41}
$$

$\boldsymbol{S}_x$是取决于笛卡儿误差及其时间导数的滑动平面。函数$\mathrm{sgn}(x) = [\mathrm{sgn}(x_1)\mathrm{sgn}(x_2)\cdots\mathrm{sgn}(x_m)]^\top$是$x$的不连续函数。控制律为

$$
\tau = \boldsymbol{J}^\top(q)\boldsymbol{f}_e - \boldsymbol{K}_s\boldsymbol{J}^{-1}(q)\left(\Delta\dot{x} + \boldsymbol{\Lambda}\Delta x + \boldsymbol{\Psi}\int_0^t \mathrm{sgn}(\Delta\dot{x} + \boldsymbol{\Lambda}\Delta x)\mathrm{d}\sigma\right) \tag{4.42}
$$

笛卡儿标称参考的界限为

$$
\begin{aligned}
\|\dot{x}_s\| &\leqslant \|\dot{x}_r\| + \lambda_{\max}(\boldsymbol{\Lambda})\|\Delta x\| + \|\xi\| \\
\|\ddot{x}_s\| &\leqslant \|\ddot{x}_r\| + \lambda_{\max}(\boldsymbol{\Lambda})\|\Delta\dot{x}\| + \lambda_{\max}(\boldsymbol{\Psi})
\end{aligned}
\tag{4.43}
$$

控制律(4.42)下的闭环系统满足定理 4.2，这保证了具有滑模补偿的导纳控制器的半全局稳定性。为了实现全局稳定性，考虑以下超扭转滑模控制：

$$
\begin{aligned}
\tau &= \boldsymbol{J}^\top(q)\boldsymbol{f}_e - \boldsymbol{K}_s\boldsymbol{\Omega} - k_1\|\boldsymbol{\Omega}\|^{1/2}\mathrm{sgn}(\boldsymbol{\Omega}) + \xi \\
\dot{\xi} &= -k_2\mathrm{sgn}(\boldsymbol{\Omega})
\end{aligned}
\tag{4.44}
$$

其中k_1、k_2是滑模增益，$\dot{x}_s$按照式(4.13)设计。

以下定理给出了带滑模补偿的导纳控制的稳定性和有限时间收敛性。

定理 4.3 考虑由滑模控制(4.44)和导纳模型(3.8)控制的机器人(A.17)。如果滑模增益满足

$$k_1 > \bar{k}_x,\quad k_2 > \sqrt{\frac{2}{k_1-\bar{k}_x}\frac{\left(k_1-\bar{k}_x\right)(1+p)}{(1-p)}} \tag{4.45}$$

其中 p 是常数，$0<p<1$，并且 $\bar{k}_x$ 是 $\boldsymbol{Y}_s\boldsymbol{\Theta}$ 的上界，则跟踪误差 $\boldsymbol{\Omega}$ 是稳定的，并且在有限时间内收敛到零。

证明： 考虑 Lyapunov 函数

$$\boldsymbol{V}=\frac{1}{2}\zeta^{\top}P\zeta$$

其中 $\zeta=[\|\boldsymbol{\Omega}\|^{1/2}\mathrm{sgn}(\boldsymbol{\Omega}),\xi]^{\top}$, $\boldsymbol{P}=\frac{1}{2}\begin{bmatrix}4k_2+k_1^2 & -k_1\\ -k_1 & 2\end{bmatrix}$。它是连续的，但在 $\boldsymbol{\Omega}=0$ 时是不可微的。

$$\boldsymbol{V}=2k_2\|\boldsymbol{\Omega}\|+\frac{\xi^2}{2}+\frac{1}{2}(k_1\|\boldsymbol{\Omega}\|^{1/2}\mathrm{sgn}(\boldsymbol{\Omega})-\xi)^2$$

由于 $k_1>0$，$k_2>0$，因此 $\boldsymbol{V}$ 是正定的，并且

$$\lambda_{\min}(\boldsymbol{P})\|\zeta\|^2\leqslant\boldsymbol{V}\leqslant\lambda_{\max}(\boldsymbol{P})\|\zeta\|^2 \tag{4.46}$$

此处 $\|\zeta\|^2=\|\boldsymbol{\Omega}\|+\|\xi\|^2$。$\boldsymbol{V}$ 的时间导数为

$$\dot{\boldsymbol{V}}=-\frac{1}{\|\boldsymbol{\Omega}\|^{1/2}}(\zeta^{\top}\boldsymbol{Q}_1\zeta-\|\boldsymbol{\Omega}\|^{1/2}\boldsymbol{Y}_s\boldsymbol{\Theta}\boldsymbol{Q}_2^{\top}\zeta) \tag{4.47}$$

其中 $\boldsymbol{Q}_1=\frac{k_1}{2}\begin{bmatrix}2k_2+k_1^2 & -k_1\\ -k_1 & 1\end{bmatrix}$, $\boldsymbol{Q}_2=\begin{bmatrix}2k_2+\frac{k_1^2}{2}\\ -\frac{k_1}{2}\end{bmatrix}$。利用不等式

$$\dot{\boldsymbol{V}}\leqslant-\frac{1}{\|\boldsymbol{\Omega}\|^{1/2}}\zeta^{\top}\boldsymbol{Q}_3\zeta \tag{4.48}$$

其中

$$\boldsymbol{Q}_3=\frac{k_1}{2}\begin{bmatrix}2k_2+k_1^2-\left(\frac{4k_2}{k_1}+k_1\right)\bar{k}_x & -(k_1+2\bar{k}_x)\\ -(k_1+2\bar{k}_x) & 1\end{bmatrix} \tag{4.49}$$

在条件(4.45)和 $\boldsymbol{Q}_3 > 0$ 的情况下，$\dot{\boldsymbol{V}}$ 是负定的。

从式(4.46)可以得出

$$\|\boldsymbol{\Omega}\|^{1/2} \leqslant \|\zeta\| \leqslant \frac{\boldsymbol{V}^{1/2}}{\lambda_{\min}^{1/2}(\boldsymbol{P})} \tag{4.50}$$

所以

$$\dot{\boldsymbol{V}} \leqslant -\frac{1}{\|\boldsymbol{\Omega}\|^{1/2}}\zeta^{\top}\boldsymbol{Q}_3\zeta \leqslant -\gamma \boldsymbol{V}^{1/2} \tag{4.51}$$

其中$\gamma = \frac{\lambda_{\min}^{1/2}(\boldsymbol{P})\lambda_{\min}(\boldsymbol{Q}_3)}{\lambda_{\max}(\boldsymbol{P})} > 0$。因为微分方程的解$\dot{y} = -\gamma y^{1/2}$是

$$y(t) = \left[y(0) - \frac{\gamma}{2}t\right]^2$$

$y(t)$在有限时间内收敛到零，在$t = \frac{2}{\gamma}y(0)$后达到零。使用式(4.51)的比较原理，当$\boldsymbol{V}(\zeta_0) \leqslant y(0)$时，$\boldsymbol{V}(\zeta(t)) \leqslant y(t)$ 。所以$\boldsymbol{V}(\zeta(t))$(或$\boldsymbol{\Omega}$)在$\boldsymbol{T} = \frac{2}{\gamma}\boldsymbol{V}^{1/2}(\zeta(0))$后收敛到零。

图 4.1 显示了使用关节空间动力学进行任务空间控制的一般框图。

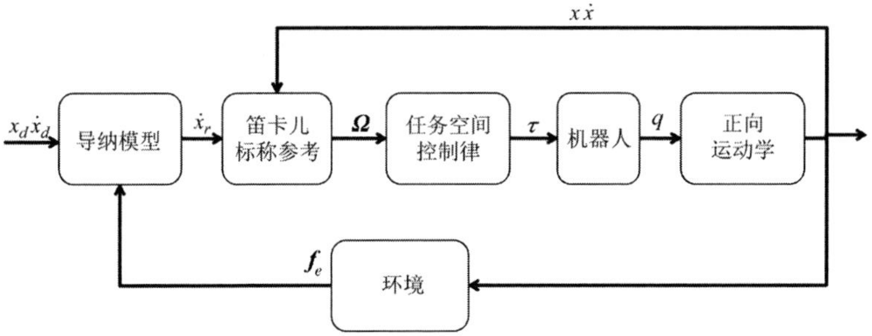

图 4.1　使用关节空间动力学进行任务空间控制

4.2　使用任务空间动力学进行任务空间控制

可以将任务空间动力学用于基于虚功原理的先前控制器。考虑任务空间中的标称误差参考：

$$\boldsymbol{\Omega}_x = \dot{x} - \dot{x}_s \tag{4.52}$$

任务空间中的机器人动力学也可以在笛卡儿标称参考中参数化：

$$\boldsymbol{M}_x\ddot{x}_s+\boldsymbol{C}_x\dot{x}_s+\boldsymbol{G}_x=\boldsymbol{Y}_x\boldsymbol{\Theta}_x \tag{4.53}$$

在此我们研究任务空间域中具有自适应重力补偿的导纳控制

$$\boldsymbol{f}_\tau=\boldsymbol{f}_e-\boldsymbol{K}_s\boldsymbol{\Omega}_x+\boldsymbol{Y}_{x_1}\widetilde{\boldsymbol{\Theta}}_x \tag{4.54}$$

其中$\boldsymbol{Y}_{x_1}\widetilde{\boldsymbol{\Theta}}_x=\widetilde{\boldsymbol{G}}_x, \boldsymbol{K}_s\in\mathbb{R}^{m\times m}$。$\dot{x}_s$ 的设计如式(4.13)所示。

如果应用虚功原理，控制律不依赖于重力分量 G_x:

$$\tau=\boldsymbol{J}^{\mathrm{T}}(q)\left(\boldsymbol{f}_e-\boldsymbol{K}_s\boldsymbol{\Omega}_x\right)+\boldsymbol{Y}_{s_1}(q)\widetilde{\boldsymbol{\Theta}}$$

PID 导纳控制和带滑模补偿的导纳控制的任务空间版本为

$$\boldsymbol{f}_\tau=\boldsymbol{f}_e-\boldsymbol{K}_s\boldsymbol{\Omega}_x \tag{4.55}$$

其中 $\dot{x}_s$ 如式(4.28)或式(4.41)所示。将超扭转滑模控制修改为

$$\begin{aligned}\boldsymbol{f}_\tau&=\boldsymbol{f}_e-\boldsymbol{K}_s\boldsymbol{\Omega}_x-k_1\|\boldsymbol{\Omega}_x\|^{1/2}\mathrm{sgn}\ \boldsymbol{\Omega}_x)+\xi\\ \dot{\xi}&=-k_2\mathrm{sgn}(\boldsymbol{\Omega}_x)\end{aligned} \tag{4.56}$$

与关节空间动力学一样，控制律(4.54)、(4.55)和(4.56)不存在奇异性问题。

4.3 关节空间控制

考虑逆运动

$$q_r=invf(x_r)$$

将关节空间标称误差定义为

$$\boldsymbol{\Omega}_q=\dot{q}-\dot{q}_s$$

这里 $\dot{q}_s$ 取决于控制器设计。具有自适应重力补偿的关节空间导纳控制需要标称参考

$$\dot{q}_s=\dot{q}_r-\boldsymbol{\Lambda}\Delta q \tag{4.57}$$

其中 Δq 是关节空间跟踪误差，$\dot{q}_r$ 是关节空间导纳参考 q_r 的时间导数，将 $\boldsymbol{\Lambda}$ 的维数修改为 $n\times n$ 。

控制律是

$$\tau=\boldsymbol{J}^{\mathrm{T}}\boldsymbol{f}_e-\boldsymbol{K}_s\boldsymbol{\Omega}_q+\boldsymbol{Y}_{s_1}(q)\widetilde{\boldsymbol{\Theta}} \tag{4.58}$$

其中$\boldsymbol{K}_s \in \mathbb{R}^{n\times n}$。

PID 控制器和滑模补偿的关节空间控制律是

$$\tau = \boldsymbol{J}^{\top}(q)f_e - \boldsymbol{K}_s\boldsymbol{\Omega}_q \tag{4.59}$$

其中对于 PID 控制，

$$\begin{aligned}\dot{q}_s &= \dot{q}_r - \boldsymbol{\Lambda}\Delta q - \xi \\ \dot{\xi} &= \boldsymbol{\Psi}\Delta q\end{aligned} \tag{4.60}$$

对于滑模补偿，

$$\begin{aligned}\dot{q}_s &= \dot{q}_r - \boldsymbol{\Lambda}\Delta q - \xi \\ \dot{\xi} &= \boldsymbol{\Psi}\mathrm{sgn}(\boldsymbol{S}_q) \\ \boldsymbol{S}_q &= \Delta\dot{q} + \boldsymbol{\Lambda}\Delta q\end{aligned} \tag{4.61}$$

其中 $\boldsymbol{\Psi} \in \mathbb{R}^{n\times n}$。超-扭转滑模控制律为

$$\begin{aligned}\boldsymbol{f}_\tau &= \boldsymbol{f}_e - \boldsymbol{K}_s\boldsymbol{\Omega}_q - k_1\|\boldsymbol{\Omega}_q\|^{1/2}\mathrm{sgn}(\boldsymbol{\Omega}_q) + \xi \\ \xi &= -k_2\mathrm{sgn}(\boldsymbol{\Omega}_q)\end{aligned} \tag{4.62}$$

关节空间控制的主要优点是不会出现奇异性问题。然而，逆运动解并不总是可用的。

4.4　模拟

仿真条件与第 3.4 节中的相同。控制增益如表 4.1 所示。

表 4.1　无模型控制器增益

增益	适应	比例积分导数	滑动比例导数
$\boldsymbol{\Lambda}$	$10\boldsymbol{I}_{4\times4}$	$15\boldsymbol{I}_{4\times4}$	$10\boldsymbol{I}_{4\times4}$
$\boldsymbol{\Psi}$	–	$20\boldsymbol{I}_{4\times4}$	$15\boldsymbol{I}_{4\times4}$
$\boldsymbol{K}_s$	$5\boldsymbol{I}_{4\times4}$	$8\boldsymbol{I}_{4\times4}$	$6\boldsymbol{I}_{4\times4}$
$\boldsymbol{K}_{\boldsymbol{\theta}}$	$0.01\boldsymbol{I}_{2\times2}$	–	–

由于采用机器人配置，自适应律(4.14)仅估计重力扭矩矢量的两个参数。Jacobian 矩阵考虑了线速度 Jacobian 矩阵和角速度 Jacobian 矩阵的一个分量，最终获得平方 Jacobian 矩阵。

示例 4.1 高刚度和低刚度环境

高刚度和低刚度环境与第 3.4 节中的相同。图 4.2 和图 4.3 显示了高刚度结果。图 4.4 和图 4.5 显示了低刚度结果。

结果表明，其性能与第 3.4 节中的无模型导纳和导纳控制类似。当环境刚度大于所需阻抗刚度时，导纳控制将所需位置 x_d 更改为 x_r。它相当于环境位置 x_e，即 $x_r \approx x_e$。如果环境刚度低于所需阻抗刚度，则导纳控制的输出几乎与所需参考值相同，即 $x_r \approx x_d$。

这些控制器的主要优点是不需要机器人动力学知识。PD 控制保证了稳定性和收敛性，并具有稳态误差。补偿项(如自适应、积分和滑动模式)减少稳态误差，使终端执行器位置 x 收敛到位置基准 x_r。

与基于模型的阻抗/导纳控制器类似，由于空间变换，关节值 q_2 和 q_4 的误差更大，可以使用完整的 Jacobian 矩阵来进行求解。然而，完整的 Jacobian 矩阵为闭环系统引入了新的奇异性。无模型控制器为阻抗控制的准确性和鲁棒性难题提供了可靠的解决方案。

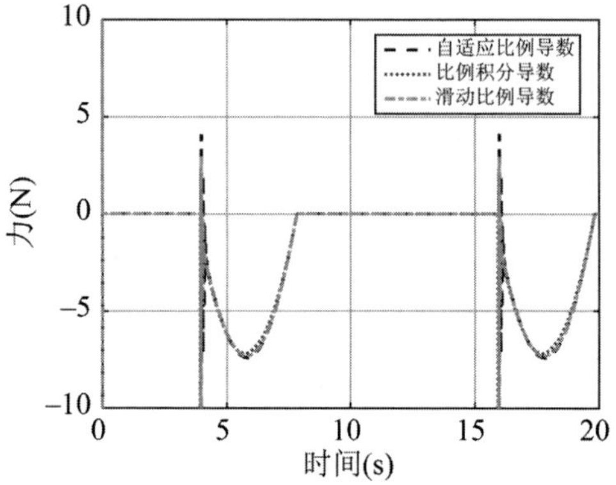

(a) 接触力 F_z

图 4.2 高刚度环境中的无模型控制

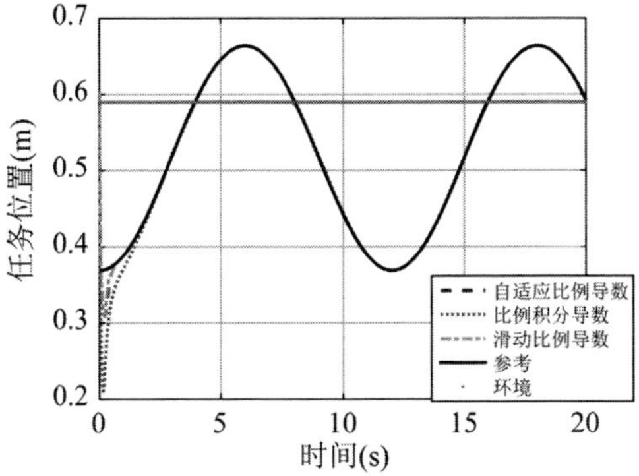

(b) Z 轴的轨迹跟踪

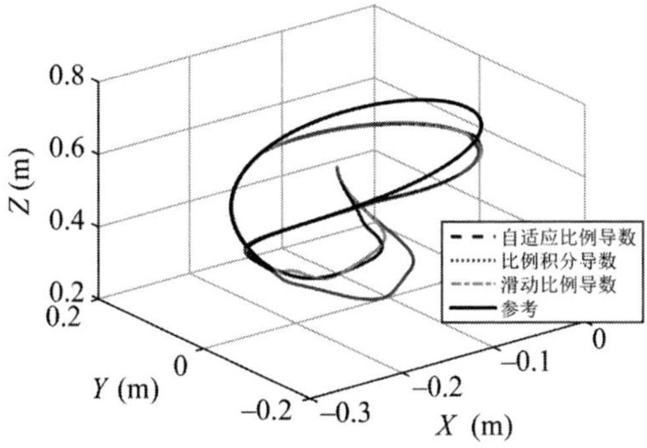

(c) X- Y- Z 轴的轨迹跟踪

图 4.2(续)

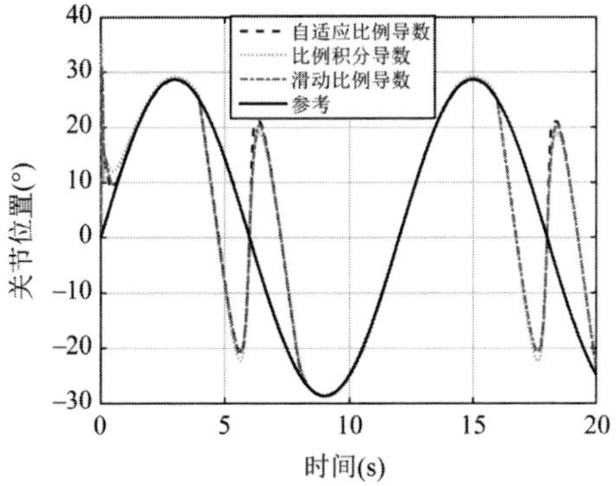

(a) 关节位置 q_1

图 4.3　高刚度环境中的位置跟踪

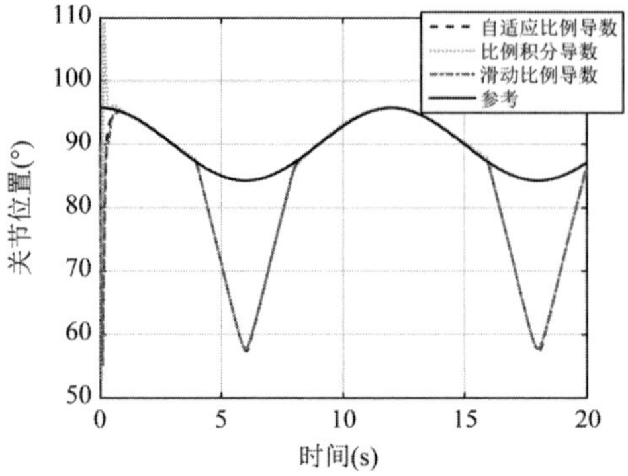

(b) 关节位置 q_2

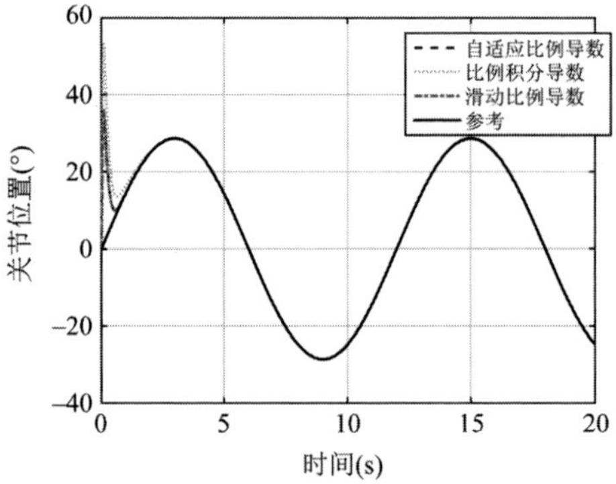

(c) 关节位置 q_3

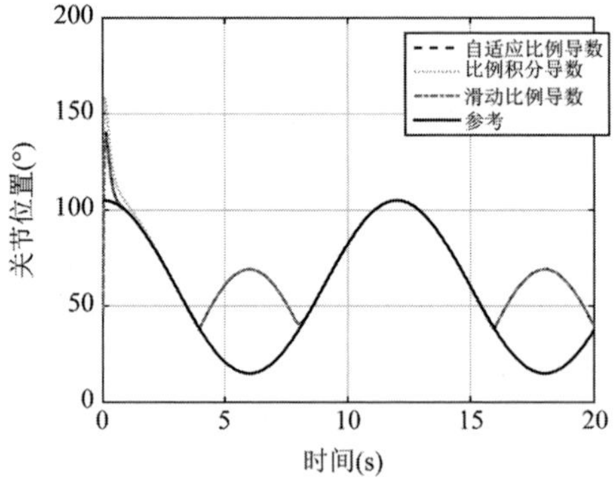

(d) 关节位置 q_4

图 4.3(续)

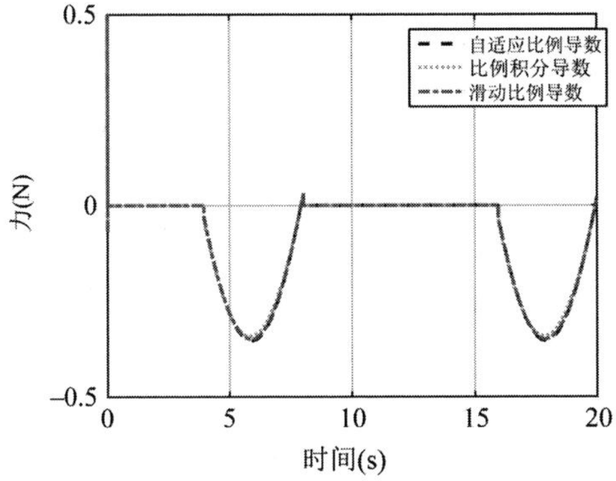

(a) 接触力 F_z

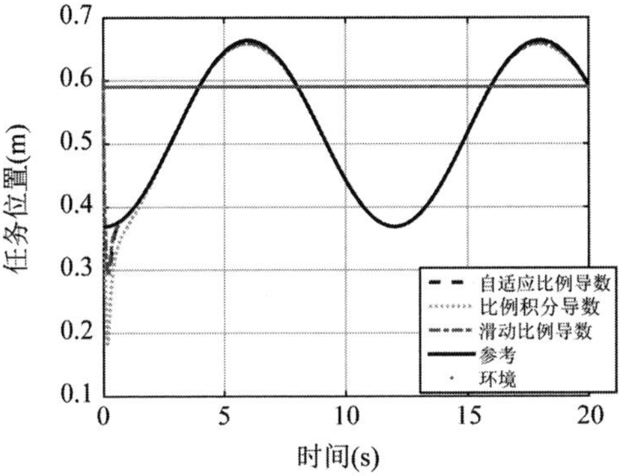

(b) Z 轴的轨迹跟踪

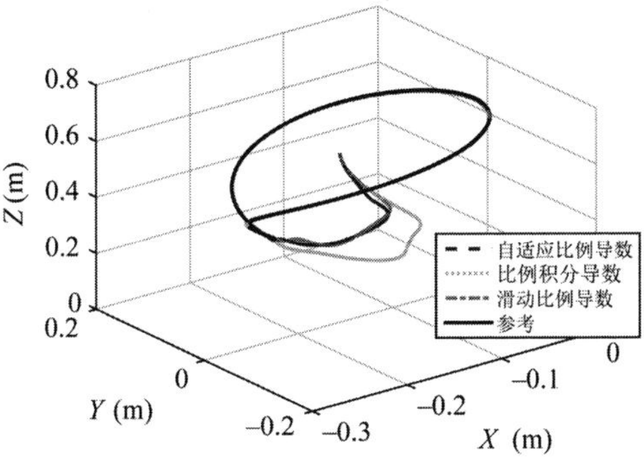

(c) X- Y- Z 轴的轨迹跟踪

图 4.4　低刚度环境中的无模型控制

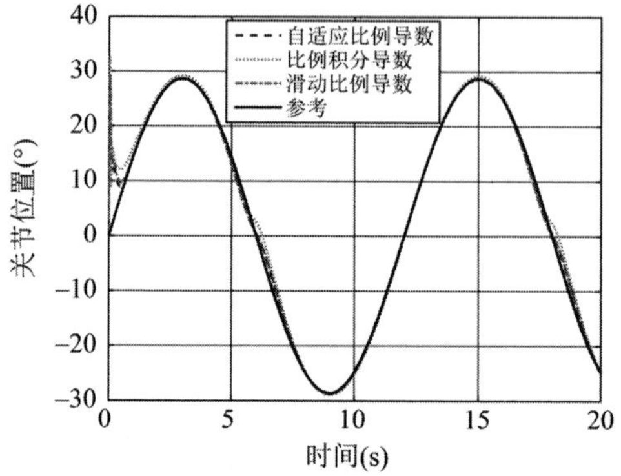

(a) 关节位置 q_1

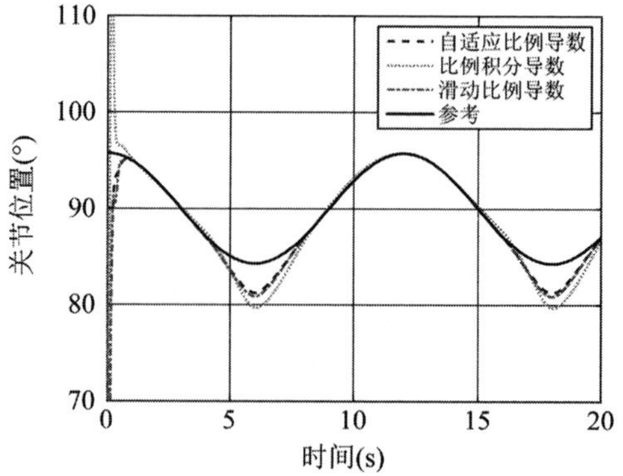

(b) 关节位置 q_2

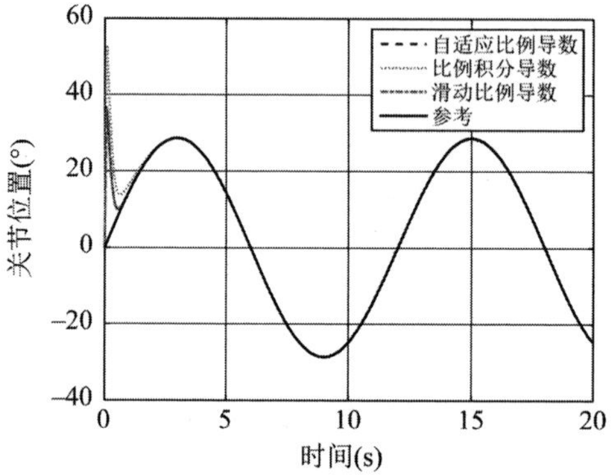

(c) 关节位置 q_3

图 4.5 低刚度环境中的位置跟踪

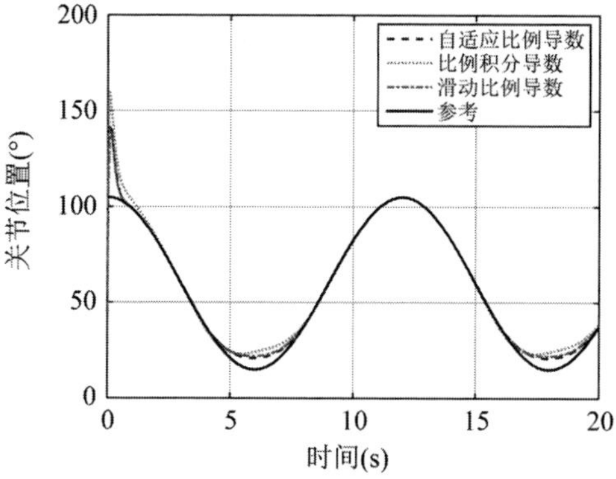

(d) 关节位置 q_4

图 4.5(续)

4.5 实验

本节讨论了基于模型和无模型导纳控制器在 2-DOF 平移和倾斜机器人以及 4-DOF 外骨骼机器人原型上的实验，其终端执行器上安装有力/扭矩传感器。通过 RLS 方法(3.32)来估计环境。实时环境是 MATLAB/Simulink®。

速度由以下高通滤波器估算：

$$v(s)=\frac{bs}{s+b}x(s)$$

其中 $x(s)$是位置，$v(s)$是估计速度，b 是滤波器的截止频率。实验使用以下高通滤波器：

$$v(s)=\frac{300s}{s+300}x(s)$$

然后使用低通滤波器

$$H(s)=\frac{500}{s+500}$$

来平滑速度估计和力/扭矩测量。

惯性矩阵 $\boldsymbol{M}(q)$分量非常小，因此减少了控制器的影响。阻抗控制不起作用，因为控制器没有任何控制增益，使得控制律在存在建模误差的情况下具有鲁棒性。阻抗控制可以通过忽略惯性矩阵分量或增加所需阻抗来实现，直到达到所需性能。然而这并不方便。因此这里不提供阻抗控制结果。

示例 4.2　2-DOF 平移和倾斜机器人

考虑附录 A.2 中所示的 2-DOF 机器人平移和倾斜机器人。力/扭矩传感器安装在机器人终端执行器上，如图 4.6 所示。所需关节空间轨迹为

$$q_1(t)=\frac{\pi}{8}+\frac{\pi}{8}\cos\left(\frac{\pi}{3}t\right)+0.001\sin(40t)$$
$$q_2(t)=-\frac{\pi}{6}+\frac{\pi}{8}\sin\left(\frac{\pi}{3}t\right)+0.001\sin(40t)$$

轨迹设计用于避免机器人在直立位置出现奇异性。添加高频小项作为 PE 信号，用于环境识别。环境是一张木桌，刚度和阻尼未知。环境位于 Y 轴上，距离机器人终端执行器 3.4 cm。其他轴可以自由移动。终端执行器由具有关节空间动力学的任务空间控制进行控制。

图 4.6　带有力传感器的平移和倾斜机器人

RLS 算法的初始条件是 $\boldsymbol{P}(0)=10000\boldsymbol{I}_{2\times2}$，其中 $\hat{\boldsymbol{\theta}}(0)=[0,\ 0]^{\mathrm{T}}$。所需阻抗模型为 $\boldsymbol{M}_d=\boldsymbol{I}_{3\times3}$，$\boldsymbol{B}_d=140\boldsymbol{I}_{3\times3}$，$\boldsymbol{K}_d=4000\boldsymbol{I}_{3\times3}$。控制增益如表 4.2 所示。

表 4.2　2-DOF 平移和倾斜机器人控制增益

增益	导纳	自适应比例导数	比例积分导数	滑动比例导数
$\boldsymbol{K}_p$	$50\times10^3\boldsymbol{I}_{3\times3}$	–	–	–
$\boldsymbol{K}_v$	$100\boldsymbol{I}_{3\times3}$	–	–	–
$\boldsymbol{\Lambda}$	–	$90\boldsymbol{I}_{3\times3}$	$90\boldsymbol{I}_{3\times3}$	$90\boldsymbol{I}_{3\times3}$
$\boldsymbol{\psi}$	–	–	$0.5\boldsymbol{I}_{3\times3}$	$0.15\boldsymbol{I}_{3\times3}$
$\boldsymbol{K}_{\boldsymbol{\Theta}}$	–	1×10^{-3}	–	–
$\boldsymbol{K}_s$	–	$0.9\boldsymbol{I}_{2\times2}$	$0.9\boldsymbol{I}_{2\times2}$	$0.9\boldsymbol{I}_{2\times2}$

与其他控制器相比，导纳控制增益较大，因为它们使用较小的值进行调整，这些值来自惯性矩阵估计。环境估计和跟踪结果如图 4.7、图 4.8 和图 4.9 所示。

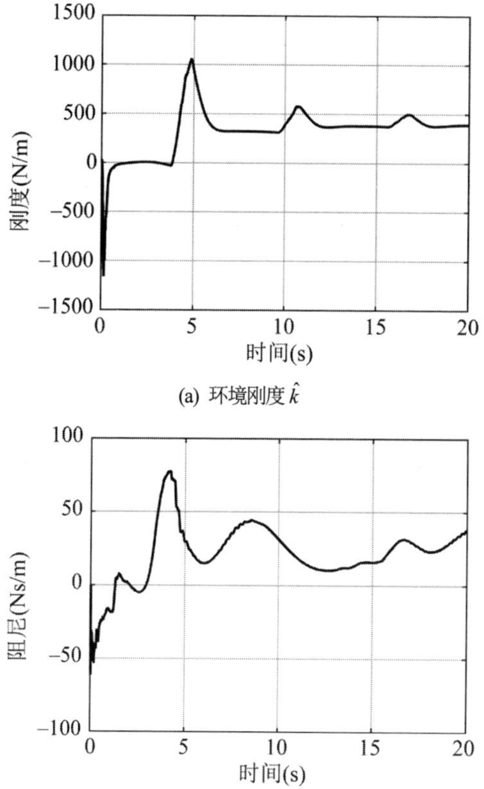

(a) 环境刚度 $\hat{k}$

(b) 环境阻尼 $\hat{b}$

图 4.7　平移和倾斜机器人的环境

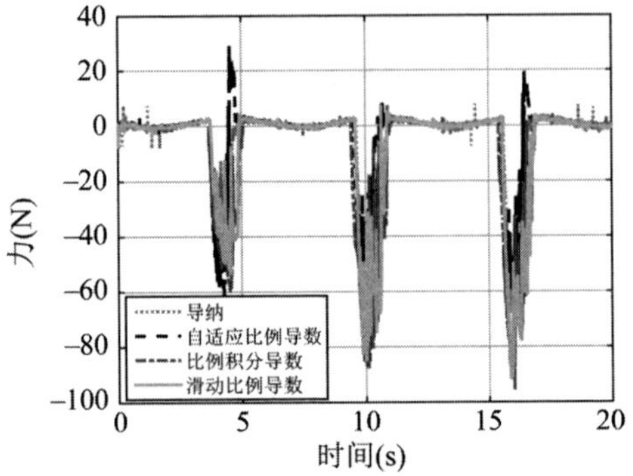

(c) 环境力

图 4.7(续)

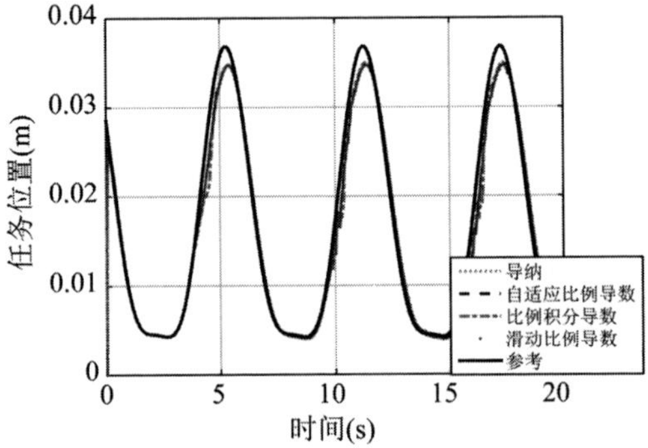

(a) 位置基准 Y_r

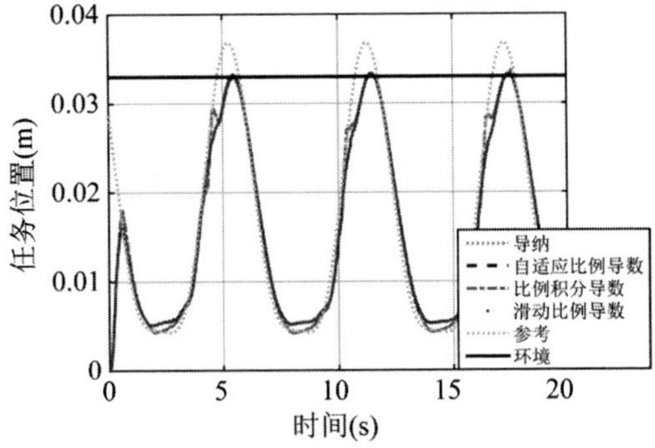

(b) Y 轴的轨迹跟踪

图 4.8 Y 轴的跟踪结果

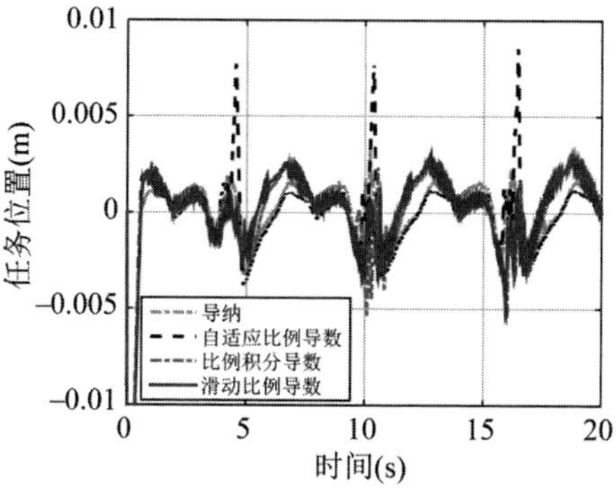

(c) Y 轴的笛卡儿位置误差

图 4.8(续)

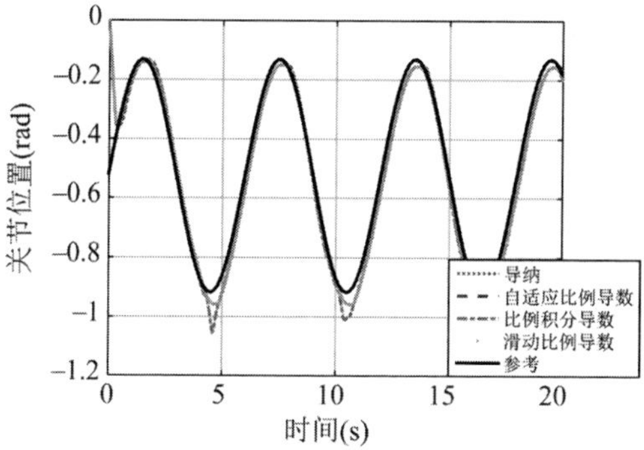

(a) 关节位置 q_1

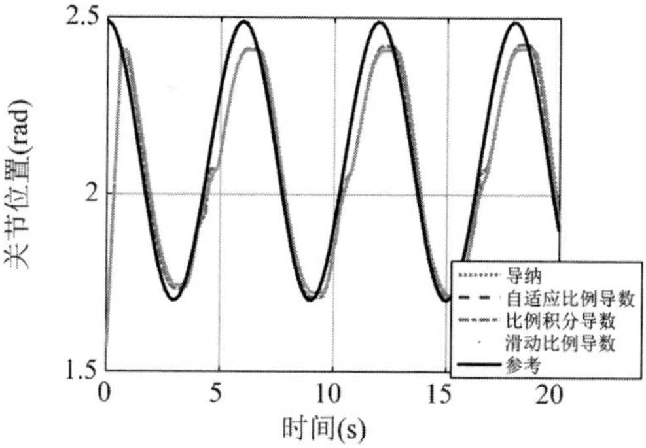

(b) 关节位置 q_2

图 4.9　平移和倾斜机器人跟踪控制

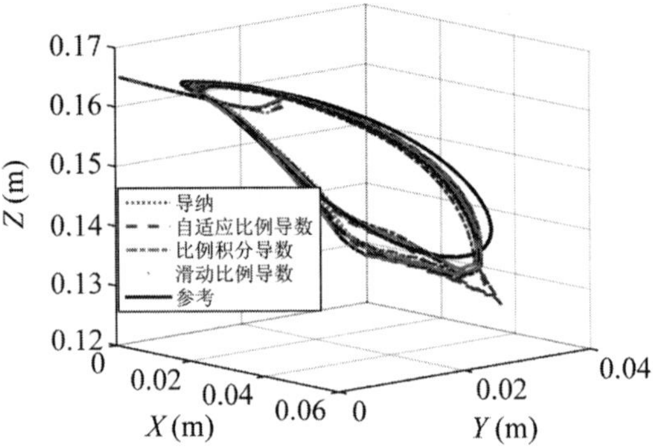

(c) 轨迹跟踪

图 4.9(续)

环境刚度逼近为 $\hat{k} \approx 480$ N/m，所需阻抗刚度为 $\boldsymbol{K}_d = 4000$ N/m，$\boldsymbol{K}_d > \hat{k}$，这意味着机器人终端执行器近似于导纳模型的输出，即 $x \approx x_r$，因为导纳模型将所需参考 x_d 修改为位置基准 x_r。基于模型的导纳控制器和无模型控制器都具有良好的性能，因为机器人具有高摩擦力，并且忽略了重力项。

示例 4.3 4-DOF 外骨骼机器人

图 4.10 和附录 A.1 所示为 4-DOF 外骨骼机器人，其终端执行器上安装有力/扭矩传感器。

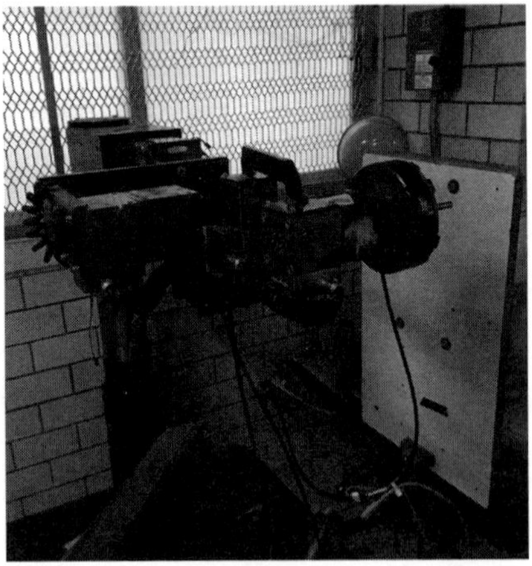

图 4.10 安装有力/扭矩传感器的 4-DOF 外骨骼机器人

实验环境与平移和倾斜机器人实验中使用的木桌相同。主要区别在于力/扭矩传感器安装在 X 轴而不是 Z 轴(见图 4.10)。这意味着力/扭矩测量值与全局参考系的方向是不同的。为了解决这个问题，进行以下修改：

$$F_x, \tau_x \Longrightarrow Y, \beta$$
$$F_y, \tau_y \Longrightarrow Z, \gamma$$
$$F_z, \tau_z \Longrightarrow X, \alpha$$

环境位于 X 轴上，距离机器人终端执行器 28.5 cm。

在仿真研究中，Jacobian 矩阵由线速度 Jacobian 矩阵和角速度 Jacobian 矩阵的一个分量组成，以获得平方矩阵。在本实验中，由于安装了传感器，使用了角速度 Jacobian 矩阵的两个分量，因此 $\boldsymbol{J}(q) \in \mathbb{R}^{5\times4}$ 。本实验采用基于关节空间动力学的任务空间控制。所需的关节空间轨迹为

$$q_1(t) = 0.3\sin\left(\frac{\pi}{3}t\right)$$
$$q_2(t) = -0.4\cos\left(\frac{\pi}{3}t\right)$$
$$q_3(t) = -0.2 - 0.55\sin\left(\frac{\pi}{3}t\right)$$
$$q_4(t) = 0.35 + 0.2\cos\left(\frac{\pi}{3}t\right)$$

实验中使用平移和倾斜机器人实验的环境参数。所需阻抗模型分为两部分：第I部分用于阻抗参数为 $\boldsymbol{M}_d = \boldsymbol{I}_{3\times3}$ 、 $\boldsymbol{B}_d = 140\boldsymbol{I}_{3\times3}$ 和 $\boldsymbol{K}_d = 2000\boldsymbol{I}_{3\times3}$ 的力分量，第II部分是扭矩分量，其值为 $\boldsymbol{M}_d = \boldsymbol{I}_{2\times2}$ 、 $\boldsymbol{B}_d = 15\boldsymbol{I}_{2\times2}$ 和 $\boldsymbol{K}_d = 56\boldsymbol{I}_{2\times2}$ 。控制增益如表 4.3 所示。

表 4.3 4-DOF 外骨骼的控制增益

增益	导纳	自适应比例导数	比例积分导数	滑动比例导数
$\boldsymbol{K}_p$	$4\times10^3\boldsymbol{I}_{5\times5}$	–	–	–
$\boldsymbol{K}_v$	$10\boldsymbol{I}_{5\times5}$	–	–	–
$\boldsymbol{\Lambda}$	–	$90\boldsymbol{I}_{5\times5}$	$90\boldsymbol{I}_{5\times5}$	$90\boldsymbol{I}_{5\times5}$
$\boldsymbol{\Psi}$	–	–	$5\boldsymbol{I}_{5\times5}$	$\boldsymbol{I}_{5\times5}$
$\boldsymbol{K}_{\boldsymbol{\theta}}$	–	$0.1\boldsymbol{I}_{2\times2}$	–	–
$\boldsymbol{K}_s$	–	$3\boldsymbol{I}_{4\times4}$	$2\boldsymbol{I}_{4\times4}$	$2\boldsymbol{I}_{4\times4}$

图 4.11、图 4.12 和图 4.13 显示了外骨骼机器人的跟踪结果。该机器人受到重力项的影响，因此基于模型的导纳控制器失去了准确性。该问题在任务空间中的误差更明显。与无模型控制器相比，导纳控制器存在较大的跟踪误差。这种精度问题导致机器人与环境失去联系。无模型控制器在不考虑机器人动力学的情况下具有良好的跟踪效果。

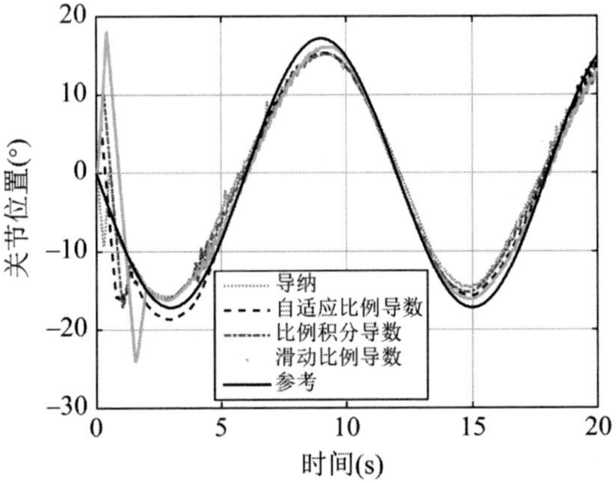

(a) 关节位置 q_1

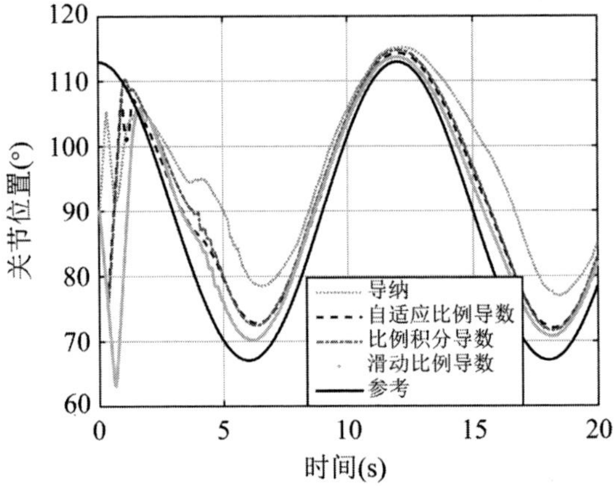

(b) 关节位置 q_2

图 4.11　关节空间中的跟踪

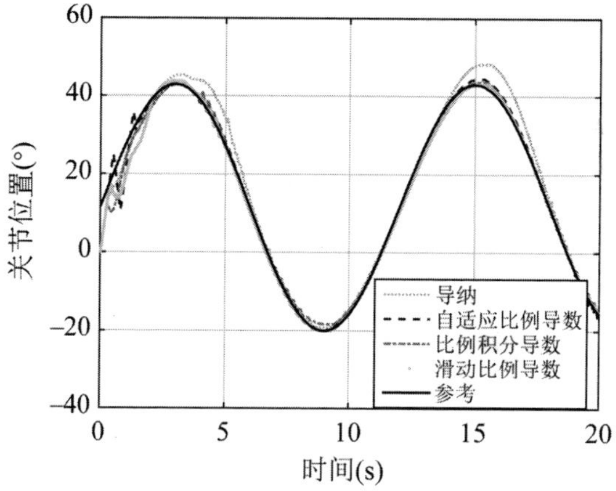

(c) 关节位置 q_3

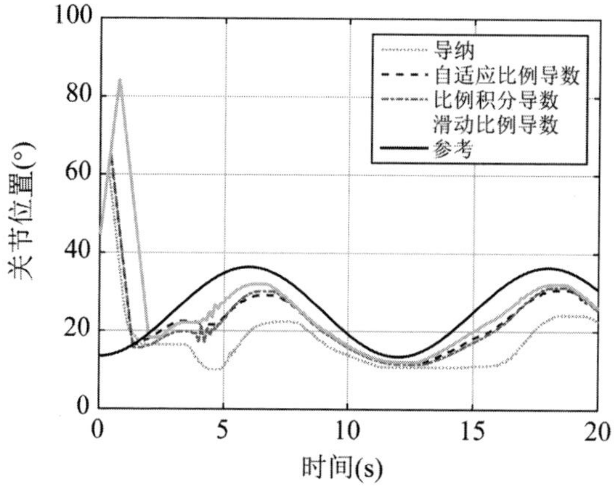

(d) 关节位置 q_4

图 4.11(续)

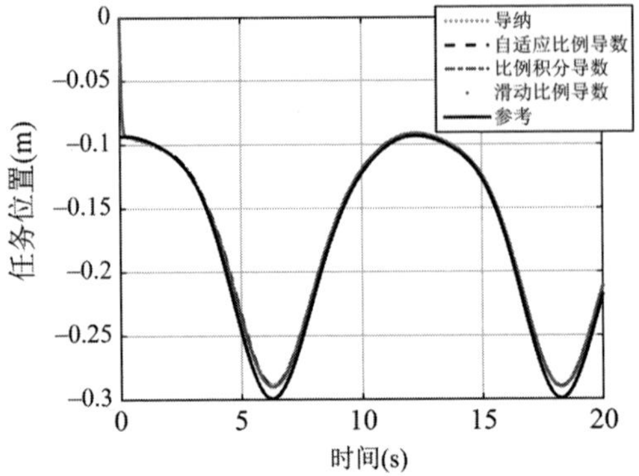

(a) 位置基准 X_r

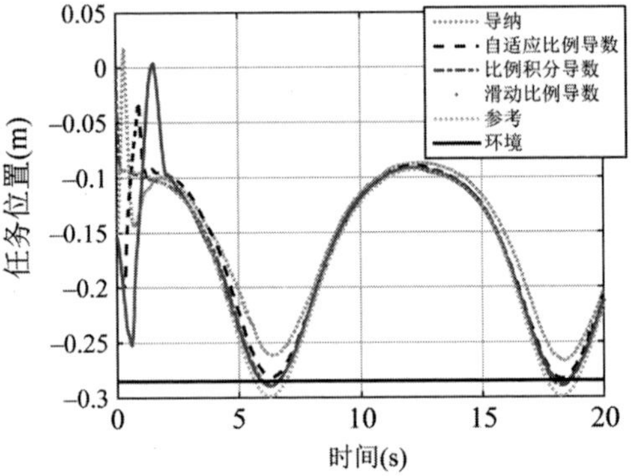

(b) X 轴的轨迹跟踪

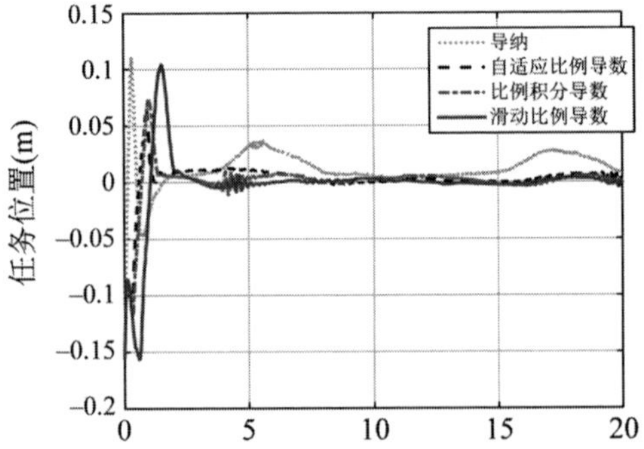

(c) X 轴的笛卡儿位置误差

图 4.12 任务空间 X 中的跟踪

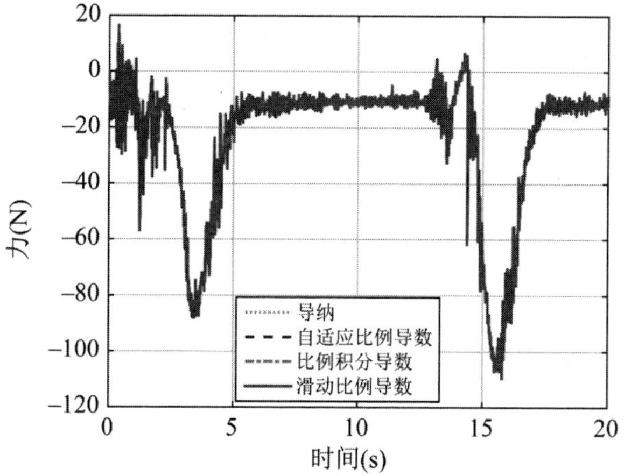

(a)　接触力 F_z

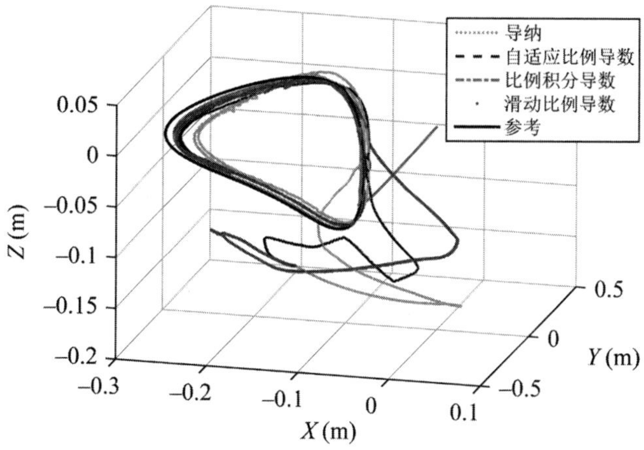

(b) X-Y-Z 轴的跟踪

图 4.13　接触力和轨迹跟踪

4.6　本章小结

本章讨论了任务空间和关节空间中不同的无模型控制器。这些控制器保证了导纳控制进行位置跟踪。在不考虑机器人动力学的情况下，它们解决了阻抗控制的准确性和鲁棒性难题。自适应、积分和滑模三种不同的补偿可以减少稳态误差。本章利用 Lyapunov 稳定性理论研究了无模型控制器的收敛性和稳定性。仿真和实验验证了无模型控制器在不同环境下的有效性。

第5章 基于欧拉角的回路控制

5.1 引言

Human-in-the-loop(HITL)控制的主要目标是生成特定任务，以结合人类技能和机器人属性[1]，例如，协同操作[2]、触觉操作[3]。[4]以及从演示中学习[5]。HITL 有两个回路：内环，即关节空间中的运动控制；外环，即任务空间中的导纳控制。HITL 是机器人学中的一个新兴领域，它提供了一种有效的人机交互(HRI)方法[6]。

在关节空间中，HITL 需要逆运动将终端执行器的位置和方向转换为电机所需的位置，从而使机器人的运动是全局解耦[7, 8]。逆运动为特定位置和方向提供多个解，并且需要完全了解机械手的运动。在任务空间中，HITL 需要使用 Jacobian 矩阵将控制信号转换到关节空间[9]，这也需要了解运动参数。

关节空间和任务空间中的 HITL 都需要一个完整的机器人模型。HITL 最常用的方法是使用经典阻抗/导纳控制器，以补偿机器人动力学的不足，并且闭环系统具有所需的阻抗模型[10]。前面已经证明了无模型控制器具有良好的效果，并且不需要机器人动力学。然而，它需要 Jacobian 矩阵或逆运动解将任务空间控制输入转换为关节空间。

本章将讨论一种新方法，通过使用欧拉角的最小表示来避免逆运动解和 Jacobian 矩阵。该方法的关键思想是使用欧拉角的线性化版本来解耦机器人控制并简化任务-关节空间变换。

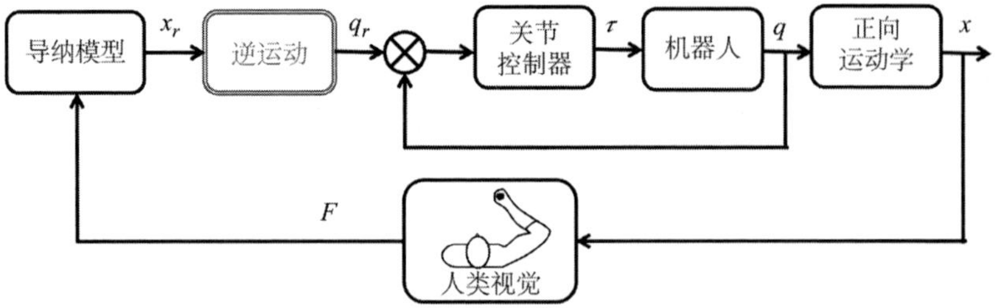

(a)　经典方法

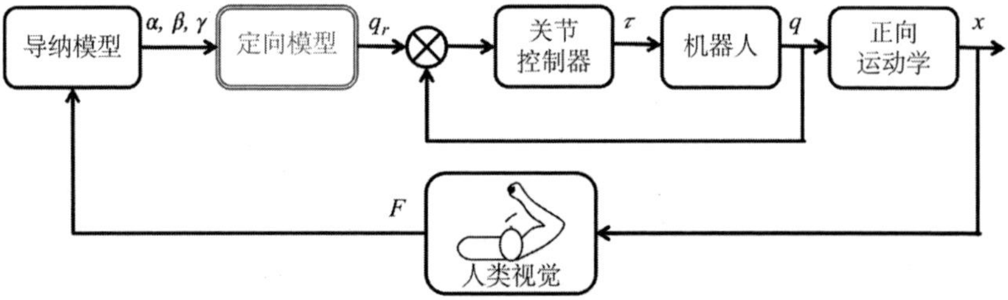

(b)　使用欧拉角

5.2　关节空间控制

关节空间中的 HITL 方案如图 5.1 所示。它可以分为两个回路：内环是关节控制，它迫使机器人的每个关节 q 遵循所需角度 q_r；外环是导纳模型，用于从人工施加的力/扭矩 $\boldsymbol{f}_e$ 生成所需的关节角度 q_r。

外环由人类视觉反馈得到，作为终端执行器的参考值。满足逆运动解(A.2)和 Jacobian 矩阵映射(A.3)的所需位置 x_r 和 q_r 为

$$\begin{aligned} &\dot{x}_r = \boldsymbol{J}(q)\dot{q}_r, \quad \dot{q}_r = \boldsymbol{J}^{-1}(q)\dot{x}_r \\ &q_r = invk\left(x_r\right) \end{aligned} \tag{5.1}$$

导纳模型为

$$\frac{x_r(s)}{\boldsymbol{f}_e(s)} = \frac{1}{\boldsymbol{M}_d s^2 + \boldsymbol{B}_d s + \boldsymbol{K}_d} \tag{5.2}$$

对于这个应用有 $x_r = x_d$，

$$\boldsymbol{M}_d \ddot{x}_r + \boldsymbol{B}_d \dot{x}_r + \boldsymbol{K}_d x_r = \boldsymbol{f}_e$$

通常，所需的参考值有六个分量，因此 $x_r(s)$ 变为

$$\begin{bmatrix} X \\ Y \\ Z \\ \alpha \\ \beta \\ \gamma \end{bmatrix} = \frac{1}{\boldsymbol{M}_d s^2 + \boldsymbol{B}_d s + \boldsymbol{K}_d} \begin{bmatrix} F_x \\ F_y \\ F_z \\ \tau_x \\ \tau_y \\ \tau_z \end{bmatrix} \tag{5.3}$$

其中 X、Y、Z 是笛卡儿坐标中的位置；α，β，γ 是表示终端执行器方向的欧拉角；F_x、F_y、F_z 都是力；τ_x，τ_y，τ_z 是力/扭矩传感器的扭矩。在这里，力和扭矩是解耦的，而机器人的位置姿势和方向是耦合的。这里将使用式(5.3)中终端执行器的方向 α，β，γ。

机器人的方向由 DenavitHartenberg(DH)变换矩阵 $\boldsymbol{T}$[11]的旋转矩阵给出，该矩阵是非线性的。对于 HITL 控制任务，关节角度为

$$q(t+\Delta t) = q(t) + q_r(t) \tag{5.4}$$

当在控制回路中进行人工操作时，每个时间步长的关节位移都很小，因此 q_r 足够小，使得 $q(t+\Delta t)$ 接近之前的位置 $q(t)$。由于 $q_r(t)$ 很小，可以在实际机器人位置姿势 $q(t)$ 处使用泰勒级数将欧拉角线性化，以避免机器人逆运动 $invk(\cdot)$

$$\boldsymbol{O} = h(q(t)) + \sum_{i=1}^{n} \frac{\partial h(q)}{\partial q_i} \left(q_i - q_i(t)\right) \tag{5.5}$$

其中 $\boldsymbol{O} = [\alpha, \beta, \gamma]^{\mathrm{T}}$，$h(q)$ 是欧拉角的非线性解。非奇异点的 $h(q)$ 解为：

$$\alpha = \arctan\left(\frac{r_{32}}{r_{33}}\right),\ \beta = \arctan\left(\frac{-r_{31}}{\sqrt{r_{11}^2 + r_{21}^2}}\right)$$
$$\gamma = \arctan\left(\frac{r_{21}}{r_{11}}\right) \tag{5.6}$$

其中，r_{ij}，i,j=1, 2, 3 是 DH 变换矩阵的旋转矩阵的元素。在奇异点处，解为

$$\begin{aligned}&\alpha=\alpha_0,\ \beta=\pm\frac{\pi}{2},\ \gamma=\alpha_0+\arctan\left(\frac{r_{23}}{r_{22}}\right),\ \text{如果}\sin\beta>0\\&\gamma=-\alpha_0-\arctan\left(\frac{r_{12}}{r_{13}}\right),\ \text{如果}\sin\beta<0\end{aligned} \tag{5.7}$$

其中 α_0 是恒定方向(5.6)(见[11])。

式(5.7)给出了机器人在奇异点处的方向。我们使用式(5.6)和(5.7)对(5.5)进行线性化，以解耦解。式(5.7)已知偏移量 α_0，而式(5.6)给出了方向和连接角度之间的连接。

这里使用以下四种类型的机器人来演示如何使用线性化的欧拉角进行 HITL 控制。

2-DOF 机器人(平移和倾斜)

2-DOF 平移和倾斜的机器人如附录 A.2 所示。平移和倾斜机器人的 DH 变换矩阵 $\boldsymbol{T}$ 为

$$\boldsymbol{T}=\begin{bmatrix}\cos(q_1)\cos(q_2) & -\cos(q_1)\sin(q_2) & \sin(q_1) & l_2\cos(q_1)\cos(q_2)\\ \sin(q_1)\cos(q_2) & -\sin(q_1)\sin(q_2) & -\cos(q_1) & l_2\sin(q_1)\cos(q_2)\\ \sin(q_2) & \cos(q_2) & 0 & l_1+l_2\sin(q_2)\\ 0 & 0 & 0 & 1\end{bmatrix}$$

其中 l_1 和 l_2 是机器人链路 1 和链路 2 的长度。机器人的逆运动路径为

$$q_1=\arctan\left(\frac{Y}{X}\right),\quad q_2=\arctan\left(\frac{Z-l_1}{\sqrt{l_2^2-(Z-l_1)^2}}\right)$$

其中 X, Y, Z 是机器人的位置姿势。上述解决方案需要了解机器人运动学，机器人位置姿势由关节角度 q_2 耦合得到。施加在力/扭矩传感器上的力是解耦的。在非奇异点处，式(5.6)中的机器人欧拉角为

$$\begin{aligned}\alpha&=\tfrac{\pi}{2}\\ \beta&=-q_2\\ \gamma&=q_1\end{aligned} \tag{5.8}$$

当线性化(5.5)应用于实际奇异点处的位置姿势 $q_0=\left[0,\frac{\pi}{2}\right]^{\mathrm{T}}$ 下的欧拉角(5.6)时，选择 $\alpha_0=\frac{\pi}{2}$ 得到相同的表达式(5.8)。这是一对一映射，即式(5.8)中的两个方向在关节空间中生成两个所需的角度，因此避免了逆运动。

4-DOF 机器人(外骨骼)

4-DOF 外骨骼机器人如附录 A.1 所示。外骨骼机器人的 DH 变换矩阵 $\boldsymbol{T}$ 为

$$\boldsymbol{T}=\begin{bmatrix} c_1(c_2c_3c_4-s_2s_4)-c_4s_1s_3 & s_1s_3s_4-c_1(c_4s_2+c_2c_3s_4) & c_3s_1+c_1c_2s_3 & X \\ c_2c_3c_4s_1+c_1c_4s_3-s_1s_2s_4 & -c_4s_1s_2-(c_2c_3s_1+c_1s_3)s_4 & -c_1c_3+c_2s_1s_3 & Y \\ c_3c_4s_2+c_2s_4 & c_2c_4-c_3s_2s_4 & s_2s_3 & Z \\ 0 & 0 & 0 & 1 \end{bmatrix}$$

其中，$s_i=\sin(q_i)$，$c_i=\cos(q_i)$，$i=1,2,3,4$。通过固定关节角度 $q_3=0$ 来获得逆运动

$$q_1=\arctan\left(\frac{Y}{X}\right),\ q_2=\arctan\left(\frac{\sqrt{1-j^2}}{j}\right)-\arctan\left(\frac{b}{a}\right)$$

$$q_3=0,\ q_4=\arctan\left(\frac{\sqrt{1-k^2}}{k}\right)$$

其中 j、k、a、b 是依赖于运动学参数和机器人位置姿势的函数。k、a 和 b 是依赖于关节 q_1 和 q_4 的非线性函数。式(5.6)中非奇异点处的欧拉角为

$$\begin{aligned} \alpha&=\arctan\left(\frac{c_2c_4-c_3s_2s_4}{s_2s_3}\right) \\ \beta&=\arctan\left(\frac{-c_3c_4s_2-c_2s_4}{\sqrt{1-(c_3c_4s_2+c_2s_4)^2}}\right) \\ \gamma&=\arctan\left(\frac{c_2c_3c_4s_1+c_1c_4s_3-s_1s_2s_4}{-c_4s_1s_3+c_1(c_2c_3c_4-s_2s_4)}\right) \end{aligned} \tag{5.9}$$

在这里，方向是强耦合的。但线性化角度是解耦的。由于它是一个冗余机器人，因此可将额外的自由度固定到某个值。如果在式(5.9)中固定 $q_3=0$，就可以在实际奇异点处的位置姿势 $q_0=\left[0,\frac{\pi}{2},0,0\right]^{\mathrm{T}}$ 下应用线性化方法(5.5)

$$\begin{aligned} \alpha &= \frac{\pi}{2} \\ \beta &= -q_2 - q_4 \\ \gamma &= q_1 \end{aligned} \tag{5.10}$$

通过几何特性可以看到，在实际位置姿势下，q_3会影响α方向。4-DOF 机器人的线性化方向方程是：

$$\begin{aligned} \alpha &= \frac{\pi}{2} - q_3 \\ \beta &= -q_2 - q_4 \\ \gamma &= q_1 \end{aligned} \tag{5.11}$$

使用这种线性化的优点是方向是解耦的，当自由度等于或小于 3 时，方向与关节角度直接相关。当自由度超过 3 时，可以使用以下方法之一从方向生成所需的关节角度 q_r。

(1) 从三个方向(α, β, γ) 的扭矩中获得(τ_x, τ_y, τ_z) 力/扭矩传感器。前三个关节角度来自这三个方向，其他关节角度可以根据力/扭矩传感器的力分量(F_x、F_y、F_z)估算，从而满足线性化(5.5)。

(2) 操作人员首先使用前三个关节角度将机器人移到所需位置，然后操作员通过切换方向组件将机器人移到所需的方向角度。事实上，这种两步方法已应用于许多工业机器人。

但式(5.11)中的方向β上存在关节线性组合。首先将方向β划分为两部分：$\beta = \beta_{q_2} + \beta_{q_4}$，然后在 y 方向上利用扭矩和力来产生β_{q_2}和β_{q_4}。力/扭矩传感器的所需关节位置为

$$\begin{aligned} q_3 &= \frac{\pi}{2} - \alpha, \quad & \alpha &= admit\left(\tau_x\right) \\ q_1 &= \gamma, & \gamma &= admit\left(\tau_z\right) \\ q_2 &= -\beta_{q_2}, & \beta_{q_2} &= admit\left(\tau_y\right) \\ q_4 &= -\beta_{q_4}, & \beta_{q_4} &= admit\left(F_y\right) \end{aligned} \tag{5.12}$$

其中 $admit(\cdot)$ 是导纳模型(5.3)。

5-DOF 机器人(外骨骼)

5-DOF 外骨骼机器人终端执行器的方向是通过使用与 4-DOF 机器人相似

的方式获得的。方向与连接角度的关系如下：

$$\begin{aligned}&\alpha=\frac{\pi}{2}-q_3\\&\beta=-q_2-q_4\\&\gamma=q_1+q_5\end{aligned}\tag{5.13}$$

β 和 γ 是关节角度的线性组合，可以使用与 4-DOF 机器人类似的方法将方向分为两项，并使用附加的力分量

$$\begin{aligned}&q_3=\frac{\pi}{2}-\alpha, && \alpha=admit\left(\tau_x\right)\\&q_2=\beta_{q_2}, && \beta_{q_2}=admit\left(\tau_y\right)\\&q_1=\gamma_{q_1}, && \beta_{q_1}=admit\left(\tau_z\right)\\&q_4=-\beta_{q_4}, && \beta_{q_4}=admit\left(F_y\right)\\&q_5=\gamma_{q_5}, && \gamma_{q_5}=admit(F_z)\end{aligned}\tag{5.14}$$

6-DOF 机器人(外骨骼)

如果 5-DOF 外骨骼机器人的第二个关节角度是球形手腕，则它将成为 6-DOF 机器人，其方向满足以下关系：

$$\begin{aligned}&\alpha=\frac{\pi}{2}-q_3-q_6\\&\beta=-q_2-q_4\\&\gamma=q_1+q_5\end{aligned}\tag{5.15}$$

在这里，所有方向都是关节角度的线性组合，每个方向分为两项。求连接角的解，如下所示：

$$\begin{aligned}&q_3=\frac{\pi}{2}-\alpha_{q_3}, && \alpha_{q_3}=admit\left(\tau_x\right)\\&q_6=-\alpha_{q_6}, && \alpha_{q_6}=admit\left(F_x\right)\\&q_2=-\beta_{q_2}, && \beta_{q_2}=admit\left(\tau_y\right)\\&q_4=-\beta_{q_4}, && \alpha_{q_4}=admit\left(F_y\right)\\&q_1=\gamma_{q_1}, && \gamma_{q_1}=admit\left(\tau_z\right)\\&q_5=\gamma_{q_5}, && \gamma_{q_5}=admit\left(F_z\right)\end{aligned}\tag{5.16}$$

鉴于上述示例，可以将(5.5)写成关节角度的线性组合，如下所示：

$$\alpha = \sum_{i=1}^{n}(c_i q_i + d_i),\quad \beta = \sum_{i=1}^{n}(c_i q_i + d_i),\quad \gamma = \sum_{i=1}^{n}(c_i q_i + d_i) \tag{5.17}$$

其中，c_i 和 d_i 是方向偏移量，这取决于机器人配置，q_i 是第 i 个关节角度，$\boldsymbol{q}=[q_1 \cdots q_n]^{\mathrm{T}}$。有几种刻画式(5.17)所对应情况的方式。然而对于 HITL 控制，它们是不相关的，因为在每个步骤中都存在细微偏移，并且还需要通过导纳模型人工操作将机器人移到所需的位置。

5.3 任务空间控制

任务空间方案如图 5.2 所示。Jacobian 矩阵提供了关节空间和任务空间之间的映射，可以表示为

$$\boldsymbol{J}(q)=[\boldsymbol{J}_v^{\mathrm{T}}(q), J_w^{\mathrm{T}}(q)]^{\mathrm{T}} \tag{5.18}$$

其中 $\boldsymbol{J}_v(q)$ 是线速度 Jacobian 矩阵，$\boldsymbol{J}_w(q)$ 是角速度 Jacobian 矩阵。$\boldsymbol{J}_v(q)$ 需要机器人的运动学参数和关节测量，而 $\boldsymbol{J}_w(q)$ 则只需要关节测量。式(5.18)中使用了两种类型的 Jacobian 矩阵[11]：解析 Jacobian 矩阵 $\boldsymbol{J}_\alpha=\boldsymbol{J}$ 和几何 Jacobian 矩阵 $\boldsymbol{J}_g=\boldsymbol{J}(q)$。解析 Jacobian 矩阵 $\boldsymbol{J}_\alpha$ 是正运动的微分形式。几何 Jacobian 矩阵和解析 Jacobian 矩阵(A.5)之间的关系为

$$\boldsymbol{J}_a = \begin{bmatrix} \boldsymbol{I} & 0 \\ 0 & \boldsymbol{R}(\boldsymbol{O})^{-1} \end{bmatrix} \boldsymbol{J}(q) \tag{5.19}$$

其中 $\boldsymbol{R}(\boldsymbol{O})$是方向分量的旋转矩阵，$\boldsymbol{O}=[\alpha,\beta,\gamma]^{\mathrm{T}}$。对于终端执行器，解析 Jacobian 矩阵的线速度分量与几何 Jacobian 矩阵相同。对于欧拉角方法，这里将使用解析 Jacobian 矩阵 $\boldsymbol{J}_a$ 的角速度分量。求解(5.17)收益率的时间导数

$$\dot{\alpha} = \sum_{i=1}^{n} c_i \dot{q}_i,\quad \dot{\beta} = \sum_{i=1}^{n} c_i \dot{q}_i,\quad \dot{\gamma} = \sum_{i=1}^{n} c_i \dot{q}_i \tag{5.20}$$

注意，欧拉角的时间导数和关节速度之间仅与 c_i 有关联。解析 Jacobian 矩阵的角速度分量可以表示为

$$\left[\dot{\alpha}, \dot{\beta}, \dot{\gamma}\right]^{\top} = \boldsymbol{J}_{a\omega}\dot{q} \tag{5.21}$$

其中$\boldsymbol{J}_{a\omega}$是解析 Jacobian 矩阵的角速度分量，Jacobian 矩阵是一个常数矩阵，其分量中包含 c_i 。这里将按照式(3.39)使用$\boldsymbol{J}_{a\omega}^{\top}$来计算控制扭矩。

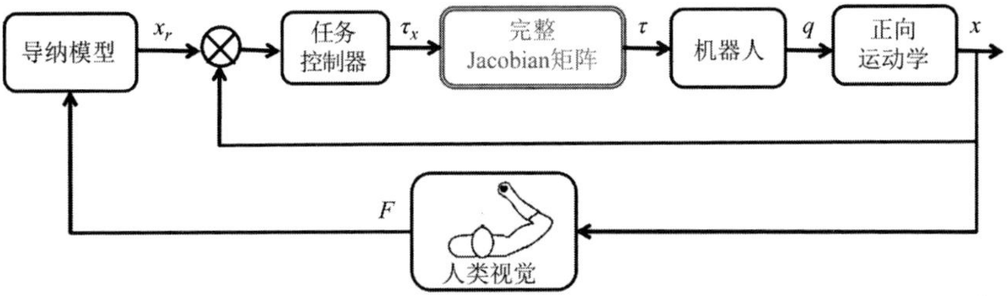

(a) 经典方法

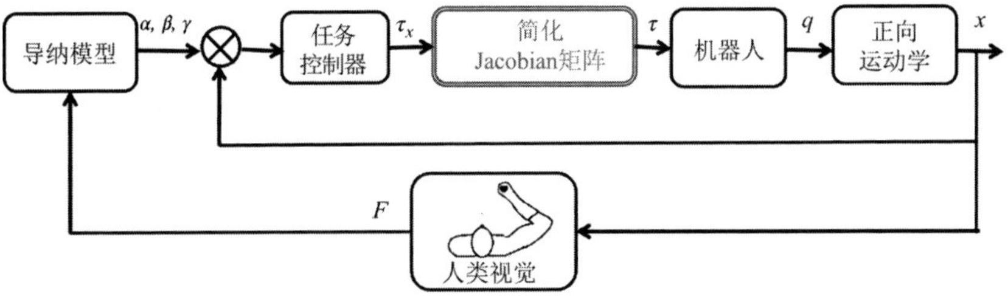

(b) 使用欧拉角

图 5.2　任务空间中的 HITL

这里使用四种类型的机器人配置来展示欧拉角的时间导数在任务空间 HITL 中的用法。

2-DOF 机器人(平移和倾斜)

2-DOF 平移和倾斜机器人(见附录 A.2)具有以下角速度 Jacobian 矩阵

$$\boldsymbol{J}_{\omega}(q) = \begin{bmatrix} 0 & \sin(q_1) \\ 0 & -\cos(q_1) \\ 1 & 0 \end{bmatrix} \tag{5.22}$$

该 Jacobian 矩阵易于计算，只需要关节的测度值。这里取(5.8)的时间导数，以获得解析 Jacobian 矩阵(5.21)的角速度：

$$\begin{bmatrix}\dot{\alpha}\\\dot{\beta}\\\dot{\gamma}\end{bmatrix}=\begin{bmatrix}0\\-\dot{q}_2\\\dot{q}_1\end{bmatrix}$$

所以解析 Jacobian 矩阵的角速度是

$$\boldsymbol{J}_{a\omega}=\begin{bmatrix}0 & 0\\0 & -1\\1 & 0\end{bmatrix} \tag{5.23}$$

注意，式(5.23)中的解析 Jacobian 矩阵与式(5.22)中的几何 Jacobian 矩阵具有相似的结构，它等效于在实际位置姿势下评估得出的 Jacobian 矩阵。

4-DOF 机器人(外骨骼)

4-DOF 外骨骼机器人(见附录 A.1)具有以下角速度 Jacobian 矩阵

$$\boldsymbol{J}_{\omega}(q)=\begin{bmatrix}0 & s_1 & -c_1s_2 & c_1c_2s_3+c_3s_1\\0 & -c_1 & -s_1s_2 & c_2s_1s_3-c_1c_3\\1 & 0 & c_2 & s_2s_3\end{bmatrix} \tag{5.24}$$

使用与 2-DOF 机器人相同的方法，

$$\dot{\alpha}=-\dot{q}_3,\quad \dot{\beta}=-\dot{q}_2-\dot{q}_4,\quad \dot{\gamma}=\dot{q}_1$$

因此

$$\boldsymbol{J}_{a\omega}=\begin{bmatrix}0 & 0 & -1 & 0\\0 & -1 & 0 & -1\\1 & 0 & 0 & 0\end{bmatrix} \tag{5.25}$$

5-DOF 机器人

取式(5.13)的时间导数，解析 Jacobian 矩阵的角速度分量为

$$\boldsymbol{J}_{a\omega}=\begin{bmatrix}0 & 0 & -1 & 0 & 0\\0 & -1 & 0 & -1 & 0\\1 & 0 & 0 & 0 & 1\end{bmatrix} \tag{5.26}$$

6-DOF 机器人

取式(5.16)的时间导数，解析 Jacobian 矩阵的角速度分量为

$$\boldsymbol{J}_{a\omega}=\begin{bmatrix}0&0&-1&0&0&-1\\0&-1&0&-1&0&0\\1&0&0&0&1&0\end{bmatrix}\tag{5.27}$$

为了避免位置姿势的耦合，只使用机器人所在的方向。然而当方向是两个以上关节角度的线性组合时，此时关节角度存在多个解。为了解决这个问题，可以尝试使用以下方法之一：

(1) 修改参数 c_i，使所有关节运动都有助于方向。考虑 4-DOF 机器人；解析 Jacobian 矩阵的角速度分量变化如下：

$$\hat{\boldsymbol{J}}_{a\omega}=\begin{bmatrix}0&0&-1&0\\0&-0.8&0&-0.2\\1&0&0&0\end{bmatrix}$$

其中 $\hat{\boldsymbol{J}}_{a\omega}$ 是 $\boldsymbol{J}_{a\omega}$ 的逼近值。如果操作员知道每个关节角度对运动所做的贡献，则该估计是可靠的，例如，前三个自由度确定机器人的位置，这具有决定性作用，而后三个自由度确定方向，这需要使用 Jacobian 矩阵。

(2) 在关节空间中可以将 Jacobian 矩阵分为两部分：$\hat{\boldsymbol{J}}_{a\omega}=\hat{\boldsymbol{J}}_{a\omega_1}+\hat{\boldsymbol{J}}_{a\omega_2}$。对于 4-DOF 机器人有

$$\hat{\boldsymbol{J}}_{a\omega1}=\begin{bmatrix}0&0&-1&0\\0&-1&0&0\\1&0&0&0\end{bmatrix},\ \hat{\boldsymbol{J}}_{a\omega2}=\begin{bmatrix}0&0&0&0\\0&0&0&-1\\0&0&0&0\end{bmatrix}\tag{5.28}$$

第一个 Jacobian 矩阵给出了机器人的位置，第二个 Jacobian 矩阵给出了所需的方向。由于方向模型与关节角度是完全相关的，并且这些角度是解耦的，因此避免了奇异性的出现。

5.4　实验

为了在关节空间和任务空间中测试欧拉角方法，这里使用了两个机器人：图 5.3 所示的 2-DOF 机器人平移和倾斜和图 5.4 所示的 4-DOF 外骨骼机器人。

两个机器人都由操作员通过 Schunk 力/扭矩(F/T)传感器控制。实时模拟环境是 Simulink 和 MATLAB 2012。通信协议是控制器局域网(CAN 总线)，它使 PC 能够与执行器和 F/T 传感器相互通信。对于关节空间和任务空间，手动调整控制器增益，直到获得满意的响应。

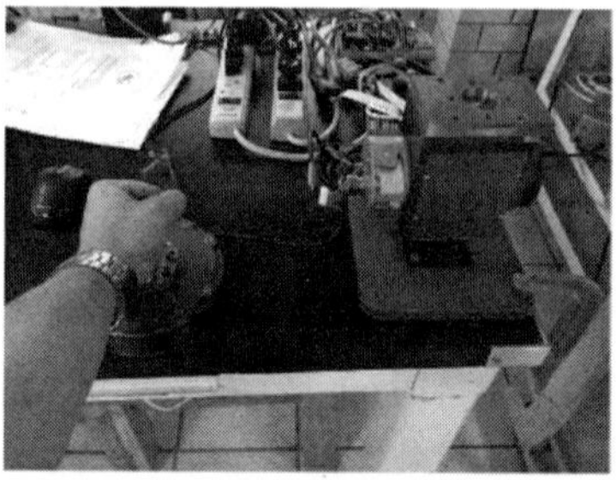

图 5.3 2-DOF 平移和倾斜机器人

图 5.4 4-DOF 外骨骼机器人

在传感器上施加一定的力/扭矩，使用导纳模型产生随机运动。这里比较了关节空间(3.23)和任务空间(3.3)中的经典导纳控制与关节空间中的无模型控制器：自适应 PD(4.58)、PID(4.60)和滑动 PD(4.61)；以及任务空间控制器：自适应 PD(4.54)、PID(4.55)和滑动 PD(4.56)。

机器人的动力尚有部分未知，并且机器人的每个关节都有很高的摩擦力。表 5.1 和表 5.2 分别给出了平移和倾斜机器人以及外骨骼机器人的控制增益。

力/扭矩传感器的扭矩分量使用以下导纳模型来满足式(5.4)

$$admit(\cdot) = \frac{1}{\boldsymbol{M}_{d_i} s^2 + \boldsymbol{B}_{d_i} s + \boldsymbol{K}_{d_i}}$$

其中 $\boldsymbol{M}_{d_i}=1$，$\boldsymbol{B}_{d_i}=140$，$\boldsymbol{K}_{d_i}=4000$，其中 $i=1,2,3$。

力分量的比例因子为 1: 30，因此它们位于扭矩分量的相同范围内。两个机器人的导纳模型相同，因为其参数取决于传感器，而不是机器人配置。针对关节空间和任务空间手动调整控制器增益，如表 5.1 所示。由于存在建模误差，经典导纳控制器(PD 关节和 PD 任务)具有较大增益。

表 5.1　平移和倾斜机器人的控制器增益

增益	比例导数 关节\任务	自适应比例导数 关节\任务	比例积分导数 关节\任务	滑动比例导数 关节\任务
$\boldsymbol{K}_p$	5×10^3 \ 5×10^4	–	–	–
$\boldsymbol{K}_v$	100	–	–	–
$\boldsymbol{\psi}$	–	–	0.15	0.15\–
$\boldsymbol{\Lambda}$	–	90	90	90
$\boldsymbol{K}_s$	–	0.9	0.9	0.9
$\boldsymbol{K}_{\boldsymbol{\Theta}}$	–	1×10^{-3}	–	–
$\boldsymbol{K}_1$	–	–	–	–\0.2
$\boldsymbol{K}_2$	–	–	–	–\0.5

表 5.2　外骨骼机器人的控制器增益

增益	比例导数 关节\任务	自适应比例导数 关节\任务	比例积分导数 关节\任务	滑动比例导数 关节\任务
$\boldsymbol{K}_p$	2×10^3 \ 4×10^4	–	–	–
$\boldsymbol{K}_v$	80	–	–	–
$\boldsymbol{\psi}$	–	–	0.3	0.5\–
$\boldsymbol{\Lambda}$	–	180	200	90
$\boldsymbol{K}_s$	–	1.2	0.9	1.2
$\boldsymbol{K}_{\boldsymbol{\Theta}}$	–	7×10^{-3}	–	–
$\boldsymbol{K}_1$	–	–	–	–\1.6
$\boldsymbol{K}_2$	–	–	–	–\1.3

示例 5.1　2-DOF 平移和倾斜机器人

这里测试了 2-DOF 平移和倾斜机器人的关节空间和任务空间控制器。施加扭矩将机器人移到所需位置。关节空间和任务空间控制器的扭矩相同。式(5.8)避免了使用逆运动学。图 5.5 显示了关节空间控制器的实验结果。由于它们不使用逆运动学，因此不存在奇异性问题。经典导纳控制由于建模误差而存在精度误差，但无模型控制器具有鲁棒性。在这里，方向完全解耦，不需要力分量。平移和倾斜机器人的任务空间控制器使用解析角速度 Jacobian 矩阵(5.23)作为控制力矩。图 5.6 显示了任务空间控制的实验结果。

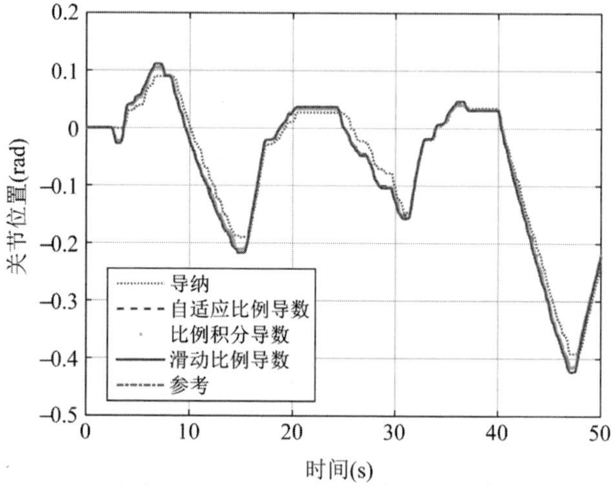

(a) 关节位置 q_1

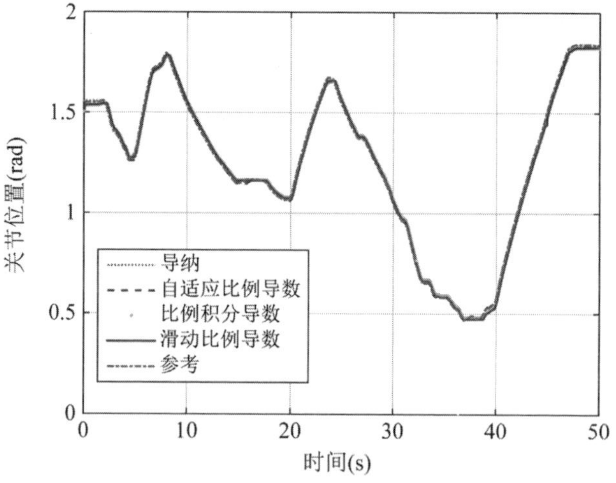

(b) 关节位置 q_2

图 5.5 关节空间中平移和倾斜机器人的控制

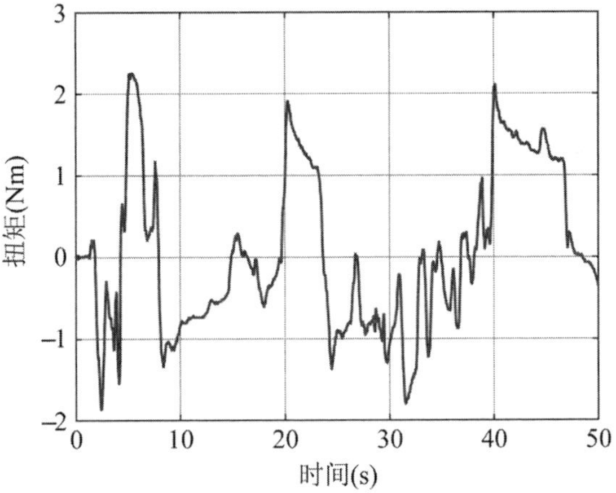

(c) 扭矩 τ_y

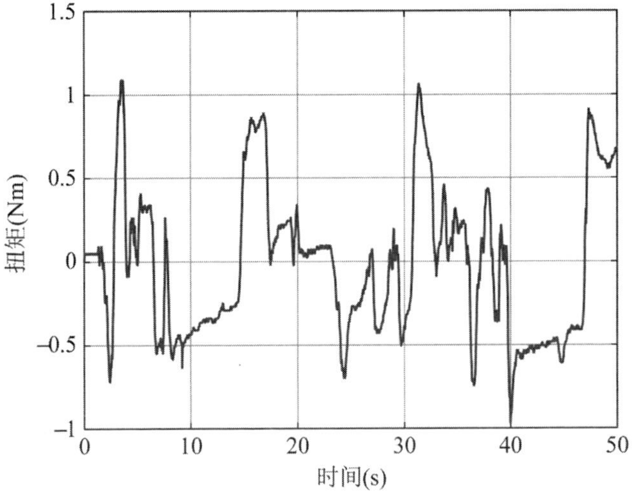

(d) 关节位置 τ_z

图 5.5 (续)

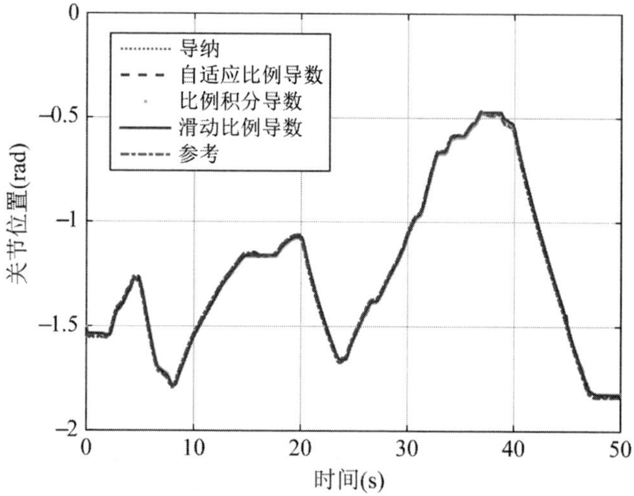

(a) 方向β

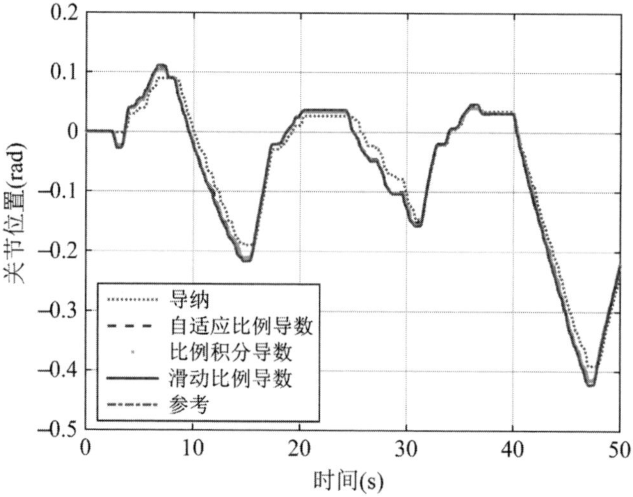

(b) 方向γ

图 5.6　任务空间中平移和倾斜机器人的控制

由于 Jacobian 矩阵在其分量中只有 0 和±1，其作用仅在于控制扭矩变换，特别是对于该类型机器人，控制解实际上与关节空间中的解相同。这也避免了出现奇异性问题。无模型控制器在不了解机器人动力的情况下实现参考跟踪。

示例 5.2　4-DOF 外骨骼机器人

现在考虑 4-DOF 外骨骼机器人。式(5.11)避免了逆运动情况。该机器人是冗余的，逆运动则需要固定一个关节角度来计算其他关节角度。式(5.11)通过使用终端执行器的方向组件避免了这个问题。比较结果见图 5.7 和图 5.8。

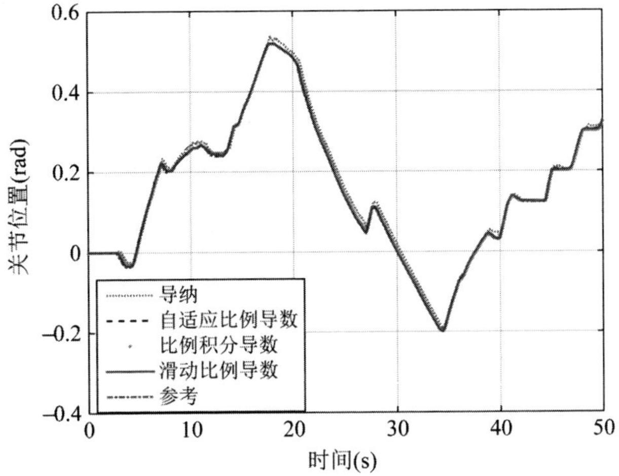

(a) 关节位置 q_1

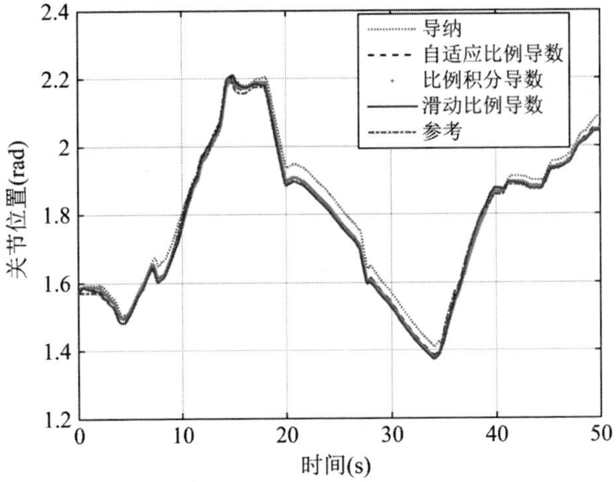

(b) 关节位置 q_2

图 5.7　关节空间中 4-DOF 外骨骼机器人的控制

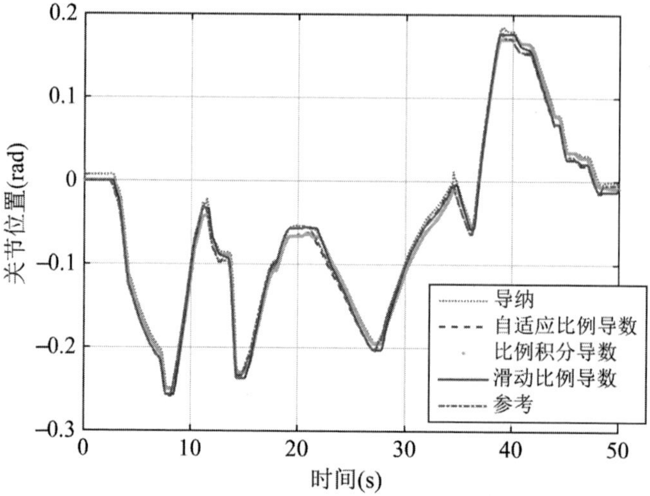

(c) 关节位置 q_3

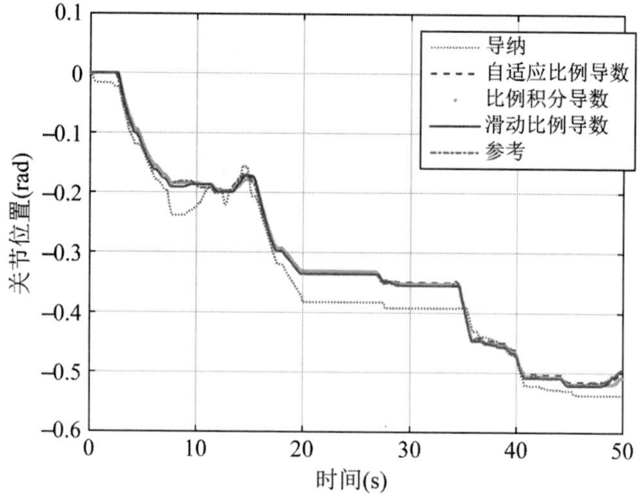

(d) 关节位置 q_4

图 5.7(续)

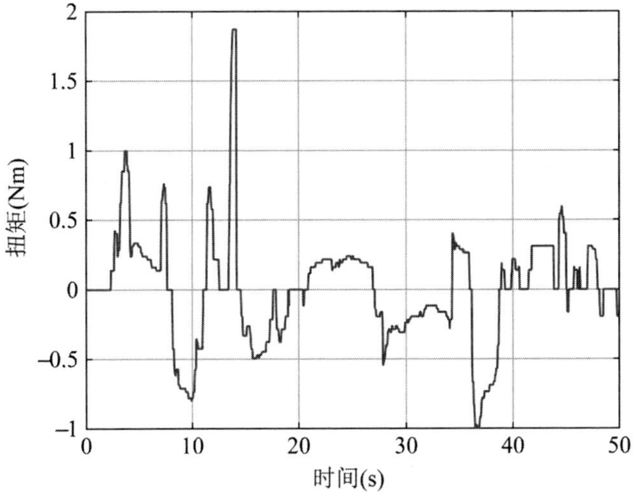

(a) 扭矩 τ_x

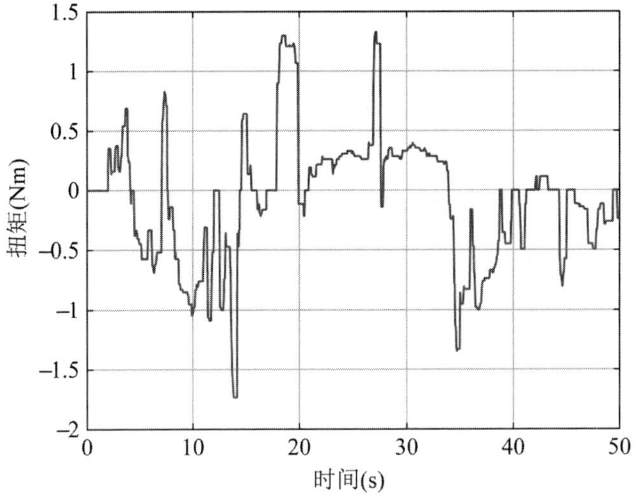

(b) 扭矩 τ_y

图 5.8　4-DOF 外骨骼机器人的扭矩和力

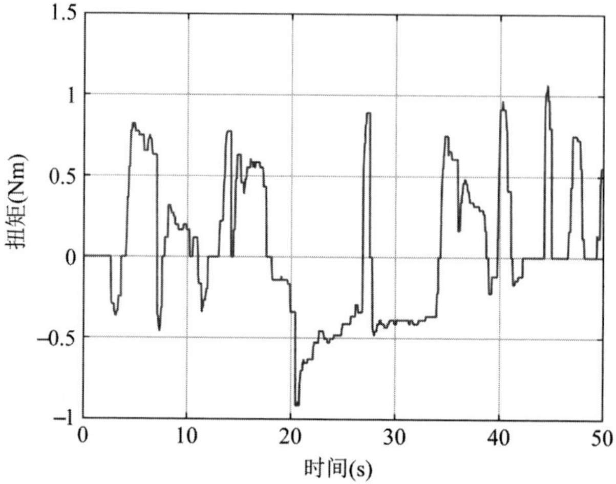

(c) 扭矩 τ_z

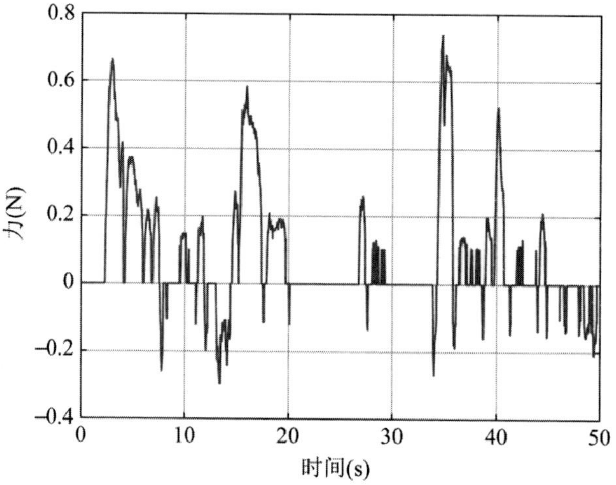

(d) 力 F_y

图 5.8(续)

此处，方向是关节角度的线性组合，力和扭矩分量用于将方向解耦为两项，如式(5.12)所示。此外，方向线性模型避免了奇异性问题且不需要知道运动参数。由于机器人具有高重力项，经典导纳控制在关节位置 q_2 和 q_4 处存在较大误差。无模型控制器具有鲁棒性，克服了这一问题。

对于任务空间控制器，解析角速度 Jacobian 矩阵(5.25)具有两个关节角的线性组合。为了解决该问题，这里使用 Jacobian 矩阵逼近(5.28)。关键思想是将机器人移到所需的位置姿势，然后将终端执行器的 Jacobian 矩阵更改为所需的方向。比较结果如图 5.9 所示。

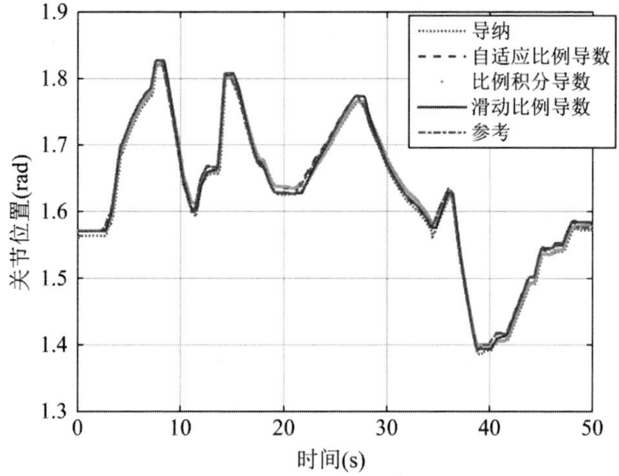

(a) 方向 α

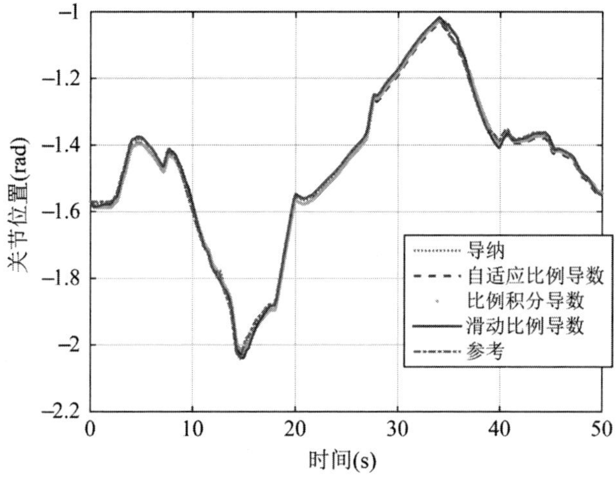

(b) 方向 β

图 5.9　任务空间中 4-DOF 外骨骼机器人的控制

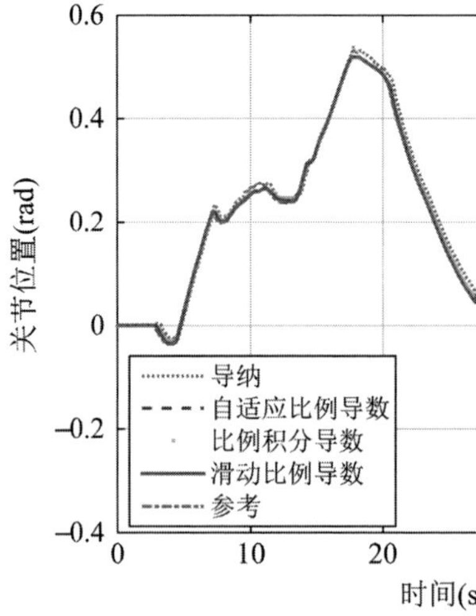

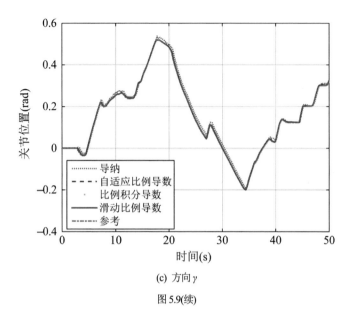

(c) 方向 γ

图 5.9(续)

无模型控制器的结果优于经典导纳控制。对于 HRI 方案，人类视觉不需要逆运动和精确的 Jacobian 矩阵。由于每个关节角度和方向都解耦，因此避免了奇异性问题和不稳定性。

讨论

在关节空间中，当机器人的动力已知且没有干扰时，经典导纳控制可以保证位置跟踪。当机器人的动力未知且存在干扰时，经典导纳控制效果变得较差。

自适应和滑模 PD 控制器对于控制任务具有良好的性能。自适应 PD 控制显示出良好且平滑的响应，然而，它需要模型结构。滑模 PD 是一种无模型控制器，具有良好的响应和鲁棒性，但它存在抖振问题，这对于人-机器协作任务来说是不可靠的。二阶滑模控制器(4.56)和(4.62)克服了这个问题。PID 控制也是一种性能良好的无模型控制器，但必须仔细调整其积分增益以避免不良的瞬态性能。

不足和限制

这些方法对于操作员和机器人之间的合作任务来说是可靠的。条件(5.4)简化了方向模型。当机器人有 7 个或更多自由度时，由于冗余度机器人的自由度大于笛卡儿度数，因此无法直接应用欧拉角方法。

当自由度等于或小于 6 时，欧拉角方法可以促进人机合作任务[6, 12]。当人机接触时，需要仔细设计导纳模型并使用逆运动学或 Jacobian 矩阵[13, 14]。

5.5　本章小结

本章研究 HITL 机器人交互控制。该应用的主要问题是使用逆运动学和 Jacobian 矩阵，它们并不总是可用的，并且可能存在奇异性问题。为了解决这个问题，本章给出了使用欧拉角的方法。欧拉角方法定义了方向分量和关节角之间的关系，不需要使用机器人的逆运动学或完整的 Jacobian 矩阵。此外，采用欧拉角方法对经典导纳控制器和无模型导纳控制器进行了修改。实验使用了 2-DOF 平移和倾斜的机器人和 4-DOF 外骨骼机器人。结果表明了欧拉角方法的有效性。

第 II 部分
机器人交互控制的强化学习

第 6 章
机器人位置/力控制的强化学习

6.1 引言

如前几章所述，交互控制[1, 2]最常用的方法是使用阻抗或导纳控制和位置/力控制。本章将重点讨论位置/力控制问题。位置/力控制有两个控制回路：

(1) 内部回路，即位置控制。

(2) 外部回路，即力控制。

力控制被设计为阻抗控制[3]。阻抗控制的性能取决于来自环境动力学[5]的阻抗参数[4]。

阻抗模型的输入是终端执行器的位置/速度，其输出是力。因此，它可以防止一定量的力在环境中移动[6]。位置/力控制使用阻抗模型来生成所需的力[7]。位置/力的目标是输出力尽可能小，并且位置尽可能接近其参考值。这个问题可以用线性二次调节器(LQR)[8, 9]来解决。它提供了最佳接触力，并将位置误差降至最低。然而，LQR 需要使用环境的动态模型。

当环境未知时，阻抗控制无法很好地实现交互性能[10-12]，而且力控制对于生成与环境中不确定性有关所需的力[5, 13]来说是不稳健的。如第 2 章所述，有几种方法可以估计环境动力学。要获得位置/力控制，涉及如下三个步骤(见图 6.1(a))：

(1) 环境参数估计；

(2) 通过 LQR 控制器设计所需的阻抗模型；

(3) 位置/力控制的应用[14]。

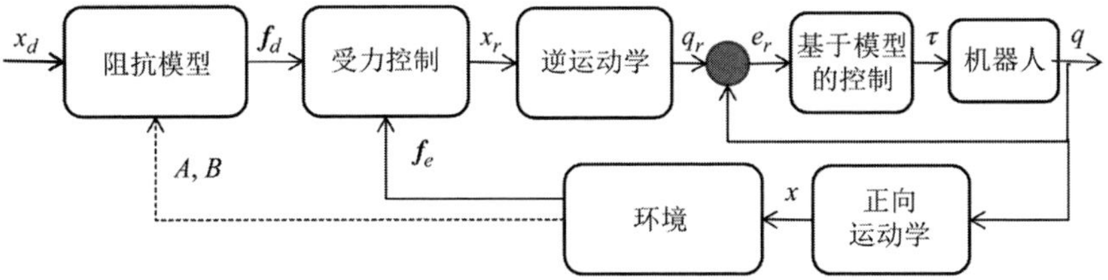

(a) 基于模型的方案

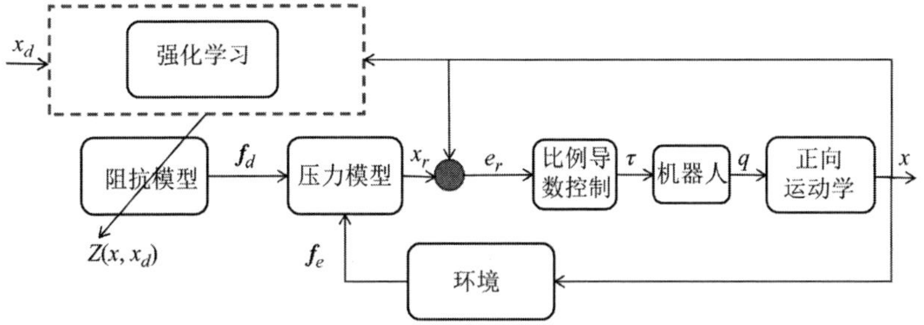

(b) 无模型方案

图 6.1　位置/力控制

避免上述步骤的一种方法是使用强化学习，这将在以下章节中讨论。

6.2　使用阻抗模型的位置/力控制

假设已知环境参数，基于模型的机器人交互控制方案如图 6.1(a)所示。外环是力控制，它有三个模块：环境、阻抗模型和力控制器。根据环境参数(A, B)和所需位置基准 x_d 来设计阻抗模型。LQR 控制器提供最佳所需的力 f_d^*，生成新的位置基准 x_r。内环是位置控制，它有三个模块：逆运动、基于模型的控制和机器人。机器人的逆运动用于将力控制器的输出转换为关节空间参考 q_r，然后使用基于模型的控制器来保证位置跟踪。

机器人动力(A.17)是连续的。离散化采用积分法。这里将 k 定义为时间步长的速率，并让 T 表示采样时间间隔。然后，关节角度为 $q(k)=q(t_k)$，时间 $t_k=kT$ 。

当机器人终端执行器接触环境时，产生了力 f_e(见图 6.2)。环境可以建模为(2.24)：

$$f_e = -C_e \dot{x} + K_e (x_e - x) \tag{6.1}$$

其中 C_e、$K_e \in \mathbb{R}^{m\times m}$ 分别是环境阻尼和刚度常数矩阵，$x_e \in \mathbb{R}^m$ 是环境的位置。

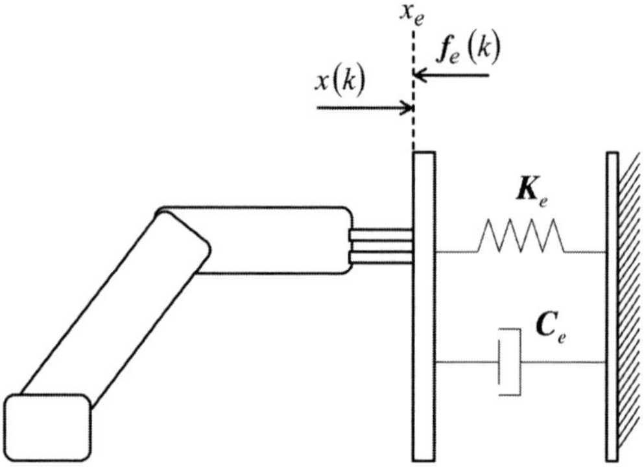

图 6.2　机器人与环境的交互

设 $m=1$，另一方面，当 $x < x_e$ 时，没有相互作用力。如果 $x \geqslant x_e$，机器人终端执行器和环境之间存在相互作用力。模型(6.1)可以在离散时间内写成如下形式：

$$x_{k+1} = A_e x_k + B_e f_{e_k},\ x_k \geqslant x_e \tag{6.2}$$

其中 $A_e = -C_e^{-1}(K_e - C_e)$，$B_e = -C_e^{-1}$。典型的目标阻抗模型是所需位置和虚拟参考[6]之间误差的函数：

$$\begin{aligned} Z(e_{r_k}) &= f_{d_k} \\ Z(x_{r_k}, x_{d_k}) &= f_{d_k} \end{aligned} \tag{6.3}$$

其中 $Z(\cdot)$ 是阻抗模型，根据环境模型设计而来。$e_{r_k} = x_{r_k} - x_d$ 是位置误差，$x_{r_k} \in \mathbb{R}^m$ 是虚拟参考轨迹，$x_d \in \mathbb{R}^m$ 是所需的常数参考。两个参考值都在笛卡儿空间中。

主要目标是确定最优期望力 $f_{d_k}^*$，它是使位置误差 e_{r_k} 最小化的最小力。注意，环境模型是一阶系统，其控制为 f_{e_k}，因此阻抗模型的结构与(6.2)相同。

$$e_{r_{k+1}} = A_e e_{r_k} + B_e f_{d_k} \tag{6.4}$$

任务空间中的经典 PID 控制由下式给出：

$$\tau = \boldsymbol{J}^{\top}(q)\boldsymbol{f}_{\tau} \tag{6.5}$$

$$\boldsymbol{f}_{\tau} = \boldsymbol{K}_p e + \boldsymbol{K}_v \dot{e} + \boldsymbol{K}_i \int_0^t e(\sigma)\,\mathrm{d}\sigma + \boldsymbol{f}_e \tag{6.6}$$

其中 $e = x_r - x$ 是跟踪误差，$\boldsymbol{K}_p, \boldsymbol{K}_v, \boldsymbol{K}_i \in \mathbb{R}^{m\times m}$ 分别是 PID 控制器的比例、微分和积分增益。注意，该控制器不同于 PID 控制律(4.60)。在离散时间内有：

$$\boldsymbol{f}_{\tau_k} = \boldsymbol{K}_p e_k + \boldsymbol{K}_v \left[e_{k+1} - e_k\right] + \boldsymbol{K}_i \sum_{i=1}^{k} e_i + \boldsymbol{f}_{e_k} \tag{6.7}$$

由于 PID 控制器的设计满足

$$\lim_{k\to\infty} x_k = x_{r_k}$$

位置误差重新写为

$$e_{r_k} = x_k - x_d$$

由于力测量是可用的，这里提出的力控制是导纳控制，如下所示：

$$x_r(s) = (s\boldsymbol{I} + \boldsymbol{B}_a^{-1}\boldsymbol{K}_a)^{-1}\left(x_r(0) + x_d(s) + \boldsymbol{B}_a^{-1} e_f(s)\right) \tag{6.8}$$

其中 $e_f(s) = \boldsymbol{f}_e(s) - \boldsymbol{f}_d(s)$ 是期望力 $\boldsymbol{f}_d$ 和外力分量 $\boldsymbol{f}_e$ 之间的力误差，$\boldsymbol{B}_a$，$\boldsymbol{K}_a \in \mathbb{R}^{m\times m}$ 是导纳模型的阻尼和刚度。

阻抗模型的目标是生成最优力 $\boldsymbol{f}_{d_k}^{*}$，当机器人与环境交互时，位置误差最小。下面设计一个最优控制

$$\boldsymbol{f}_{d_k}^{*} = \boldsymbol{L} e_{r_k} \tag{6.9}$$

其中 $\boldsymbol{L} \in \mathbb{R}^{m\times m}$ 是使贴现成本函数最小化的增益

$$\mathcal{J}(k) = \sum_{i=k}^{\infty} \gamma^{i-k}\left(e_{r_i}^{\top}\boldsymbol{S} e_{r_i} + \boldsymbol{f}_{d_i}^{\top}\boldsymbol{R}\boldsymbol{f}_{d_i}\right) \tag{6.10}$$

其中 $\gamma \in (0, 1]$ 是贴现因子，$\boldsymbol{S} \in \mathbb{R}^{m\times m}$ 和 $\boldsymbol{R} \in \mathbb{R}^{m\times m}$ 是权重矩阵，$\boldsymbol{S} = \boldsymbol{S}^{\top} \geqslant 0$，$\boldsymbol{R} = \boldsymbol{R}^{\top} > 0$。$\boldsymbol{S}$ 是状态的权重，$\boldsymbol{R}$ 是控制输入的权重。

上述成本函数是跟踪问题，对应于最优控制问题的一般情况。增益 $\boldsymbol{L}$ 可以

使用离散时间代数 Riccati 方程(DARE)[15]计算：

$$\boldsymbol{A}_e^\top \boldsymbol{P}\boldsymbol{A}_e - \boldsymbol{P} + \boldsymbol{S} - \boldsymbol{A}_e^\top \boldsymbol{P}\boldsymbol{B}_e\left(\boldsymbol{B}_e^\top \boldsymbol{P}\boldsymbol{B}_e + \frac{1}{\gamma}\boldsymbol{R}\right)^{-1}\boldsymbol{B}_e^\top \boldsymbol{P}\boldsymbol{A}_e = 0 \tag{6.11}$$

其中 $\boldsymbol{P}$ 是 DARE 的解。然后，反馈控制增益 $\boldsymbol{L}$ 由下式得出：

$$\boldsymbol{L} = -\left(\boldsymbol{B}_e^\top \boldsymbol{P}\boldsymbol{B}_e + \frac{1}{\gamma}\boldsymbol{R}\right)^{-1}\boldsymbol{B}_e^\top \boldsymbol{P}\boldsymbol{A}_e \tag{6.12}$$

由于环境模型是一阶系统，因此控制器只需要虚拟刚度增益[16]。

6.3 基于强化学习的位置/力控制

如果没有环境参数，则使用无模型控制方案，如图 6.1(b)所示。外环是力控制，使用最优阻抗模型 $Z^*(x, x_d)$，并给出最佳所需要的力 $\boldsymbol{f}_d^*$ 以及施加的力 $\boldsymbol{f}_e$。力控制器生成新的参考位置 x_r。内环是位置控制，在任务空间[17]中使用 PID 控制器，以避免逆运动学和机器人动力学知识。与经典的基于模型的控制器不同，如图 6.1(a)，无模型控制器不需要额外信息来计算最佳所需要的力。

在设计阻抗模型时不需要估计环境参数；这里使用外力 $\boldsymbol{f}_e$ 和导纳控制，这是了解环境动态特性的一种间接方式。阻抗模型需要了解环境动力学，才能获得最优解。如果之前没有获取关于环境动力学的信息，将使用强化学习来获得所需的力。这里可以定义以下折现成本值函数 $V(e_{r_k})$：

$$\begin{aligned} V(e_{r_k}) &= \sum_{i=k}^{\infty}\gamma^{i-k}\left(e_{r_i}^\top \boldsymbol{S} e_{r_i} + \boldsymbol{f}_{d_i}^\top \boldsymbol{R}\boldsymbol{f}_{d_i}\right) \\ &= e_{r_k}^\top \boldsymbol{S} e_{r_k} + \boldsymbol{f}_{d_k}^\top \boldsymbol{R}\boldsymbol{f}_{d_k} + \sum_{i=k+1}^{\infty}\gamma^{i-k}\left(e_{r_i}^\top \boldsymbol{S} e_{r_i} + \boldsymbol{f}_{d_i}^\top \boldsymbol{R}\boldsymbol{f}_{d_i}\right) \\ &= r_{k+1} + \gamma V(e_{r_{k+1}}) \end{aligned} \tag{6.13}$$

其中

$$r_{k+1} = e_{r_k}^\top \boldsymbol{S} e_{r_k} + \boldsymbol{f}_{d_k}^\top \boldsymbol{R}\boldsymbol{f}_{d_k}$$

其中 r_{k+1} 被称为奖励函数或效用函数。通过找到最优控制策略(或最优所需

的力)，使值函数 V 最小化

$$f_{d_k}^* = \arg\min_{f_{d_k}} V\left(e_{r_k}\right) \tag{6.14}$$

假设存在最优控制，最优值函数满足

$$\begin{aligned} V^*\left(e_{r_k}\right) &= \min_{f_{d_k}} V\left(e_{r_k}\right) \\ &= e_{r_k}^{\top} \boldsymbol{S} e_{r_k} + \boldsymbol{f}_{d_k}^{*\ \top} \boldsymbol{R} \boldsymbol{f}_{d_k}^* + \gamma V^*(e_{r_{k+1}}) \\ &= e_{r_k}^{\top} \boldsymbol{P} e_{r_k} \end{aligned} \tag{6.15}$$

其中 $\boldsymbol{P}$ 是 DARE 的解。成本值函数可以定义为

$$\begin{aligned} V\left(e_{r_k}\right) &= r_{k+1} + \gamma V^*(e_{r_{k+1}}) \\ &= e_{r_k}^{\top} \boldsymbol{S} e_{r_k} + \boldsymbol{f}_{d_k}^{\top} \boldsymbol{R} \boldsymbol{f}_{d_k} + e_{r_{k+1}}^{\top} \gamma \boldsymbol{P} e_{r_{k+1}} \\ &= \begin{bmatrix} e_{r_k} \\ f_{d_k} \end{bmatrix}^{\top} \left\{ \begin{bmatrix} \boldsymbol{S} & 0 \\ 0 & \boldsymbol{R} \end{bmatrix} + \begin{bmatrix} \boldsymbol{A}_e^{\top} \\ \boldsymbol{B}_e^{\top} \end{bmatrix} \gamma P \begin{bmatrix} \boldsymbol{A}_e^{\top} \\ \boldsymbol{B}_e^{\top} \end{bmatrix}^{\top} \right\} \begin{bmatrix} e_{r_k} \\ f_{d_k} \end{bmatrix} \\ &= \begin{bmatrix} e_{r_k} \\ f_{d_k} \end{bmatrix}^{\top} \boldsymbol{H} \begin{bmatrix} e_{r_k} \\ f_{d_k} \end{bmatrix} \end{aligned} \tag{6.16}$$

其中 $\boldsymbol{H} \geqslant 0$ 是半正定参数矩阵：

$$\boldsymbol{H} = \begin{bmatrix} \gamma \boldsymbol{A}_e^{\top} \boldsymbol{P} \boldsymbol{A}_e + \boldsymbol{S} & \gamma \boldsymbol{A}_e^{\top} \boldsymbol{P} \boldsymbol{B}_e \\ \gamma \boldsymbol{B}_e^{\top} \boldsymbol{P} \boldsymbol{A}_e & \gamma \boldsymbol{B}_e^{\top} \boldsymbol{P} \boldsymbol{B}_e + \boldsymbol{R} \end{bmatrix} = \begin{bmatrix} \boldsymbol{H}_{11} & \boldsymbol{H}_{12} \\ \boldsymbol{H}_{21} & \boldsymbol{H}_{22} \end{bmatrix} \tag{6.17}$$

根据$\partial V(e_{r_k})/\partial f_{d_k} = 0$，最优期望控制为

$$\begin{aligned} \boldsymbol{f}_{d_k}^* &= -\boldsymbol{H}_{22}^{-1} \boldsymbol{H}_{21} e_{r_k} \\ &= -\left(\boldsymbol{B}_e^{\top} \boldsymbol{P} \boldsymbol{B}_e + \frac{1}{\gamma} \boldsymbol{R} \right)^{-1} \boldsymbol{B}_e^{\top} \boldsymbol{P} \boldsymbol{A}_e e_{r_k} = \boldsymbol{L} e_{r_k} \end{aligned} \tag{6.18}$$

将最优控制(6.18)代入(6.16)，得到 $\boldsymbol{H}$ 和 $\boldsymbol{P}$ 之间的关系：

$$\boldsymbol{P} = \left[\boldsymbol{I} \quad \boldsymbol{L}^{\top}\right] \boldsymbol{H} \left[\boldsymbol{I} \quad \boldsymbol{L}^{\top}\right]^{\top} \tag{6.19}$$

这里将成本-动作值函数 Q 定义为

$$Q(e_{r_k},f_{d_k})=V(e_{r_k})=\begin{bmatrix}e_{r_k}\\f_{d_k}\end{bmatrix}^\top \boldsymbol{H}\begin{bmatrix}e_{r_k}\\f_{d_k}\end{bmatrix} \tag{6.20}$$

这是 Q 函数。具有 Q 函数形式的 Bellman 最优方程为

$$V^*(e_{r_k})=\min_{f_{d_k}} Q(e_{r_k},f_{d_k}) \tag{6.21}$$

$$f_{d_k}^*=\arg\min_{f_{d_k}} Q(e_{r_k},f_{d_k}) \tag{6.22}$$

然后，最优控制策略满足以下时间差(TD)方程：

$$Q^*(e_{r_k},f_{d_k}^*)=r_{k+1}+\gamma Q^*(e_{r_{k+1}},f_{d_{k+1}}^*) \tag{6.23}$$

优化问题(6.21)实际上是一个马尔可夫决策过程(MDP)。它可以通过动态规划求解，而动态规划依赖于动态知识。如果没有动态信息，则式(6.23)中的 Q 值是不可用的。这里将使用逼近方法，如蒙特卡洛、Q 学习和 Sarsa 学习，来获得 Q 的逼近值。

给出控制策略

$h(e_{r_k})=\boldsymbol{L}e_{r_k}=f_{d_k}$

其值函数为

$$V^h(e_{r_k})=Q^h(e_{r_k},f_{d_k})=\sum_{i=k}^{\infty}\gamma^{i-k}r_{k+1} \tag{6.24}$$

式(6.13)的递归形式为

$$V^h(e_{r_k})=r_{k+1}+\gamma V^h(e_{r_{k+1}}) \tag{6.25}$$

$$Q^h(e_{r_k},f_{d_k})=r_{k+1}+\gamma Q^h(e_{r_{k+1}},f_{d_{k+1}}) \tag{6.26}$$

式(6.25)是 Bellman 方程[18]。值函数和动作值函数的最优方程为

$$\begin{aligned}V^*(e_{r_k})&=\min_{f_{d_k}}\left\{r_{k+1}+\gamma V^*(e_{r_{k+1}})\right\}\\Q^*(e_{r_k},f_{d_k})&=r_{k+1}+\gamma\min_{f_d}Q^*(e_{r_{k+1}},f_d)\end{aligned} \tag{6.27}$$

它满足式(6.21)和式(6.22)。

以下不等式给出了应用控制策略 $h(e_{r_k})$ 的条件

$$Q_{k+1}^h(e_{r_k}, f_{d_k}) < Q_k^h(e_{r_k}, f_{d_k}) \tag{6.28}$$

(6.28)意味着如果实例 $k+1$ 中的动作值函数小于实例 k 中的，则新策略 h 优于前面的策略。

这里必须使用所有可能的状态-动作对来获得最优控制策略。这被称为贪婪策略[15]。当搜索空间很大时，贪婪策略是不可行的。

现在使用以下递归过程来减少搜索空间：我们从策略 h_1 开始，计算其动作值 Q^{h_1}；然后选择另一个控制策略 h_2 及其动作值 Q^{h_2}。如果式(6.28)是正确的，就会有一个更好的策略。如果(6.28)不满足，继续执行递归过程，直到找到最优策略。

蒙特卡洛方法是一个简单的估计过程，它将平均值函数计算为

$$Q_{k+1}^h(e_{r_k}, f_{d_k}) = \left(1 - \frac{1}{k}\right) Q_k^h(e_{r_k}, f_{d_k}) + \frac{1}{k}\boldsymbol{R}_k \tag{6.29}$$

其中 $1/k$ 是学习率，$\boldsymbol{R}_k$ 是本片段[1]结束后的奖励。对于非平稳问题，将式(6.29)重写为

$$Q_{k+1}^h(e_{r_k}, f_{d_k}) = (1 - \alpha_k) Q_k^h(e_{r_k}, f_{d_k}) + \alpha_k \boldsymbol{R}_k \tag{6.30}$$

其中 $\alpha_k \in (0, 1]$ 是学习率。

上述蒙特卡洛逼近较简单，但其准确性较差。这里可以使用时间差分(TD)学习方法，如 Q 学习和 Sarsa，来获得最优力 $\boldsymbol{f}_{d_k}^*$。

基本思想是对(6.30)中的估计值函数 Q 使用实际奖励。Q 学习[18]是一种非策略算法，用于在迭代算法中计算最优 Q 函数。更新规则为

$$Q_k^h(e_{r_k}, f_{d_k}) = Q_k^h(e_{r_k}, f_{d_k}) + \alpha_k \delta_k \tag{6.31}$$

其中 TD 误差 δ_k 是

$$\delta_k = r_{k+1} + \gamma \min_{f_d} Q_k^h(e_{r_{k+1}}, f_d) - Q_k^h(e_{r_k}, f_{d_k}) \tag{6.32}$$

1 一个片段是指初始状态和终端状态之间存在的一系列相互作用或一定数量的步骤。

为了获得最优 Q 函数，需要对状态-动作对(e_{r_k} , $\boldsymbol{f}_{d_k}$)进行大量探索。算法 6.1 给出了最优期望力的 Q 学习算法。

算法 6.1 阻抗模型的 Q 学习算法

```
for 每一个片段 do
    初始化 e_{r_0} 和 Q_0
    repeat
        for 每一个时间步骤 k = 0, 1, …do
            确定动作 f_{d_k}
            应用 f_{d_k} ，测量下一个状态 e_{r_{k+1}} 和奖励 r_{k+1}
            使用式(6.31)和式(6.32)更新 Q_k^h
            e_{r_k} ← e_{r_{k+1}}
        end for
    until 终止状态
end for
```

Sarsa(状态-动作-奖励-状态-动作)是一种基于策略的 TD 学习算法。Sarsa 和 Q 学习之间的主要区别在于，对于 Sarsa，Q 值的更新不需要依赖下一个状态的最小 Q 值，而且使用相同的策略选择新动作。Sarsa 更新规则与式(6.31)相同，但 TD 误差 δ_k 是

$$\delta_k = r_{k+1} + \gamma Q_k^h(e_{r_{k+1}}, f_{d_{k+1}}) - Q_k^h(e_{r_k}, f_{d_k}) \tag{6.33}$$

算法 6.2 展示了 Sarsa 学习算法。

算法 6.2 阻抗模型的 Sarsa 学习算法

```
for 每一个片段 do
    初始化 e_{r_0} 和 Q_0
    repeat
        for 每一个时间步骤 k = 0, 1, …do
            确定动作 f_{d_k}
```

　　　　应用 $\boldsymbol{f}_{d_k}$ ，测量下一个状态 $e_{r_{k+1}}$ 和奖励 r_{k+1}
　　　　使用式(6.31)和式(6.32)更新 Q_k^h
　　　　$e_{r_k} \leftarrow e_{r_{k+1}}$
　　　　$\boldsymbol{f}_{d_k} \leftarrow \boldsymbol{f}_{d_{k+1}}$
　　end for
　until 终止状态
end for

为了加速学习收敛，使用资格迹[18-20]修改了 Q 学习和 Sarsa 算法，这提供了一种更好的方法来为访问状态分配积分。时间步长 k 处状态-动作对(e_r, $\boldsymbol{f}_d$)的资格迹为

$$e_k(e_r,\boldsymbol{f}_d) = \begin{cases} 1, & e_r = e_{r_k},\boldsymbol{f}_d = \boldsymbol{f}_{d_k} \\ \lambda\gamma e_{k-1}(e_r,\boldsymbol{f}_d), & \text{否则} \end{cases} \tag{6.34}$$

它随着时间衰减因子 $\lambda \in [0, 1)$ 。因此，最近被访问的状态有更多资格获得积分。

$Q(\lambda)$ 和 Sarsa (λ) 算法具有与式(6.31)相同的结构，其中最优 Q 值函数通过以下公式计算：

$$Q_k^h(e_{r_k},\boldsymbol{f}_{d_k}) = Q_k^h(e_{r_k},\boldsymbol{f}_{d_k}) + \alpha_k\delta_k e_k(e_r,\boldsymbol{f}_d) \tag{6.35}$$

Sarsa 算法考虑控制策略并且和动作值相结合。Q 学习只是假设遵循最优策略。

在 Sarsa 算法中，值函数 V 的策略和动作值函数 Q 的策略是相同的。在 Q 学习中，V 和 Q 的策略不同。使用$Q^h(e_{r_{k+1}},\boldsymbol{f}_{d_k})$的最小值来更新$Q^h(e_{r_k},\boldsymbol{f}_{d_k})$。这意味着最小动作与 $\boldsymbol{f}_{d_{k+1}}$ 无关。为了得到 $\boldsymbol{f}_{d_k}^*$ ，Sarsa 算法更好，因为它使用了改进的策略。以下定理给出了完整的方法收敛性。

定理 6.1　未知环境下所需力的强化学习(6.31)收敛到最优值 $\boldsymbol{f}_d^*$ ，如果

(1) 状态空间和动作空间是有限的。

(2) $\sum_k \alpha_k = \infty$和$\sum_k \alpha_k^2 < \infty$在状态-动作对 $w.p.1$ 上是一致的。

(3) 方差是有限的。

证明见[21]。因为$0<\alpha_k \leqslant 1$，第二个条件要求无限频繁地访问所有状态-动作对。在强化学习收敛的条件下，以下定理给出了闭环系统的稳定性。

定理 6.2 如果机器人(A.17)由 PID 控制(6.5)和导纳控制器(6.9)控制，那么如果 PID 控制增益满足以下条件，则闭环系统是半全局渐近稳定的。

$$\begin{aligned}&\lambda_{\min}(\boldsymbol{K}_p) \geqslant \frac{3}{2}k_g,\\&\lambda_{\max}(\boldsymbol{K}_i) \leqslant \phi\frac{\lambda_{\min}(\boldsymbol{K}_p)}{\beta}\\&\lambda_{\min}(\boldsymbol{K}_v) \geqslant \phi+\beta\end{aligned} \tag{6.36}$$

其中$\phi=\frac{\lambda_{\min}(\boldsymbol{M}(q))\lambda_{\min}(\boldsymbol{K}_p)}{3}$，接触力$\boldsymbol{f}_e$满足 $\boldsymbol{B}_a$，$\boldsymbol{K}_a>0$，

$$\begin{aligned}&x_e \leqslant x_r \leqslant x_d\\&\|e_f\| \leqslant \boldsymbol{C}\|x_e-x_d\|\end{aligned} \tag{6.37}$$

适用于$\boldsymbol{C}>0$的情况。

证明：PID 控制器条件的证明在[6, 22]中给出。此处只给出了导纳控制器的证明。导纳控制器设计满足式(6.37)的第一个条件。式(6.37)的第二个条件考虑了使用 PID 控制器的环境动力学(6.1)和所需要的力(6.9)，即$x=x_r$：

$$\boldsymbol{f}_e=-\boldsymbol{C}_e\dot{x}_r+\boldsymbol{K}_e(x_e-x_r) \tag{6.38}$$

$$\boldsymbol{f}_d=\boldsymbol{L}(x_r-x_d) \tag{6.39}$$

式(6.38)和式(6.39)之间力的误差为

$$\begin{aligned}e_f&=\boldsymbol{f}_e-\boldsymbol{f}_d\\&=-\boldsymbol{C}_e\dot{x}_r+\boldsymbol{K}_e x_e-(\boldsymbol{K}_e+\boldsymbol{L})x_r+\boldsymbol{L}x_d\end{aligned} \tag{6.40}$$

将式(6.40)代入式(6.9)得到

$$x_r(s)=\left(s\boldsymbol{I}+\boldsymbol{\Lambda}^{-1}\boldsymbol{\Theta}\right)^{-1}\left[x_r(0)+\boldsymbol{\Lambda}^{-1}\boldsymbol{K}_e x_e(s)+\boldsymbol{\Lambda}^{-1}(\boldsymbol{K}_a+\boldsymbol{L})x_d(s)\right]$$

其中$\boldsymbol{\Lambda}=\boldsymbol{B}_a+\boldsymbol{C}_e$，$\boldsymbol{\Theta}=\boldsymbol{K}_e+\boldsymbol{K}_a+\boldsymbol{L}$。解为

$$\begin{aligned}x_r(t)=&\exp^{-\boldsymbol{\Psi}t}x_r(0)+\boldsymbol{\Psi}^{-1}\left[\left(\boldsymbol{I}-\exp^{-\boldsymbol{\Psi}t}\right)\boldsymbol{\Lambda}^{-1}\boldsymbol{K}_e x_e\right.\\&\left.+\left(\boldsymbol{I}-\exp^{-\boldsymbol{\Psi}t}\right)\boldsymbol{\Lambda}^{-1}(\boldsymbol{K}_a+\boldsymbol{L})x_d\right]\end{aligned} \tag{6.41}$$

其中$\boldsymbol{\Psi}=\boldsymbol{\Lambda}^{-1}\boldsymbol{\Theta}$。当$t\to 0$时，有

$$x_r(0)=x_r(t) \tag{6.42}$$

当$t\to\infty$时，有

$$x_r(\infty)=\boldsymbol{\Psi}^{-1}\left[\boldsymbol{\Lambda}^{-1}\boldsymbol{K}_e x_e+\boldsymbol{\Lambda}^{-1}(\boldsymbol{K}_a+\boldsymbol{L})x_d\right] \tag{6.43}$$

由于假设环境动力学和阻抗模型是解耦的，因此位置基准(6.43)可以简化为

$$x_r(\infty)=\boldsymbol{\Theta}^{-1}\left[\boldsymbol{K}_e x_e+(\boldsymbol{K}_a+\boldsymbol{L})x_d\right] \tag{6.44}$$

注意，式(6.44)中没有出现导纳模型的阻尼，然而它改变了x_r的响应。当$\boldsymbol{K}_e\gg\boldsymbol{K}_a+\boldsymbol{L}$时，$x_r(\infty)\asymp x_e$，这意味着环境的刚度大于机器人终端执行器的刚度。当$\boldsymbol{K}_a+\boldsymbol{L}\gg\boldsymbol{K}_e$时，$x_r(\infty)\asymp x_d$，这意味着终端执行器的刚度大于环境的刚度。所以式(6.37)的第二个条件是正确的。为了证明式(6.37)的第三个条件，假设以下情况：

(1) 当$\boldsymbol{K}_e >> \boldsymbol{K}_a+\boldsymbol{L}$时，$x_r(\infty)\asymp x_e$，力误差为

$$e_f=-\boldsymbol{L}(x_e-x_d)\leqslant\lambda_{\max}(\boldsymbol{L})\|x_e-x_d\|$$

(2) 当$\boldsymbol{K}_e << \boldsymbol{K}_a+\boldsymbol{L}$时，$x_r(\infty)\asymp x_d$，有

$$e_f=\boldsymbol{K}_e(x_e-x_d)\leqslant\lambda_{\max}(\boldsymbol{K}_e)\|x_e-x_d\|$$

(3) 当$\boldsymbol{K}_e=\boldsymbol{K}_a+\boldsymbol{L}$时，

$$e_f=\frac{1}{2}(\boldsymbol{K}_e-\boldsymbol{L})(x_e-x_d)\leqslant\frac{1}{2}\lambda_{\max}(\boldsymbol{K}_e-\boldsymbol{L})\|x_e-x_d\|$$

(4) 当$\boldsymbol{K}_e=\boldsymbol{K}_a=\boldsymbol{L}$时，

$$e_f=\frac{1}{3}\boldsymbol{K}_e(x_e-x_d)\leqslant\frac{1}{3}\lambda_{\max}(\boldsymbol{K}_e)\|x_e-x_d\|$$

上述情况满足式(6.37)的第三个条件，这就完成了证明。

当所需位置x_d等于环境位置x_e时，力误差为零。导纳参数必须根据环境进行选择。如果环境是刚性的，最好选择足够小的导纳参数，使x_r远离x_d。如果环境不是刚性的，大数值的导纳参数可能导致基准位置x_r接近x_d。

6.4 模拟和实验

示例 6.1 模拟

首先使用仿真来评估强化学习控制器的性能。这里提出了以下环境动力学参数(6.2)：$\boldsymbol{A}_e=-5$，$\boldsymbol{B}_e=-0.005$。所需笛卡儿位置为 $x_d=\left[0.0495\ 0\ 0.1446\right]^{\top}$。由于机器人与环境接触，因此 X 轴上的期望位置大于环境位置 x_e。奖励(或效用)函数的权重为 $\boldsymbol{S}=1$，$\boldsymbol{R}=0.1$。式(6.11)与(6.12)的解为 $\boldsymbol{L}=960$，那么所需的力是

$$f_{d_k}^{*}=\boldsymbol{L}(X_k-X_{d_k})=960(X_k-X_{d_k}) \tag{6.45}$$

其中 X_k 是机器人在 X 轴上的位置，X_{d_k} 是 X 轴上所需的位置。该实数解用于将其与使用 Q 学习和 Sarsa 算法获得的解进行比较。

为了选择强化学习的参数，这里使用了随机搜索方法。应用先验知识确定参数范围。它类似于 ε-贪婪探索策略[10]。学习参数如表 6.1 所示。

表 6.1 学习参数

系数	描述	数值
α	学习率	0.9
γ	贴现因子	0.9
λ	踪迹衰减因子	0.65
ε	ε-贪婪概率	0.1
ε-衰退	ε-贪婪衰减因子	0.99

每种情况下，存在 1000 个片段，每个片段有 1000 个训练步骤。这里比较了本章中给出的四种强化学习方法：Q 学习(算法 6.1)、Sarsa 学习(算法 6.2)、$Q(\lambda)$(算法 6.35)和 Sarsa(λ) (算法 6.35)。

图 6.3 给出了使用强化学习的结果。可以观察到，所有的学习方法都收敛到 LQR 的最优解。通过导纳控制方法，接触力几乎收敛于 LQR 的解。

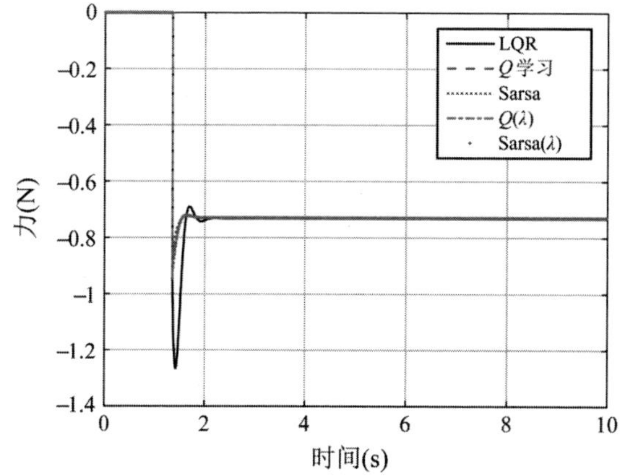

(a) 最优接触力 $\boldsymbol{f}_{e_k}^*$

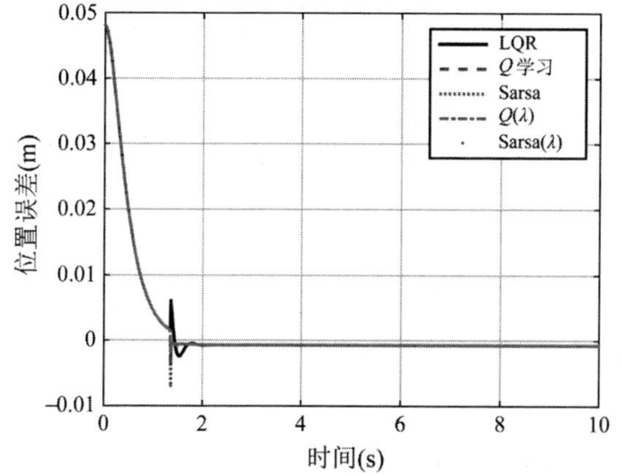

(b) 位置跟踪误差

图 6.3 $\boldsymbol{A}_e=-5$，$\boldsymbol{B}_e=-0.005$ 时的位置/力控制情况

最后使用 PID 控制器跟踪虚拟基准值 x_r，基准值是从所需要的力获得的。当没有接触力时，位置 x 遵循 x_d 变化；另一方面，当机器人接触环境时，可以通过导纳控制修改期望位置 x_d，并且机器人位置遵循新的基准值 x_r 变化。这里可以看到 $Q(\lambda)$ 与 Sarsa 算法相比，收敛到最终解的次数更少。

如果将环境参数修改为 $\boldsymbol{A}_e=-4$ 和 $\boldsymbol{B}_e=-0.002$，并且所需位置也修改为 $x_d=[0.0606,0,0.1301]^{\top}$，强化学习方法可以自动学习环境。学习曲线如图 6.4 所示。在这种新环境中，所需的力为

$$f_{d_k}^{*}=\boldsymbol{L}(X_k-X_{d_k})=1875(X_k-X_{d_k}) \tag{6.46}$$

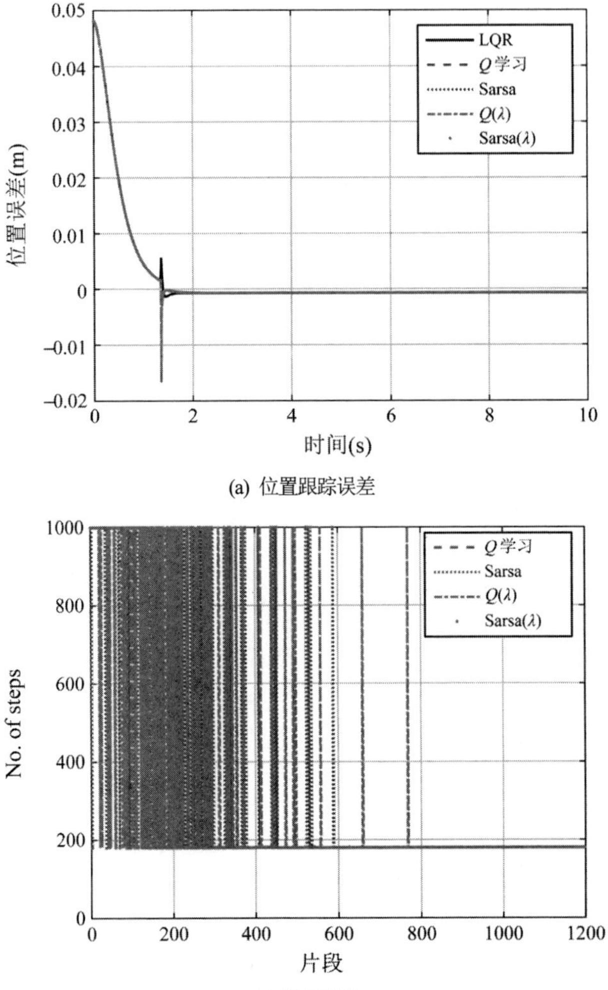

(a) 位置跟踪误差

(b) 学习曲线

图 6.4　$\boldsymbol{A}_e=-4$ 和 $\boldsymbol{B}_e=-0.002$ 时的位置/力控制情况

由于初始的笛卡儿位置接近所需位置，因此强化学习的超调量较小。强化学习的另一个优点是：经过长期的平滑学习过程，期望力收敛速度非常快。

示例6.2 实验

为了评估本章提出的强化学习方法，这里使用了一个2-DOF平移和倾斜机器人，如图6.5所示，和一个安装在终端执行器上的6-DOF力/扭矩(F/T)传感器。环境是一个未知刚度和未知阻尼的黑箱。实时控制环境为Simulink和MATLAB 2012。关节角的初始条件为$q_1(0)=0$和$q_2(0)=\frac{\pi}{2}-0.02$，从而避免了Jacobian矩阵的奇异性。这些关节角对应于笛卡儿位置$x(0)=[0.014\ 0\ 0.1651]^{\mathrm{T}}$。

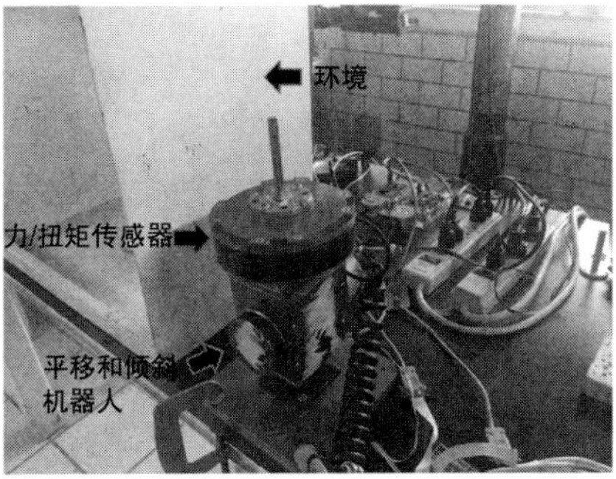

图6.5 实验装置

在实验中，环境位于X轴上$X_e=0.045$ m的位置。为了计算最优解，需要环境参数，即阻尼$\boldsymbol{C}_e$和刚度$\boldsymbol{K}_e$。这里使用递归最小二乘(RLS)方法(2.30)来估算它们。力可以表示为

$$\boldsymbol{f}_e=\boldsymbol{\varphi}^{\mathrm{T}}\boldsymbol{\theta}$$

其中$\boldsymbol{\varphi}=[-\dot{x},\ -x]^{\mathrm{T}}$是回归向量，并且$\boldsymbol{\theta}=[\boldsymbol{C}_e,\ \boldsymbol{K}_e]^{\mathrm{T}}$是参数向量。参数估计如图6.6所示。

参数收敛到以下值：$\hat{\boldsymbol{K}}_e\approx 2721.4$ N/m和$\hat{C}_e\approx 504.0818$ Ns/m，将其改写为(6.2)的形式；然后$\boldsymbol{A}_e=-4.3987$和$\boldsymbol{B}_e=-0.002$。如果选择$\boldsymbol{S}=1$和$\boldsymbol{R}=0.1$，则具有上述环境参数的DARE(6.11)的解为

$$\boldsymbol{f}_{d_k}=\boldsymbol{L}(X_k-X_{d_k})=2606.7(X_k-X_{d_k}) \tag{6.47}$$

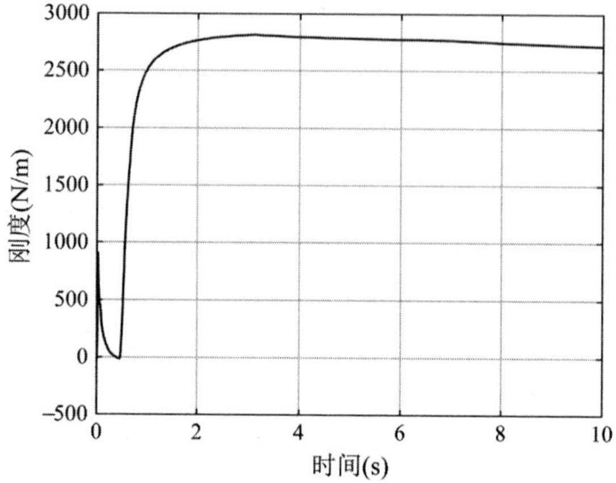

(a) 刚度估计 $\hat{\boldsymbol{K}}_e$

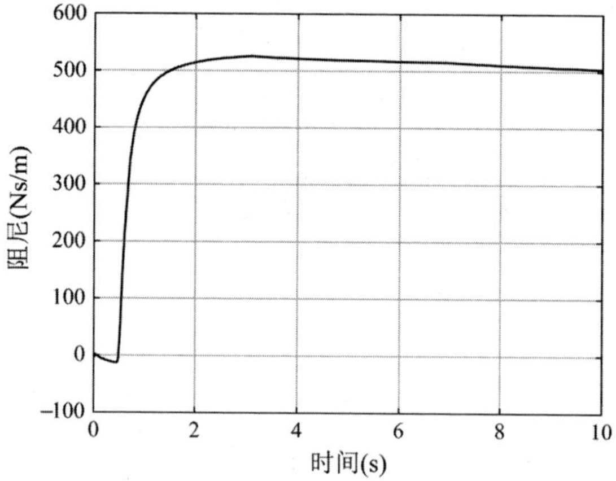

(b) 阻尼估计 $\hat{\boldsymbol{C}}_e$

图 6.6 环境参数估计

在实验中使用了与表 6.1 相同的学习参数，还使用了与表 6.1 类似的随机搜索方法，PID 和导纳控制器的拟议增益在表 6.2 中给出。由于机器人具有大数值的摩擦力，导致不需要导数的增益。这里执行 30 次实时的实验，每个实验持续 10 s。实验结果如图 6.7 所示。从强化学习获得的接触力收敛到 LQR 解。

表 6.2　控制器增益

增益	描述	数值
$\boldsymbol{K}_p$	比例增益	$50\boldsymbol{I}_{3\times3}$
$\boldsymbol{K}_d$	微分增益	$0\boldsymbol{I}_{3\times3}$
$\boldsymbol{K}_i$	积分增益	$10\boldsymbol{I}_{3\times3}$
$\boldsymbol{B}_a$	阻尼	500
$\boldsymbol{K}_a$	刚度	2500

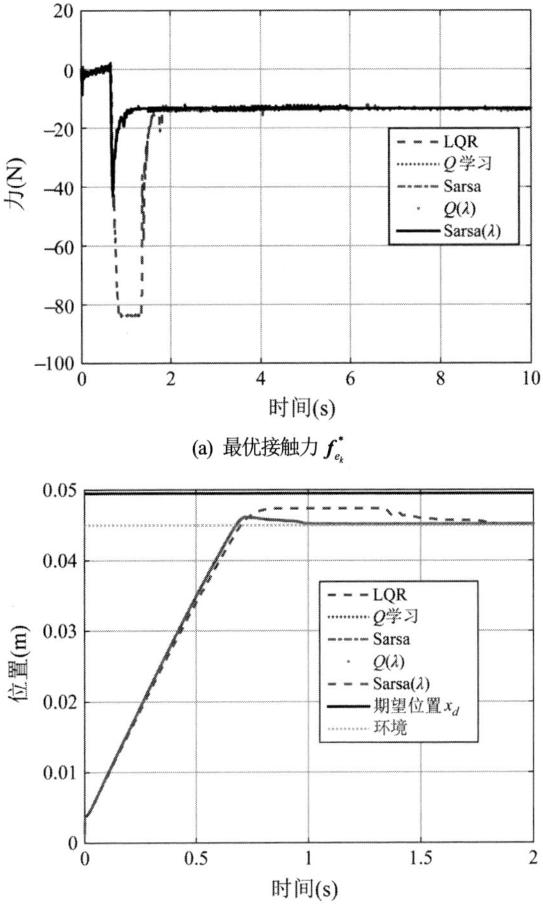

(a) 最优接触力 $\boldsymbol{f}_{e_k}^*$

(b) 位置跟踪误差

图 6.7　实验结果

讨论

从上述结果来看，LQR 和 RL 均收敛到最优力 $f_{d_k}^*$ 。对于 LQR，必须了解环境参数(6.2)才能获得 DARE 解(6.11)，并且参数可以通过任何识别算法求解，如 RLS 算法。这些方法需要三个步骤：(1)识别环境，(2)使用环境估计值求解 DARE，(3)完成位置/力控制的实验。

RL 算法不需要环境动力学的知识。算法的成功在于对所有状态-动作对的探索。学习和控制过程是一步实验，这些算法的缺点是需要学习时间并选择学习参数，以确保解的收敛性。

使用 RL 的另一个优点是，可以避免瞬态时间中产生的大误差。LQR 不需要机器人与环境之间的接触力，如果机器人的初始条件接近所需的位置，初始位置误差将很小，瞬态时间内的所需力也将很小。因为存在两个因素：一是力传感器的噪声；二是没有接触力，瞬态时间内的 RL 解接近于零。RL 算法避免了从零突然更改为所需力的情况。

超参数对于算法收敛非常重要，因为这里需要探索新的策略并利用现有的知识。如果贴现因子 γ 太小，RL 方法会利用其当前知识快速收敛，但不会收敛到最优解。如果贴现因子接近 1，RL 方法将通过探索整个空间缓慢收敛到最优解。根据实验过程中的表现选择其他超参数。

使用 RL 方法的主要缺点是贪婪行为，因为需要在每个状态下执行优化过程，以便找到生成最优值的行为。这可能需要大量计算，尤其是在动作空间连续的情况下。因此，RL 方法通常将动作空间离散化，并将对动作空间的优化转化成枚举问题。

6.5 本章小结

本章提出了一种新的机器人交互控制方案，采用强化学习进行位置/力控制。与以前的机器人交互控制方案不同，该控制器使用阻抗和导纳控制律来实现力和位置跟踪。在环境参数未知的情况下，这里使用强化学习来学习最优期望力，这相当于最优阻抗模型，然后导纳控制律使用内部位置控制律来保证力和位置跟踪，利用 2-DOF 平移和倾斜机器人和 F/T 传感器进行了仿真和实验，验证了该方法的有效性。

第 7 章 用于力控制的连续时间强化学习

7.1 引言

Q 值函数逼近是强化学习中的一个重要课题。当学习问题具有非常大的状态和动作空间时，有必要使用函数逼近方法来表示值函数[1]。一些最常用的基函数是傅里叶函数、高斯核和局部线性回归[2, 3]。

高斯核是具有某些平滑特性的非参数逼近器，用于逼近连续函数。这些函数是局部函数。众所周知，由于收敛性分析和实现，参数逼近器优于非参数逼近器[2]。高斯核的参数形式是径向基函数(RBF)，其中一个输入状态固定为 RBF 的中心。对于海量的数据[3]，当径向基函数数量增加时，这会是一个烦琐的过程。

将输入数据组织为分组形式的一种简单方法是聚类方法，这是一种无监督学习方法[4]。有一些参考文献使用聚类来设计有效的特征空间，以估计最优策略[5-9]。这些在线学习的聚类具有自适应性质，它们需要对输入空间进行足够的探索才能获得良好的聚类，并且获得的聚类只覆盖访问的输入状态。离线聚类避免了这个问题[5, 8]。

为了在连续时间内应用深度学习，必须将输入空间划分为多个单元，这样会使计算变得复杂，而且精度降低。一些逼近方法[10]用于减少计算空间，如模糊表示[11]、向后 Euler 逼近[12]、泰勒级数[13–15]以及参数和非参数逼近器[2, 3]。以上方法效果良好，但它们需要经过彻底的探索阶段才能找到接近最优的解。

本章讨论深度学习的大连续空间问题，并将其应用于位置/力控制，最后提出了一种新的混合求解方法，该方法综合了离散时间和连续时间的深度学习优点。

7.2 用于强化学习的 *K* 均值聚类

由于这里使用了较大的状态-动作空间，因此需要逼近值，正则化径向基函数(NRBF)作为 Q 值函数的逼近器。参数化如下所示：

$$\hat{Q}_k(e_{r_k},f_{d_k}) = \sum_{i=1}^{n} \boldsymbol{\phi}_i(e_{r_k}, f_{d_k})\theta_i = \boldsymbol{\Phi}^{\top}(e_{r_k}, f_{d_k})\theta = F(\theta) \tag{7.1}$$

其中 $\boldsymbol{\Phi}(e_{r_k}, f_{d_k})$ 是归一化 RBF 的列向量：

$$\phi_i(e_r,f_d) = \frac{\exp\left(-\frac{1}{2}\begin{bmatrix} e_r - c_i \\ f_d - c_i \end{bmatrix}^{\top} \boldsymbol{\beta}_i^{-1} \begin{bmatrix} e_r - c_i \\ f_d - c_i \end{bmatrix}\right)}{\sum_{i=1}^{D} \exp\left(-\frac{1}{2}\begin{bmatrix} e_r - c_i \\ f_d - c_i \end{bmatrix}^{\top} \boldsymbol{\beta}_i^{-1} \begin{bmatrix} e_r - c_i \\ f_d - c_i \end{bmatrix}\right)} \tag{7.2}$$

$\boldsymbol{c}_i = [c_{i,1},\ldots, c_{i,D}]^{\mathrm{T}} \in \mathbb{R}^D$ 是第 i 个 RBF 的中心，即对称正定矩阵 $\boldsymbol{\beta}_i \in \mathbb{R}^{D\times D}$ 是宽度，D 是径向基函数的数量。

正则化径向基函数的主要问题是径向基函数的数量和中心的位置。在[3]中，径向基函数的中心是固定的，并且接近平衡点。该方法有助于稳定闭环系统，如 pendubot、acrobat 和 cart-pole 系统。径向基函数的数量取决于输入状态的维数。少数径向基函数可能会导致误差估计。增加径向基函数的数量可以获得良好的估计，但可能会出现过拟合问题。

一种获得径向基函数中心的方法是使用 K 均值聚类将输入状态划分为 K 个聚类。K 均值聚类算法给出集合的划分规则，使得聚类平均值和聚类内所有点之间的平方误差最小化。聚类 c_j 平均值的平方误差定义为

$$\mathcal{J}(c_j) = \sum_{y_i \in c_j} \|y_i - \mu_j\|^2$$

K 均值的主要目标是最小化所有 K 个聚类的二次误差之和，

$$\mathcal{J}(C) = \underset{C}{\operatorname{argmin}} \sum_{j=1}^{K} \sum_{y_i \in c_j} \|y_i - \mu_j\|^2 \tag{7.3}$$

聚类数是逼近器的径向基函数的数量。规定 $y = \{y_i\}$，$i = 1,\ldots, n'$，是 n' 维

点集合，将其聚类为 K 个簇的集合，n'是输入的点数，$\boldsymbol{C}=\{c_j, j=1,\ldots,K\}$。簇的每个质心是定义结果分组特征值的集合。

算法 7.1 中给出了 K 均值算法。

算法 7.1　K 均值聚类方法

1：**Input**：K
2：初始化聚类质心 $\boldsymbol{C}=\{\boldsymbol{C}_j,\ j=1,\ \ldots,\ K\}$
3：**repeat**
4：找到每一个点的最近的质心，$\boldsymbol{I}_j \leftarrow \operatorname{argmin}_{\boldsymbol{c}_j\in\boldsymbol{C}} \|y-\boldsymbol{c}_j\|^2$
5：更新质心 $\boldsymbol{c}_j \leftarrow \frac{1}{|\boldsymbol{I}_j|}\sum_{y_i\in\boldsymbol{I}_j} y_i$
6：**until** 聚集分类数稳定

该算法使用正则化径向基函数获得逼近器的 K 个随机中心。强化学习逼近算法基于梯度下降法，该方法最小化最优值(目标学习)和当前 Q 值之间的平方误差：

$$\theta_{k+1}=\theta_k+\alpha_k\left[Q^*-\hat{Q}_k(e_{r_k},f_{d_k})\right]\boldsymbol{\Phi}(e_{r_k},f_{d_k})$$

将参数化(7.1)代入上述方程，并用其逼近值修改目标学习，得到了 Sarsa 更新规则，如下所示：

$$\theta_{k+1}=\theta_k+\alpha_k\delta_k\boldsymbol{\Phi}(e_{r_k},f_{d_k}) \tag{7.4}$$

这里，Q 学习和 Sarsa 逼近的 TD 误差如下所示：

$$\begin{aligned} Q\text{ 学习}:\ \delta_k&=r_{k+1}+\gamma\min_{f_d}\left(\boldsymbol{\Phi}^\top(e_{r_{k+1}},f_d)\theta_k\right)-\boldsymbol{\Phi}^\top(e_{r_k},f_{d_k})\theta_k \\ Sarsa:\ \delta_k&=r_{k+1}+\gamma\boldsymbol{\Phi}^\top(e_{r_{k+1}},f_{d_{k+1}})\theta_k-\boldsymbol{\Phi}^\top(e_{r_k},f_{d_k})\theta_k \end{aligned} \tag{7.5}$$

这两种算法都需要经过多次的探索才能获得可靠的逼近。对于策略迭代，最优策略由下式给出：

$$h^*(e_r)\in\arg\min_{f_d}F(\theta^*)=\operatorname*{argmin}_{u}\hat{Q}(e_r,f_d)$$

该算法的收敛性依赖于以下所展示的收缩特性：

$$\|(F^\dagger\circ\mathcal{H}\circ F)(\theta)-(F^\dagger\circ\mathcal{H}\circ F)(\theta')\|\leqslant\gamma'\|\theta-\theta'\|$$

其中 $F^{\dagger}$ 是 F 的伪逆投影，$\mathcal{H}$是 Bellman 算子，并且 γ' 是收缩常数，相当于贴现因子。为了证明收敛性，需要以下假设。

A7.1　参数更新规则(7.4)的学习率满足

$$\sum_{k}^{\infty}\alpha_k=\infty,\qquad \sum_{k}^{\infty}\alpha_k^2<\infty$$

A7.2　基函数满足

$$\sum_{i=1}^{K}\left|\phi_i(x,u)\right|\leqslant 1$$

A7.3　设$\mathcal{H}$为 Q 函数空间到自身的映射:

$$\|\mathcal{H}(Q)-\mathcal{H}(Q')\|\leqslant\gamma\|Q-Q'\|$$

那么$\mathcal{H}$是关于$\|\cdot\|$的收缩。

A7.4　存在映射$\mathcal{H}'=F^{\dagger}\circ\mathcal{H}\circ F$，收缩常数$\gamma'=\gamma$，使得

$$\theta=F^{\dagger}(\mathcal{H}'(F(\theta)))$$

其中 θ，θ' 和 Q，Q'分别满足

$$\|F(\theta)-F(\theta')\|\leqslant\|\theta-\theta'\|$$

$$\|F^{\dagger}(Q)-F^{\dagger}(Q')\|\leqslant\|Q-Q'\|$$

A7.5　方差有界的情况如下所示

$$var[\eta_k(x)|\mathcal{F}_k]\leqslant\zeta\left(1+\|F(\theta^*)-Q^*\|^2\right)$$

其中 η_k 是噪声项，$\mathcal{F}_k$是一个递增序列 σ-域，ζ是一个正常数。

假设 A7.1 要求无限频繁地访问所有状态-动作对。考虑到 A7.5 是假设 A7.1-A7.4 的结果，通过收缩性、基函数的有界性很容易证明 A7.2-A7.4。

定理 7.1　如果假设 A7.1-A7.5 成立，则映射 $\mathcal{H}$ 和 $\mathcal{H}'$是关于最大范数的收缩，更新规则(7.4)以概率 1 收敛到唯一不动点 θ^*，并且有

$$\|Q^*-F(\theta^*)\|\leqslant\frac{2}{1-\gamma}e$$

$$\|Q^*-\hat{Q}^{h^*}\|\leqslant\frac{4\gamma}{(1-\gamma)^2}e$$

其中 $e=\min_{\theta}\|Q^*-F(\theta)\|$。

证明：使用假设 A7.3 和 A7.4，得到

$$\begin{aligned}\|\theta-\mathcal{H}'(\theta)\| &\leqslant \|F^{\dagger}(F(\theta))-F^{\dagger}(\mathcal{H}(F(\theta)))\| \\ &\leqslant \|F(\theta)-\mathcal{H}(F(\theta))\| \\ &\leqslant \|F(\theta)-Q^*\|+\|Q^*-\mathcal{H}(F(\theta))\| \\ &\leqslant e+\gamma e\end{aligned}$$

将上述结果用于优化 θ^*，可以得到

$$\begin{aligned}\|\theta^*-\theta\| &\leqslant \|\theta^*-\mathcal{H}'(\theta)\|+\|\mathcal{H}'(\theta)-\theta\| \\ &\leqslant \gamma\|\theta^*-\theta\|+(1+\gamma)e\leqslant \frac{1+\gamma}{1-\gamma}e\end{aligned}$$

对于 Q 值迭代有

$$\begin{aligned}\|Q^*-F(\theta^*)\| &\leqslant \|Q^*-F(\theta)\|+\|F(\theta)-F(\theta^*)\| \\ &\leqslant e+\|\theta-\theta^*\| \\ &\leqslant e+\frac{1+\gamma}{1-\gamma}e\leqslant \frac{2}{1-\gamma}e\end{aligned}$$

对于策略迭代算法有

$$\begin{aligned}\|Q^*-\hat{Q}^{h^*}\| &\leqslant \|Q^*-\mathcal{H}(F(\theta^*))\|+\|\mathcal{H}(F(\theta^*))-\hat{Q}^{h^*}\| \\ &\leqslant \gamma\|Q^*-F(\theta^*)\|+\gamma\|F(\theta^*)-\hat{Q}^{h^*}\| \\ &\leqslant 2\gamma\|Q^*-F(\theta^*)\|+\gamma\|Q^*-\hat{Q}^{h^*}\| \\ &\leqslant \frac{4\gamma}{(1-\gamma)^2}e\end{aligned}$$

前面已经证明点$\mathcal{H}'$是一个收缩，更新规则概率为 1 收敛到唯一不动点 θ^*。

更新规则(7.4)是一步备份，而奖励需要一系列步骤。资格迹[3, 16]提供了一种更好的方法，可以在接下来的几个步骤中将 credit 分配给受访状态。时间步骤 k 处状态 e_r 的资格迹为

$$e_k(e_r)=\begin{cases}1, & \text{若} e_r=e_{r_k} \\ \lambda\gamma e_{k-1}(e_r), & \text{否则}\end{cases} \tag{7.6}$$

它随时间通过因子$\lambda\gamma$衰减，其中$\lambda\gamma\in[0,1)$。这些状态更有资格获得 credit。更新规则(7.4)被修改为

$$\theta_{k+1} = \theta_k + \alpha\delta_k \sum_{e_v \in \mathcal{E}_v} \left. \frac{\partial \hat{Q}_k(e_{r_k}, f_{d_k})}{\partial \theta_k} \right|_{\substack{e_r = e_v \\ \theta = \theta_{k-1}}} e_k(e_v) \tag{7.7}$$

其中$\boldsymbol{\varepsilon}_v$是当前片段中访问的状态集合。

7.3 使用强化学习的位置/力控制

在连续时间情况下，机器人-环境交互模型(6.1)表示为

$$\dot{x}(t) = \boldsymbol{A}x(t) + \boldsymbol{B}f_e(t),\ x(t) \geqslant x_e \tag{7.8}$$

其中 $\boldsymbol{A} = -\boldsymbol{C}_e^{-1}\boldsymbol{K}_e$ 和 $\boldsymbol{B} = -\boldsymbol{C}_e^{-1}$，对应的阻抗模型为

$$\dot{e}_r(t) = \boldsymbol{A}e_r(t) + \boldsymbol{B}f_d(t) \tag{7.9}$$

任务空间中的 PID 控制如(6.5)所示，导纳控制器如(6.8)所示。

连续时间强化学习

如(6.9)所示，这里希望将最优控制设计为

$$f_d^*(t) = \boldsymbol{L}e_r(t) \tag{7.10}$$

使得以下连续时间贴现成本函数最小化

$$V(e_r(t)) = \boldsymbol{\mathcal{J}}(e_r(t), u) = \int_t^{\infty} \left(e_r^{\top}(\tau)\boldsymbol{S}e_r(\tau) + f_d^{\top}(\tau)\boldsymbol{R}f_d(\tau) \right) e^{-\gamma(\tau-t)} \mathrm{d}\tau \tag{7.11}$$

使用(7.11)的时间导数和莱布尼兹规则

$$\dot{V}(e_r(t)) = \int_t^{\infty} \frac{\partial}{\partial t} r(\tau) e^{-\gamma(\tau-t)} \mathrm{d}\tau - e_r^{\top}(t)\boldsymbol{S}e_r(t) - f_d^{\top}(t)\boldsymbol{R}f_d(t) \tag{7.12}$$

其中$r(\tau) = e_r(\tau)^{\top}\boldsymbol{S}e_r(\tau) + f_d^{\top}(\tau)\boldsymbol{R}f_d(\tau)$ 是奖励函数。最优值函数为

$$V^*(e_r(t)) = \min_{f_d} \int_t^{\infty} \left(e_r^{\top}(\tau)\boldsymbol{S}e_r(\tau) + f_d^{\top}(\tau)\boldsymbol{R}f_d(\tau) \right) e^{-\gamma(\tau-t)} \mathrm{d}\tau$$

利用 Bellman 最优性原理，可以得到以下 Hamilton-Jacobi-Bellman(HJB)

方程

$$\min_{f_d}\left\{\dot{V}^*(e_r(t))+r(t)-\int_t^{\infty}\frac{\partial}{\partial t}r(\tau)e^{-\gamma(\tau-t)}\mathrm{d}\tau\right\}=0$$

如果存在最优的期望力，则最优值函数在误差 $e_r(t)$中是二次函数的形式：

$$V^*(e_r(t))=e_r^{\top}(t)\boldsymbol{P}e_r(t) \tag{7.13}$$

其中 P 满足以下微分 Riccati 方程：

$$e_r^{\top}(t)\left(\boldsymbol{A}^{\top}\boldsymbol{P}+\boldsymbol{PA}+\boldsymbol{S}-\gamma\boldsymbol{P}\right)e_r(t)+2e_r^{\top}(t)\boldsymbol{PB}f_d(t)+f_d^{\top}(t)\boldsymbol{R}f_d(t)=0 \tag{7.14}$$

通过微分 Bellman 方程(7.13)，最优的期望力为

$$f_d^*(t)=\left(-\boldsymbol{R}^{-1}\boldsymbol{B}^{\top}\boldsymbol{P}\right)e_r(t)=\boldsymbol{L}e_r(t) \tag{7.15}$$

为了得到式(7.14)的存在条件，这里将式(7.15)重写为最优状态-动作形式

$$Q^*(e_r(t),f_d(t))=V^*(e_r(t))=\begin{bmatrix}e_r(t)\\f_d(t)\end{bmatrix}^{\top}\boldsymbol{H}\begin{bmatrix}e_r(t)\\f_d(t)\end{bmatrix} \tag{7.16}$$

其中$Q\left[e_r(t),f_d(t)\right]$是值函数

$$\boldsymbol{H}=\left\{\boldsymbol{H}_{ij}\right\}=\begin{bmatrix}\left(\boldsymbol{A}-\frac{\gamma}{2}\boldsymbol{I}\right)^{\top}\boldsymbol{P}+\boldsymbol{P}\left(\boldsymbol{A}-\frac{\gamma}{2}\boldsymbol{I}\right)+\boldsymbol{S} & \boldsymbol{PB}\\ \boldsymbol{B}^{\top}\boldsymbol{P} & \boldsymbol{R}\end{bmatrix}$$

因为$\partial Q^*/\partial f_d=0$，最优控制(7.15)为

$$f_d^*(t)=-\boldsymbol{H}_{22}^{-1}\boldsymbol{H}_{21}e_r(t)$$

如果数对$(\boldsymbol{A},\boldsymbol{B})$是稳定的并且数对$(\boldsymbol{S}^{1/2},\boldsymbol{A})$是可观察的，则式(7.14)存在唯一的正解。上述解决方案采用离线方法。为了使用在线方法，可以使用 Hewer 算法或 Lyapunov 递归算法[17]。

Bellman 方程不需要环境动力学知识，它的等效形式可以写成积分强化学习(IRL)，如[14]

$$V(e_r(t))=\int_t^{t+T}r(\tau)e^{-\gamma(\tau-t)}\mathrm{d}\tau+e^{-\gamma T}V(e_r(t+T)) \tag{7.17}$$

适用任意时间$t\geqslant 0$和$T>0$。

对于任何固定策略$f_d(t)$=$h(e_r(t))$，有以下公式成立

$$V\left[e_r(t+T)\right]=Q\left(e_r(t+T),f_d(t+T)\right) \tag{7.18}$$

将式(7.18)代入式(7.17)，Q 值函数的 Bellman 方程为

$$Q\left[e_r(t),f_d(t)\right]=\int_t^{t+T} r(\tau)e^{-\gamma(\tau-t)}\mathrm{d}\tau+e^{-\gamma T}Q\left(e_r(t+T),f_d(t+T)\right) \tag{7.19}$$

连续时间强化学习(7.19)始终需要积分器的解析解，这里使用离散化逼近法。Q 值函数更新规则(7.19)是通过最小化以下时间差的误差$\xi(t)$ 来计算的：

$$\xi(t)=Q(e_r(t),f_d(t))-\int_t^{\infty} r(\tau)e^{-\gamma(\tau-t)}\mathrm{d}\tau$$

由时间的导数得出最小化$\xi(t)$：

$$\delta(t)=\dot{\xi}(t)=r(t)+\dot{Q}\left(e_r(t),f_d(t)\right)-\gamma Q\left(e_r(t),f_d(t)\right) \tag{7.20}$$

表达式(7.20)是离散时间 TD 误差(6.32)的连续时间对应项。这里使用向后 Euler 逼近[12]来逼近$\dot{Q}(\cdot)$

$$\dot{Q}(e_r(t),f_d(t))=\frac{Q\left[e_r(t),f_d(t)\right]-Q\left[e_r(t-T),f_d(t-T)\right]}{T}$$

因此式(7.20)变成

$$\delta(t)=r(t)+\frac{1}{T}(1-\gamma T)\left[Q(e_r(t),f_d(t))-Q(e_r(t-T),f_d(t-T))\right] \tag{7.21}$$

式(7.21)可以写成

$$\delta(t)=r(t+T)+\frac{1}{T}(1-\gamma T)\left[Q(e_r(t+T),f_d(t+T))-Q(e_r(t),f_d(t))\right] \tag{7.22}$$

TD 误差$\delta(t)$ 被用作梯度的方向。这里仍然需要计算 Q 值函数。在连续状态-动作空间中，需要逼近如式(7.1)中 Q 值函数的正则化径向基函数(NRBF)。

现在使用梯度下降法更新在动作-值函数估计$\hat{Q}(e_r,f_d;\theta)$中的参数 θ, 目标是最小化式(7.22)中的平方误差

$$E(t)=\frac{1}{2}\delta^2(t)$$

平方误差相对于参数向量 $\boldsymbol{\theta}$ 的梯度是

$$\frac{\partial E(t)}{\partial \theta(t)} = \frac{\delta(t)}{T}\left[(1-\gamma T)\frac{\partial \hat{Q}(e_r(t+T), f_d(t+T); \theta(t))}{\partial \theta(t)} - \frac{\partial \hat{Q}(e_r(t), f_d(t); \theta(t))}{\partial \theta(t)}\right] \tag{7.23}$$

为了简化式(7.23)，此处使用 TD(0)算法，该算法仅使用梯度的先前估计：

$$\dot{\theta}(t) = -\alpha(t)\frac{\partial E(t)}{\partial \theta(t)} = \alpha(t)\delta(t)\frac{1}{T}\frac{\partial \hat{Q}(e_r(t), f_d(t); \theta(t))}{\partial \theta(t)} \tag{7.24}$$

其中 $\alpha(t)$ 是学习率。

以下定理给出了最优期望力的连续时间强化学习的收敛性

$$\hat{f}_d(t) = \arg\min_{f_d} \hat{Q}(e_r, f_d; \theta) \approx \arg\min_{f_d} \boldsymbol{\Phi}^\top(e_r, f_d)\theta \tag{7.25}$$

其中 θ 由(7.24)更新，$\boldsymbol{\Phi}^\top(e_r, f_d)$ 通过 RBFNN 和 K 均值算法获得，$\delta(t)$ 由式(7.22)获得。

定理 7.2　如果存在平衡点 θ^*，使得

$$\min_{f_d} \hat{Q}(e_r, f_d; \theta) = \hat{Q}^*(e_r, f_d; \theta^*) = \boldsymbol{\Phi}^\top(e_r, f_d)\theta^*$$

那么，(1)该平衡点是全局渐近稳定的，(2)参数更新规则的学习率(7.24)满足以下条件

$$\sum_t^\infty \alpha(t) = \infty, \quad \alpha(t) \in (0,1], \quad \sum_t^\infty \alpha^2(t) < \infty \tag{7.26}$$

Q 值函数的估计 $\hat{Q}(e_r, f_d; \theta)$ 将收敛到逼近最优值函数 $\hat{Q}^*(e_r, f_d; \theta^*)$。如果(1)平衡点全局渐近稳定，使得

$$\hat{f}_d(t) = \arg\min_{f_d} \hat{Q}(e_r, f_d; \theta) \approx \arg\min_{f_d} \boldsymbol{\Phi}^\top(e_r, f_d)\theta$$

(2) 参数更新规则(7.24)的学习率满足

$$\sum_{t}^{\infty}\alpha(t)=\infty,\quad \alpha(t)\in(0,1],\quad \sum_{t}^{\infty}\alpha^{2}(t)<\infty$$

证明：考虑 TD 误差(7.22)，连续时间强化学习(7.24)的参数向量$\boldsymbol{\theta}$ 更新为

$$\begin{aligned}\dot{\boldsymbol{\theta}}&=\left(r(t+T)+\frac{1}{T}(1-\gamma T)\boldsymbol{\Phi}^{\top}(t+T)\theta(t)-\frac{1}{T}\boldsymbol{\Phi}^{\top}(t)\,\theta(t)\right)\boldsymbol{\Phi}(t)\\&=f(\theta(t))\end{aligned}\tag{7.27}$$

式中，$\boldsymbol{\Phi}(t+T)=\boldsymbol{\Phi}(e_r(t+T),f_d(t+T))$ 和 $\boldsymbol{\Phi}(t)=\boldsymbol{\Phi}(e_r(t),\ f_d(t))$ 。式(7.27)中的平衡点$\boldsymbol{\theta}^{*}$ 应满足以下关系

$$\boldsymbol{\theta}^{*}=F^{\dagger}\circ\mathcal{H}\circ F(\theta)=F^{\dagger}\circ\mathcal{H}\circ\hat{Q}\left(e_r,f_d;\theta\right)\tag{7.28}$$

其中$\mathcal{H}$是 Bellman 算子，$F^{\dagger}$ 是投影算子，并被定义为伪逆运算，如下所示：

$$\left[F^{\dagger}\hat{Q}\right](e_r,f_d;\theta)=\left[\boldsymbol{\Phi}(t)\boldsymbol{\Phi}^{\top}(t)\right]^{-1}\boldsymbol{\Phi}(t)\hat{Q}(e_r,f_d;\theta)$$

Bellman 算子$\mathcal{H}$从式(7.19)得到：

$$[\mathcal{H}Q](e_r(t),f_d(t))=r(t+T)+\frac{1}{T}(1-\gamma T)Q(e_r(t+T),f_d(t+T))\tag{7.29}$$

保证算子$\mathcal{H}$是 θ 中的收缩，这需要

$$\sum_{i=1}^{K}|\phi_i(e_r,f_d)|\leqslant 1\tag{7.30}$$

条件(7.30)显而易见，因为基函数是高斯函数。$f(\theta)$ 在式(7.27)中可以写成

$$f(\theta(t))=f_1(\theta(t))+f_2(\theta(t))$$

其中$f_1=\left(r(t+T)+\frac{1}{T}(1-\gamma T)\boldsymbol{\Phi}^{\top}(t+T)\theta\right)\boldsymbol{\Phi}(t)$，$f_2=-\frac{1}{T}\boldsymbol{\Phi}(t)\boldsymbol{\Phi}^{\top}(t)\theta$。根据收缩特性，对于任何$\theta_1$ 和θ_2 有

$$\|f_1(\theta_1)-f_1(\theta_2)\|_{\infty}\leqslant\frac{1-\gamma T}{T}\|\theta_1-\theta_2\|_{\infty}$$
$$\|f_2(\theta_1)-f_2(\theta_2)\|_{\infty}\leqslant\frac{1}{T}\|\theta_1-\theta_2\|_{\infty}$$

此外，式(7.27)中的平衡点θ^*满足$f(\theta^*)=0$，对于任何p范数，以下情况成立：

$$\frac{\mathrm{d}}{\mathrm{d}t}\|\theta-\theta^*\|_p=\|\theta-\theta^*\|_p^{1-p}\sum_{i=1}^{K}(\theta(i)-\theta^*(i))^{p-1}$$
$$\cdot\left\{\left[f_1(\theta)_i-f_1(\theta^*)_i\right]-\left[f_2(\theta)_i-f_2(\theta^*)_i\right]\right\}$$

使用 Hölder 不等式

$$\frac{\mathrm{d}}{\mathrm{d}t}\|\theta(t)-\theta^*\|_p\leqslant\|f_1(\theta(t))-f_1(\theta^*)\|_p-\|f_2(\theta(t))-f_2(\theta^*)\|_p$$

令$p=\infty$有

$$\frac{\mathrm{d}}{\mathrm{d}t}\|\theta(t)-\theta^*\|_\infty\leqslant-\gamma\|\theta(t)-\theta^*\|_\infty \tag{7.31}$$

ODE(7.31)的解为

$$\|\theta(t)-\theta^*\|_\infty\leqslant e^{-\gamma t}\|\theta(0)-\theta^*\|_\infty \tag{7.32}$$

解(7.32)展示了式(7.27)的平衡点θ^*是全局渐近稳定的。

因为

$$f_1(\theta^*)+f_2(\theta^*)=0\Rightarrow f_1(\theta^*)=-f_2(\theta^*)$$

在平衡点处，通过最小化$\hat{Q}$函数获得平衡点θ^*

$$\theta^*=\boldsymbol{\Phi}^\dagger(t)\left(r(t+T)+(1-\gamma T)\min_{f_d}\boldsymbol{\Phi}^\top(t)\theta^*\right) \tag{7.33}$$

其中$\boldsymbol{\Phi}^\dagger(\cdot)=\left(\boldsymbol{\Phi}\boldsymbol{\Phi}^\top\right)^{-1}\boldsymbol{\Phi}$为 de Moore-Penrose 的伪逆。

将式(7.27)改写为

$$\dot{\theta}(t)=\alpha(t)Y(\theta(t),O(t))=f(\theta(t)) \tag{7.34}$$

其中$O(t)$是依赖于数对$[e_r(t),f_d(t)]$的所有数据分量的函数。因为$Y(\cdot)$是由径向基函数组成的，所以$Y(\theta(t),\ O(t))$的界为

$$\|Y(\theta(t),O(t))\|_\infty\leqslant\chi(1+\|\theta(t)\|_\infty) \tag{7.35}$$

其中$\chi>0$。式(7.35)的界意味着 Y 不依赖于状态-动作对，而只依赖于$\theta(t)$。当满足条件(7.26)、(7.32)、(7.35)时，存在一个正定函数$U(\theta(t))\in C^2$，

其二阶导数有界且满足[18]

$$\frac{\mathrm{d}U(\theta(t))}{\mathrm{d}t}=\frac{\partial U(\theta(t))}{\partial\theta(t)}f(\theta(t))\leqslant 0,\quad U(\theta(t))=0,\text{ 当且仅当 }\theta(t)=\theta^*\text{时} \tag{7.36}$$

注意，由于$\alpha(t)\in(0,1]$，式(7.26)要求无限频繁地访问所有状态-动作对，这类似于持续激励(PE)条件。注意在式(7.36)中，对于任何$\frac{\partial U(t)(\theta(t))}{\partial\theta(t)}>0$，它的一阶导数都足够快地趋于零。根据[18]的定理 17，$\theta(t)$ 收敛到接近最优值θ^*，连续时间强化学习(7.24)收敛到$\hat{Q}^*(e_r,f_d;\theta^*)$。

强化学习有一个重要的性质叫作延迟奖励，即在 t 时刻收到的奖励不能决定策略$h(e_r)$的好坏，所以必须等待最终结果。参数更新规则(7.27)为一步法。为了利用之前状态和动作的历史，这里使用指数轨迹来修改 Q 函数的时间分布

$$Q(e_r(t),f_d(t))=\begin{cases}e^{-\gamma(T-t)} & \text{如果}\,t\leqslant T\\ 0 & \text{如果}\,t>T\end{cases} \tag{7.37}$$

式(7.37)大致表示时间$t=T$ 时的脉冲奖励，它考虑了先前访问的状态。由于 Q 函数相对于奖励函数$r(t+T)$来说是线性的，因此误差$\delta(t)$的校正为

$$W(t)=\begin{cases}\delta(T)e^{-\gamma(T-t)} & \text{如果}\,t\leqslant T\\ 0 & \text{如果}\,t>T\end{cases} \tag{7.38}$$

参数更新规则修改为：

$$\begin{aligned}\dot{\theta}(t)&=\alpha(t)\int_{-\infty}^{T}W(t)\frac{1}{T}\frac{\partial\hat{Q}(e_r(t),f_d(t);\theta(t))}{\partial\theta}\mathrm{d}t\\&=\alpha(t)\frac{\delta(T)}{T}\int_{-\infty}^{T}e^{-\gamma(T-t)}\frac{\partial\hat{Q}(e_r(t),f_d(t);\theta(t))}{\partial\theta(t)}\mathrm{d}t\end{aligned}$$

积分的下限为$-\infty$，因为此处向后观察被访问的状态-动作对。指数加权积分被认为是 θ 的资格迹

$$\dot{\theta}(t)=\alpha(t)\delta(t)e(t) \tag{7.39}$$

$$\dot{e}(t)=-\lambda e(t)+\frac{1}{T}\frac{\partial\hat{Q}(e_r(t),f_d(t);\theta(t))}{\partial\theta(t)} \tag{7.40}$$

连续时间强化学习具有衰减因子λ。它被称为$Q(\lambda)$学习(7.39)，类似于连续时间 Q 学习(7-24)。式(7.39)-(7.40)的收敛性类似于定理 7.2，其中资格迹呈现

输入状态稳定性[19]。

混合强化学习

我们已讨论了如何在离散时间(DT)和连续时间(CT)中找到最优期望力 $f_d^*(t)$。当问题处于连续状态-动作空间时，需要使用 CT 强化学习(RL)。由于 CT-RL 必须访问状态-动作对的所有组合，因此需要更多的计算工作。

为了避免大量的计算工作量，可以使用混合 RL，如图 7.1 所示。由图可知，CT-RL 仅在半径为 μ 的球中使用，位置误差 e_r 满足 $|x-x_e|\leqslant\mu$ 的条件；否则就要使用 DT-RL。位置误差值取决于导纳模型增益如何根据环境参数[20]选择得到。当环境比机器人终端执行器更具刚性时，则 $x\approx x_e$。另一方面，当终端执行器比环境更具刚性时，则 $x\approx x_d$。

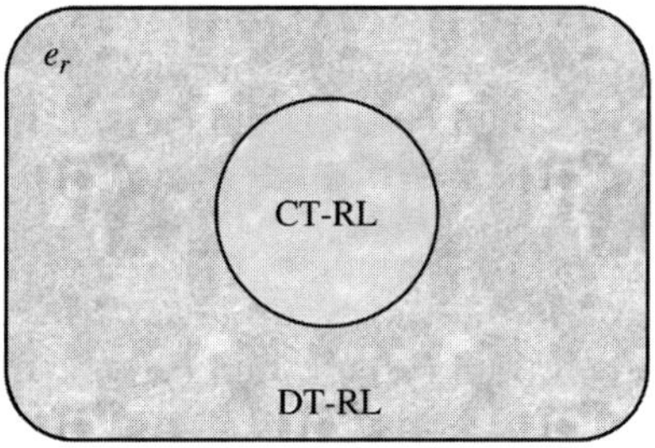

图 7.1　混合强化学习

混合 RL 用于避免在状态中存在庞大的探索阶段。PID 控制保证了位置跟踪，位置误差在瞬时具有较大值，并且没有接触力。

7.4　实验

示例 7.1　具有 K 均值聚类的 RL

在此使用图 6.4 所示的 2-DOF 平移和倾斜机器人，展示了采用 K 均值聚类的强化学习如何实现位置/力控制任务，并将其与 LQR 最优解进行比较。

环境位于与 6.4 节中实验相同的位置。这里使用表 6.1 中相同的学习参数和表 6.2 中的控制增益，并且使用 K 均值聚类算法对数据进行分割。聚类数为 $K=10$。RBF 的宽度为 $1/2\sigma^2$，标准误差为 $\sigma=0.1$。对于每个输入都使用 10 个

RBF，即一个 RBF 具有 10 个节点作用于所需力。同时有 100 个隐藏节点。由于使用相同的机器人和环境，LQR 解如(6.47)所示。

控制结果如图 7.2 和图 7.3 所示。由于状态-动作空间比较大，因此离散时间的经典 Q 学习无法处理该问题。这里可以使用 K 均值来划分大空间，使用 NRBF 来逼近 Q 函数。Q 值逼近算法收敛到逼近最优解。使用资格迹因子平滑 Q 函数学习曲线，并加速其收敛，如图 7.2 所示。导纳控制实现了力跟踪和位置跟踪(见图 7.3)。

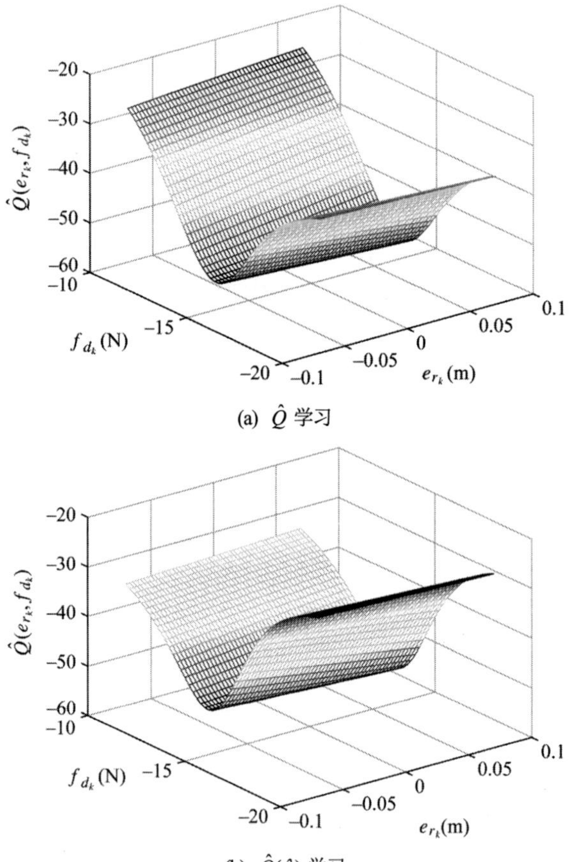

(a) $\hat{Q}$ 学习

(b) $\hat{Q}(\lambda)$ 学习

图 7.2　学习曲线

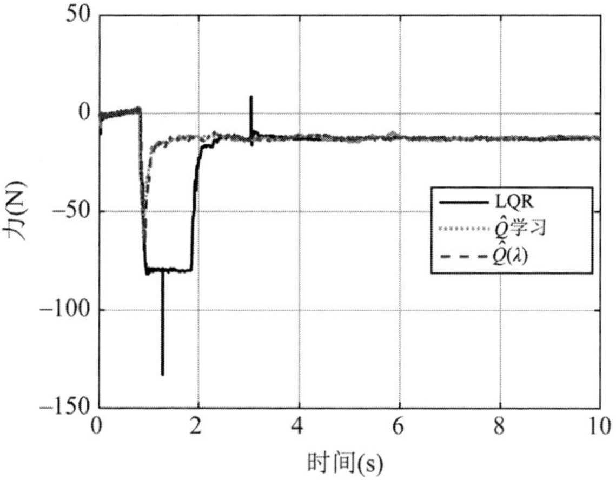

(a) 期望力

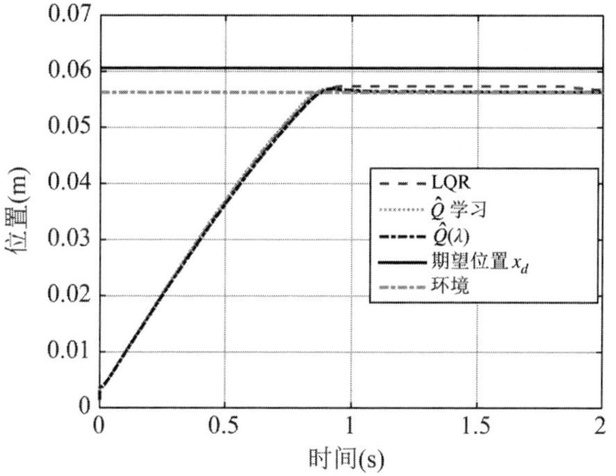

(b) 位置跟踪

图 7.3　控制结果

示例 7.2　连续时间逼近

这里使用具有 6-DOF 力/力矩(F/T)传感器的 2-DOF 平移和倾斜机器人验证了连续时间和混合强化学习(见图 6.4)。

首先将混合强化学习方法与理论结果(代数 Riccati 方程的最优解)进行比较。动态环境设置为(6.1)的参数，其中将“**C1:** $\boldsymbol{C}_e = 200$ Ns/m，$\boldsymbol{K}_e = 1000$ N/m”

修改为“C2: $C_e = 500$ Ns/m、$K_e = 2000$ N/m”。成本函数的权重为 $S = 1$ 和 $R = 0.1$。将(7.15)中的增益 L 从“C1: $L = 0.005$”更改为“C2: $L = 0.0025$”。所需的笛卡儿位置从 $x_d = [0.0495,\ 0,\ 0.1446]^\top$ 更改为 $x_d = [0.0606,\ 0,\ 0.1301]^\top$。

DT-RL 和 CT-RL 的学习参数与表 6.1 中相同。学习有 1000 个片段，每个片段有 1000 步。在训练之前使用 K 均值聚类算法对数据进行分割。聚类簇的数量 $K = 10$，然后使用随机中心生成一系列逼近器。对于神经逼近器，RBF 的宽度为 $1/2\sigma^2$，标准差为 $\sigma = 0.1$。对于每个输入，使用 10 个 RBF，每个 RBF 有 10 个节点。

在训练阶段，混合 RL 用于找到逼近值函数 Q 的最优参数 θ。通过混合 RL 获得不同环境中所需要的力。LQR 控制器解决方案如图 7.4(a)所示。这里可以看到两种强化学习算法都是收敛的。连续时间 RL 具有接近 LQR 的逼近最优解。使用资格迹的因子 λ 来平滑曲面。$Q(\lambda)$ 学习优于常规 Q 学习。

在此还比较了 CT-RL 和混合 RL 的学习时间。结果如图 7.4(b)所示。可以看到这个方法加快了学习过程。

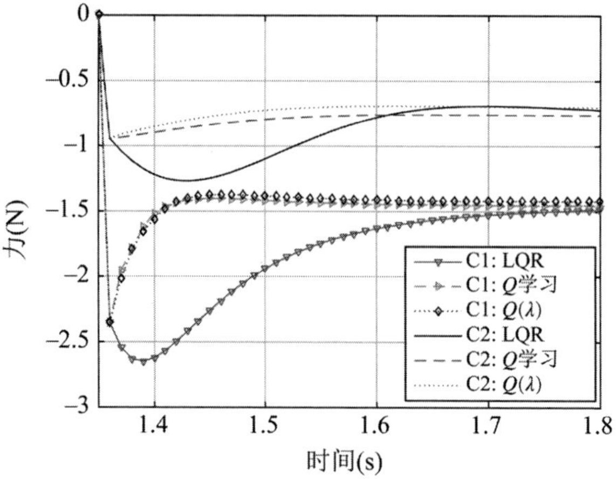

(a) 不同环境下的期望力学习

图 7.4 未知环境中的混合 RL

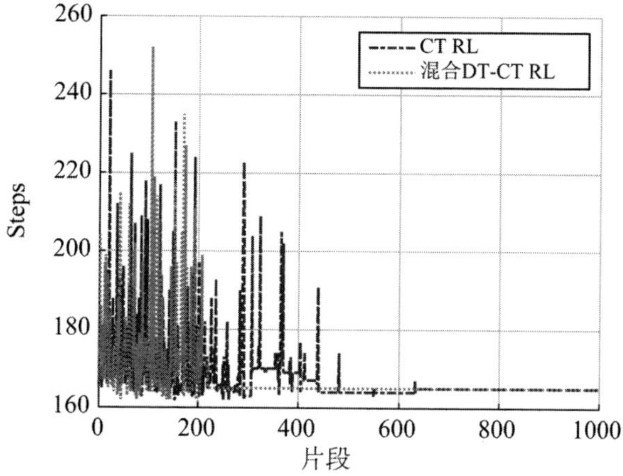

(b) 学习过程

图 7.4 (续)

最后，这里展示了实验装置。PID 控制器和导纳控制器增益如表 6.2 所示。LQR 解增益由式(7.15)计算得到。控制增益 $\boldsymbol{L} = 0.0018$。控制结果如图 7.5 和图 7.6 所示。

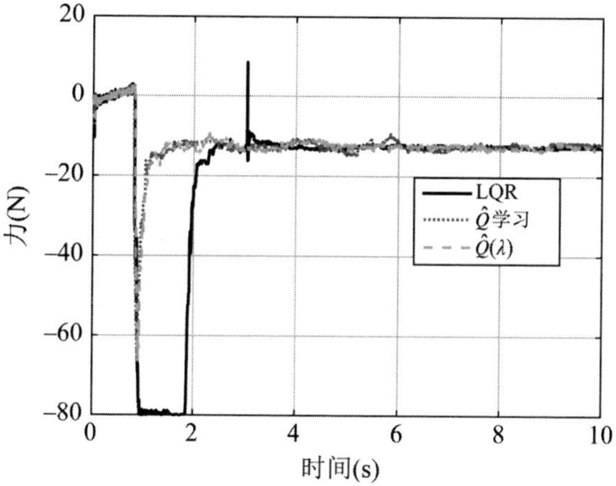

(a) 期望力 $f_d^*(t)$

图 7.5　不同方法的比较

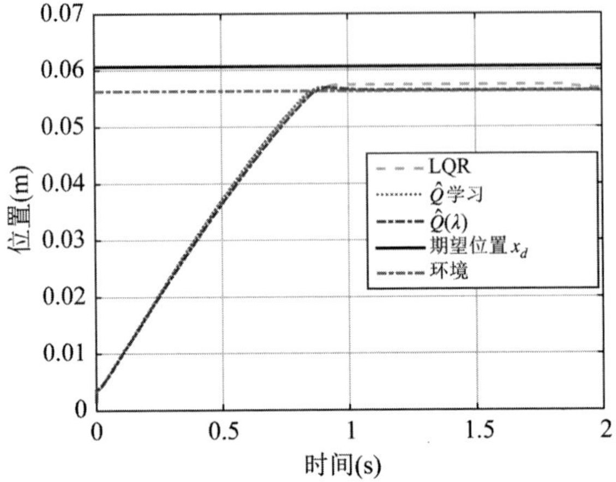

(b) 位置跟踪

图 7.5(续)

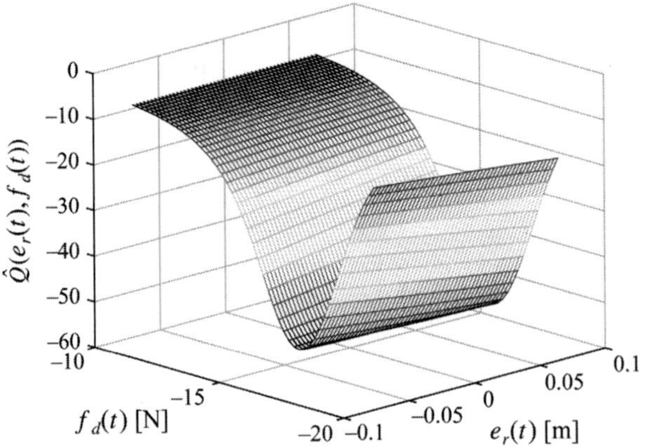

(a) $\hat{Q}$ 学习

图 7.6 RL 的学习过程

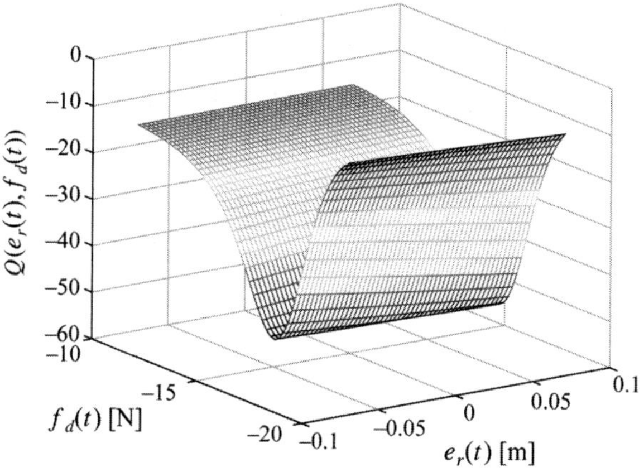

(b) $\hat{Q}(\lambda)$ 学习

图 7.6(续)

讨论

混合 RL 在不了解环境动态的情况下实现了次最优性能。状态-动作空间是连续的。使用 K 均值算法来划分输入空间，并且使用 RBF 神经网络来逼近 Q 函数。混合算法有助于加速收敛到接近最优的期望力。使用资格迹平滑了 Q 函数学习曲线(见图 7.6)。

在一小部分位置误差中利用 CT-RL，并使用混合 RL 可减少学习时间。可以找到次最优期望力，DT-RL 用来处理不包含控制任务有用信息的状态，并利用 CT-RL 的当前知识。

7.5　本章小结

本章提出了在位置/力控制任务的强化学习中处理高维空间问题的方法。算法在离散时间和连续时间中开发。此外，混合强化学习结合离散时间和连续时间强化学习方法的优点，以较少的学习时间找到次最优控制策略。

仿真和实验验证了位置/力控制任务中强化学习的逼近，保证了位置和力的跟踪。

第 8 章 使用强化学习在最坏情况下的不确定性机器人控制

8.1 引言

鲁棒控制的目标是在有干扰的情况下实现鲁棒性能。大多数鲁棒控制器受到最优控制理论的启发，如 $\mathcal{H}_2$ 控制[1]，它通过最小化某一成本函数找到最优控制器。最流行的 $\mathcal{H}_2$ 控制器是线性二次调节器[2]。然而，在有干扰的情况下，它不能很好地运行。控制算法 $\mathcal{H}_\infty$ 在系统有干扰的情况下还是可以找到鲁棒控制器，尽管其性能较差[3]。结合了 $\mathcal{H}_2$ 及 $\mathcal{H}_\infty$ 的控制器称为控制 $\mathcal{H}_2/\mathcal{H}_\infty$，它同时具有这两个优点，并且在有界干扰下具有最优性能[4]。然而，控制器设计需要对系统动力学有全面的了解[5]。这些控制器都是基于模型的。

如第 4 章所示，无模型控制器，如 PID 控制[6、7]、SMC[8]和神经控制[9-11]不需要系统的动态知识。然而，参数调整和一些干扰的先验知识阻碍了这些无模型控制器发挥其最优性能。

最近的结果表明，强化学习方法可以在没有系统动力学知识的情况下学习控制器 $\mathcal{H}_2$ 和 $\mathcal{H}_\infty$[12]。$\mathcal{H}_2$ 和 $\mathcal{H}_\infty$ 中 RL 的主要目标是最小化总累积奖励。对于鲁棒控制器，奖励是为了控制问题 $\mathcal{H}_2$ 和 $\mathcal{H}_\infty$ 而设计的。这种稳健的奖励可以是静态的或者动态的。当状态-动作空间很小时，可以使用任何 RL 方法获得逼近最优解。当空间较大或者连续时，RL 不会收敛到最优解[13, 14]，这也被称为维数诅咒。

当 RL 应用于鲁棒控制器的设计时，存在以下两个问题：

(1) RL 使用更新规则中的最小算子高估了值函数；因此，控制策略受到影响。双估计器算法[15]可用于解决高估问题。双 Q 学习算法[16]使用两个独立的估计器来计算值函数和策略，但在某些动作值[16]中存在低估的可能性。该算法不能应用于鲁棒控制器，因为最坏情况下不确定性[1]的状态-动作空间较大。

(2) 当状态-动作空间非常大时，正如学习最坏情况下，RL 变得不可行[17]。一些逼近方法，如在上一章中已讨论过的径向基函数(RBF)神经网络(NN)和 k-最近邻(kNN)[18]，可以用于解决第二个问题。kNN 方法是一种非参数估计器，不需要来自未知非线性系统的任何信息。它适用于大的状态-动作空间[18]，但在动作值函数估计中也存在高估问题。

RBF-NN 逼近需要获取未知非线性系统[19]的大量先验信息，因为它们是可局部化函数。当上述信息不可用时，可以使用 actor-critic(AC)方法[20，21]，这种方法使用两个估计器(如神经网络)，来完成策略搜索工作[12]。然而，控制取决于神经估计器的精度[13，22]。使用强化学习的大多数鲁棒控制器都基于 actor-critic 算法和 Q 学习[23-26]。

通常，鲁棒控制器以零-和微分博弈[23]的形式设计，这需要系统动力学的部分知识以获得最优和鲁棒控制策略[23，24]。为了避免用到任何动态知识，本章使用了一种非策略方法(如 Q 学习)，以找到最优控制输入和最坏情况干扰[25，26]。神经网络被用作处理大的状态-动作空间的逼近器，但它们存在高估问题，其精度取决于神经网络的设计。

本章修改了 RL 方法，以克服最坏情况下不确定性鲁棒控制问题的高估和维数问题。新的鲁棒控制器不需要动态知识，避免了新学习阶段的初始化。

8.2　使用离散时间强化学习的鲁棒控制

在此使用下标 t 来表示时间指数，而不是 k。考虑以下非线性动态系统：

$$x_{t+1} = f(x_t) + g_1(x_t)\omega_t + g_2(x_t)u_t \tag{8.1}$$

式中 $f(x_t) \in \mathbb{R}^n$、$g_1(x_t) \in \mathbb{R}^{n\times w}$ 和 $g_2(x_t) \in \mathbb{R}^{n\times m}$ 定义系统的动力配置，$x_t \in \mathbb{R}^n$ 是状态，$u_t \in \mathbb{R}^m$ 为控制输入，$\omega_t \in \mathbb{R}^\omega$ 为扰动描述。

1 最坏情况下的不确定性指的是系统可能出现的最坏扰动。

如果$\omega_t = 0$，并且控制$u(x_t)$是使以下指标最小化的可容许控制律：

$$\boldsymbol{J}_2(x_t, u_t) = \sum_{i=0}^{\infty} \left(x_i^\top \boldsymbol{S} x_i + u_i^\top \boldsymbol{R} u_i \right) \tag{8.2}$$

则控制器$u(x_t)$称为$\mathcal{H}_2$控制的解，其中$\boldsymbol{S} \in \mathbb{R}^{n\times n}$和$\boldsymbol{R} \in \mathbb{R}^{m\times m}$是$\mathcal{H}_2$问题的权重矩阵。因此，待解决的问题可以定义为

$$V(x_t) = \min_u \left(\sum_{i=t}^{\infty} \left(x_i^\top \boldsymbol{S} x_i + u_i^\top \boldsymbol{R} u_i \right) \right) \tag{8.3}$$

值函数(8.3)可以定义为 Bellman 方程

$$V(x_t) = \sum_{i=t}^{\infty} \left(x_i^\top \boldsymbol{S} x_i + u_i^\top \boldsymbol{R} u_i \right) = r_{t+1} + V(x_{t+1})$$

其中$r_{t+1} = x_t^\top \boldsymbol{S} x_t + u_t^\top \boldsymbol{R} u_t$是奖励函数或效用函数。Bellman 最优性原则产生了最优值函数

$$V^*(x_t) = \min_u \left[r_{t+1} + V^*(x_{t+1}) \right]$$

最优控制被导出为：

$$u^*(x_t) = \arg\min_u \left[r_{t+1} + V^*(x_{t+1}) \right] = -\frac{1}{2} \boldsymbol{R}^{-1} g_2^\top(x) \frac{\partial V^*(x_{t+1})}{\partial x_{t+1}} \tag{8.4}$$

假定$\omega_t \neq 0$，并且控制$u(x_t)$是最小化索引的容许值

$$\boldsymbol{J}_\infty(x_t, u_t, \omega_t) = \sum_{i=0}^{\infty} \left(x_i^\top \boldsymbol{S} x_i + u_i^\top \boldsymbol{R} u_i - \eta^2 \omega_i^\top \omega_i \right) \tag{8.5}$$

那么$u(x_t)$称为$\mathcal{H}_\infty$控制的解。这里 η 是衰减因子。与$\mathcal{H}_2$控制情况类似，值函数被定义为

$$V(x_t) = x_t^\top \boldsymbol{S} x_t + u_t^\top \boldsymbol{R} u_t - \eta^2 \omega_t^\top \omega_t + V(x_{t+1})$$

最优值可以通过求解零-和微分博弈获得，如下所示：

$$V^*(x_t) = \min_u \max_\omega \boldsymbol{J}_\infty(x_t, u, \omega)$$

要求解零-和博弈，需要求解 Hamilton-Jacobi-Isaacs(HJI)方程

$$V^*(x_t) = x_t^{\top}\boldsymbol{S}x_t + u_t^{*\top}\boldsymbol{R}u_t^* - \eta^2\omega_t^{*\top}\omega_t^* + V^*(x_{t+1})$$

关于最坏情况不确定性的最优控制为:

$$u^*(x_t) = -\frac{1}{2}\boldsymbol{R}^{-1}g_2^{\top}(x)\frac{\partial V^*(x_{t+1})}{\partial x_{t+1}} \tag{8.6}$$

$$\omega_t^* = \frac{1}{2\eta^2}g_1^{\top}(x)\frac{\partial V^*(x_{t+1})}{\partial x_{t+1}} \tag{8.7}$$

其中式(8.6)是鲁棒控制解，式(8.7)是“最优”最坏情况不确定性，这是系统能够处理最优性能的最大扰动。

通常，$\mathcal{H}_2$控制没有良好的扰动性能，而$\mathcal{H}_\infty$控制具有较差的控制性能和良好的鲁棒性。因此开发了具有这两个优点的$\mathcal{H}_2/\mathcal{H}_\infty$控制[1]。这里处理具有约束的优化问题:

$$\begin{aligned}&\min_u \boldsymbol{J}_2(x_t, u)\\&\text{服从 } \boldsymbol{J}_\infty(x_t, u_t, \omega_t) \leqslant 0\end{aligned} \tag{8.8}$$

获得$\mathcal{H}_2/\mathcal{H}_\infty$控制的一种方法是利用参数[1]，如:

$$u_\xi^*(x_t) = \xi u(x_t) + (\xi - 1)\boldsymbol{R}^{-1}g_2^{\top}(x)\frac{\partial \boldsymbol{J}_2^{\xi}(x_{t+1})}{\partial x_{t+1}} \tag{8.9}$$

其中$\xi \in (-1, 1)$和$u(x_t)$是稳定系统(8.1)的任何控制器。参数ξ有助于获得一系列鲁棒和最优的稳定控制器，它的最小化(8.2)服从(8.5)。

“最优”最坏情况的不确定性ω_t^*不同于系统$\bar{\omega}$最坏情况下的不确定性。最坏干扰$\bar{\omega}$是系统可以呈现的最大干扰，即$0 \leqslant \omega_t^* \leqslant \bar{\omega}$。

上述所有控制器($\mathcal{H}_2$、$\mathcal{H}_\infty$和$\mathcal{H}_2/\mathcal{H}_\infty$) 需要系统动力学知识。当非线性系统(8.1)的动力配置未知时，可以使用强化学习来获得鲁棒控制问题的解，而不是使用值函数$V(x_t)$。这里使用动作-值函数$Q(x_t, u_t)$来考虑实际控制动作性能。希望设计一个鲁棒控制器，该控制器在以下方面是最优的或接近最优的:

$$Q(x_t, u_t) = \sum_{i=t}^{\infty}\gamma^{i-t}\left(x_i^{\top}\boldsymbol{S}x_i + u_i^{\top}\boldsymbol{R}u_i\right) = \sum_{i=t}^{\infty}\gamma^{i-t}r_{i+1} \tag{8.10}$$

服从：$\|u\| < \bar{u}, \quad \|x\| < \bar{x}, \quad \|\omega\| \leqslant \overline{\omega}$ (8.11)

其中$\bar{u}$、$\bar{x}$和$\overline{\omega}$是变量的已知上界。

贴现因子用于加权(当$\gamma<1$时)过去的奖励，当系统在未来的时间内步长不变时，这非常有用。在最坏情况下的不确定性中，最好使用贴现因子$\gamma=1$，以考虑系统动态中可能存在的变化。健壮的奖励(8.10)可以是静态的或动态的。典型的奖励是二次型，并使用凸优化方法求解[27]。

鲁棒和接近最优的值函数被定义为任何控制策略u_t都可以获得的最优Q函数

$$Q^*(x_t, u_t) = \min_u Q(x_t, u)$$

Q和Q^*的 Bellman 方程如下所示：

$$\begin{aligned} Q(x_t, u_t) &= r_{t+1} + \gamma Q(x_{t+1}, u(x_{t+1})) \\ Q^*(x_t, u_t) &= r_{t+1} + \gamma \min_u Q^*(x_{t+1}, u) \end{aligned} \tag{8.12}$$

通过使用成本值函数和 Bellman 方程可以估计(8.10)中的值函数Q。Q学习(见附录 B)可通过以下更新规则进行估计：

$$Q_{t+1}(x_t, u_t) = Q_t(x_t, u_t) + \alpha_t \left(q_t - Q_t(x_t, u_t)\right) \tag{8.13}$$

其中Q_t是状态x_t和动作u_t的状态-动作值函数，Q_t是学习目标。对于Q学习，学习目标是

$$q_t = r_{t+1} + \gamma \min_u Q_t(x_{t+1}, u)$$

这相当于(8.12)等式的右边项。

强化学习(8.13)方法的主要目标是最小化达到如(8.10)所示$\mathcal{H}_2/\mathcal{H}_\infty$的总累积奖励。由于控制和干扰如(8.11)所示是有界的，因此控制策略u_t将不是(8.10)的最优控制策略，并且Q值不能达到最优函数Q^*。通过(8.12)的方式，控制策略接近最优控制策略，并且对于最坏情况下的不确定性是稳定的。因此，在最坏情况下的不确定性中，它是鲁棒的和次最优的。

8.3　具有 k 个最近邻的双 Q 学习

最坏情况学习需要大的状态-动作空间。基于策略学习规则，如 Sarsa[15](见附录 B)，使用贪婪探索技术来探索整个空间。非基于策略学习规则，如 Q 学习，使用估计的动作值来最小化动作值。它还使用了搜索技术。动作值最小化和探索技术可能导致对动作值和策略的高估，并且可能不会收敛到逼近-最优解，因为在最坏情况下，状态-动作空间是巨大的。

更新规则(8.13)可以从期望值导出

$$\mu = \sum_{i=1}^{n} q_i p(q_i)$$

其中 q_1，q_2,…，q_n 是 μ 的离散可能随机变量，对于两个可能值(a，b)，将上述表达式修改为

$$\mu = (1-\alpha)a + b\alpha$$

其中 α 是第二个值 b 的概率。如果将 a 作为先前存储的值 μ，将 b 作为新的观测值 q，则

$$\mu = \mu + \alpha(q-\mu)$$

这相当于 TD-学习更新规则(8.13)，通过用 $Q(x,\ u)$ 替换 u。这里使用 k 最近邻(kNN)规则，仅使用 k 个状态进行状态-动作值函数学习，减少了在巨大的状态-动作空间中强化学习方法的计算工作量。

用于识别最近邻的距离度量是欧几里得度量

$$d = \sqrt{\sum_{i=1}^{n}(x_i - x)^2}$$

其中 x_1, x_2,…，x_n 是训练例子。测试例子的标签是由 k 个最近邻的多数投票决定的。每个邻居都有一个相关的动作-值函数预测器 $Q(i,\ u)$ 和一个权重 ω_i，

$$w_i = \frac{1}{1+d_i^2}, \forall i \in 1, \dots, k$$

对于每一个时间步，有 k 个活动分类器，它们的权值是当前状态 x 到其邻

居[18]的距离的倒数。

kNN 集合由 k 个状态定义，这些状态最小化距离当前状态的距离度量。在状态空间中获得 kNN 集合后，计算 kNN 上的概率分布 $p(kNN)$。这些概率由当前权重向量$\{\omega\}$表示，它被正则化后表示概率分布

$$p(i)=\frac{w_i}{\sum w_i} \quad \forall i \in kNN \tag{8.14}$$

对于控制动作，每个动作的预期应包括所有预测过程。这个过程涉及许多不同的预测。此处使用另一种 kNN 算法从每个 kNN 集合中获得一个元素。学习目标的预期值为：

$$\langle Q(kNN,u)\rangle=\sum_{i}^{i=kNN} Q(i,u)p(i) \tag{8.15}$$

其中$\langle Q(kNN,u)\rangle$是$Q_t(i,u)$的值，$p(i)$是概率$Pr\left[Q_t(i,u)\mid x_t\right]$。控制动作由贪婪策略导出

$$u^*=\arg\min_u Q(kNN,u) \tag{8.16}$$

Q 学习算法(8.13)依赖于过去和现在的观察、动作和收到的奖励$(x_t, u_t, x_{t+1}, r_{t+1})$。累积奖励由(8.15)中当前状态的动作值获得。预期值计算如下：

$$\left\langle Q(kNN_{t+1},u)\right\rangle=\sum_{i}^{i=kNN} Q(i,u)p'(i) \tag{8.17}$$

其中 kNN_{t+1} 是 x_{t+1} 的 k 个最近邻的集合，kNN_t 是 x_t 的 k 个最近邻，$p'(i)$ 是 kNN_{t+1} 集合中每个邻居的概率。预期操作值函数的更新规则为：

$$Q_{t+1}(i,u_t)=Q_t(i,u_t)+\alpha_t\delta_t \quad \forall i \in kNN_t \tag{8.18}$$

其中，δ_t 为：

$$\delta_t=r_{t+1}+\gamma\min_u Q_t(kNN_{t+1},u)-Q_t(kNN_t,u_t) \tag{8.19}$$

上述强化学习方法存在高估问题，因为学习目标在更新规则处使用了最小算子，这意味着隐式使用最小高估动作-值函数，会导致有误差的估计。这里

使用双 Q 学习方法来克服该问题。双 Q 学习方法基于划分样本集的双估计器技术

$$D = \cup_i^N D_i$$

将样本集分成两个不相交的子集 D^A 和 D^B。这两个集合的无偏估计器是 $\mu^A = \{\mu_1^A, \dots, \mu_N^A\}$和$\mu^B = \{\mu_1^B, \dots, \mu_N^B\}$。这里

$$E\{\mu_i^A\} = E\{\mu_i^B\} = E\{Q_i\}$$

对于所有 i，两个估计器独立地学习 $E\{Q_i\}$ 的真实值。

此处的 μ^A 用于确定最小化操作

$$u^* = \arg\min_u \mu^A(u)$$

μ^B 估计其值

$$\mu^B(u^*) = \mu^B(\arg\min_u \mu^A(u))$$

它是无偏的，即$E\{\mu^B(u^*)\} = Q(u^*)$。当变量是 i.i.d.时，双估计器是无偏的，因为所有期望值都相等，且$\Pr(u^* \in \arg\min_i E\{Q_i\}) = 1$。

在 kNN 逼近器方面，有两个独立的 Q 函数：Q^A 和 Q^B，每个都由 kNN 集合逼近得到。这两个估计器降低了对 r_{t+1} 中随机变化的敏感性，并稳定了动作值。此外，Q^A 和 Q^B 以 0.5 的概率切换。因此，每个估计器仅使用半经验进行更新。

Q^A 通过以下方式更新

$$u_t^* = \arg\min_u Q_t^A(kNN_{t+1}, u) \tag{8.20}$$

Q^B 通过以下方式更新

$$v_t^* = \arg\min_u Q_t^B(kNN_{t+1}, u) \tag{8.21}$$

具有双估计器的大状态(LS)和离散动作(DA)的 kNN-TD 学习是：

$$\begin{aligned} \delta_t^{BA} &= r_{t+1} + \gamma Q^B(kNN_{t+1}, u_t^*) - Q^A(kNN_t, u_t) \\ \delta_t^{AB} &= r_{t+1} + \gamma Q^A(kNN_{t+1}, v_t^*) - Q^B(kNN_t, u_t) \\ Q_{t+1}^A(i, u_t) &= Q_t^A(i, u_t). + \alpha_t \delta_t^{BA} \\ Q_{t+1}^B(i, u_t) &= Q_t^B(i, u_t). + \alpha_t \delta_t^{AB} \ \forall i \in kNN_t \end{aligned} \tag{8.22}$$

对于大状态(LS)和大动作(LA)空间，动作独立于值 $Q(kNN_{t+1}, u)$ 。给定一个动作列表 $\mathcal{U}$，每个 kNN 集合中的最优动作形成一个最优动作列表 U^* 。

$$I = \arg\min_u Q(i,u), \quad U^* = \mathcal{U}[I], \ \forall i \in kNN \ , \forall u \in \mathcal{U} \tag{8.23}$$

其中 $\mathcal{U}$ 是 $Q(i, u)$ 值最小的动作。预期的最优动作是：

$$\langle u \rangle = \sum_{i=1}^{kNN} U^*(i)p(i), \ \forall i \in kNN$$

其中 $p(i)$ 是条件概率 $\Pr\{u = U^*(i) \mid x\}$ ，当 u 取值 $U^*(i)$ 时给定状态 x。

将(8.19)中的 TD 误差修改为：

$$\delta_t = r_{t+1} + \gamma Q(kNN_{t+1}, I_{t+1}) - Q(kNN_t, I_t) \tag{8.24}$$

动作值的计算方法如下：

$$\langle Q(kNN_t, I_t) \rangle = \sum_{i=1}^{kNN_t} \min_{\mathcal{J}} Q(i, \mathcal{J})p(i)$$

$$\langle Q(kNN_{t+1}, I_{t+1}) \rangle = \sum_{i=1}^{kNN_{t+1}} \min_{\mathcal{J}} Q(i, \mathcal{J})p(i)$$

其中 $\mathcal{J}$ 是列表 $1\cdots n = |\mathcal{U}|$。使用双估计器算法，动作值由下式给出：

$$\begin{aligned} Q^A(kNN_t, I_t) &= Q(kNN_t, u)p(kNN_t) \\ Q^B(kNN_{t+1}, I_{t+1}) &= Q(kNN_{t+1}, u)p(kNN_{t+1}) \end{aligned} \tag{8.25}$$

与 LS-DA 情况不同，LS-LA 不要求以概率 0.5 切换更新；相反，它使用串行学习。估计器的最小化操作为：

$$\begin{aligned} u_t^A &= \langle u^A \rangle = U^*(kNN_t)p(kNN_t) \\ u_t^B &= \langle u^B \rangle = U^*(kNN_{t+1})p(kNN_{t+1}) \end{aligned} \tag{8.26}$$

给定 kNN_t 和 kNN_{t+1} 集合，通过最优推荐动作 U^* 获得最小化动作。LS-LA 的更新规则为：

$$\begin{aligned} Q_{t+1}(i, u_t) &= Q_t(i, u_t) + \alpha_t \delta_t \ \forall i \in kNN_t \\ \delta_t &= r_{t+1} + \gamma Q^B(kNN_{t+1}, u_t^B) - Q^A(kNN_t, u_t^A) \end{aligned} \tag{8.27}$$

这里，估计器 Q^A 和 Q^B 是完全独立的。然而，在每个最后步骤，新的 Q^A 值会变为 Q^B，即 $Q^A \leftarrow Q^B$。该算法一直进行到 x 变为终端。

下面的算法 8.1 和 8.2 分别给出了 LS-DA(大状态和离散动作)和 LS-LA(大状态与大动作)方法的详细步骤，其中 cl 是分类器的数量。

算法 8.1　使用 kNN 和双 Q 学习修正的强化学习：LS-DA 情况

Input：最差的扰动 $\bar{\omega}$
初始化 $Q_0^A(cl,u)$ 和 $Q_0^B(cl,u)$，其中 cl 是任意的
repeat{对于每个片段}
　　利用式(8.14)可以从 x_0 得到 kNN_0 集合和概率 $p(kNN_0)$
　　根据式(8.15)利用 Q^A 和 Q^B 计算 Q_0^A 和 Q_0^B
　　　然后根据 $Q_0^A(\cdot)$ 和 $Q_0^B(\cdot)$ 从 x_0 选择 u_0
　　repeat{对于每个片段的每一步 $t=0, 1, \ldots$}
　　　确定动作 u_t 和观察 r_{t+1}，x_{t+1}
　　　利用式(8.14)计算 kNN_{t+1} 集合和概率 $p(kNN_{t+1})$
　　　从式(8.17)计算 Q_0^A，Q_0^B，Q^A 和 Q^B
　　　利用式(8.20)和式(8.22)更新 Q_t^A。或者利用式(8.21)和式(8.22)更新 Q_t^B
　　　然后 $x_t \leftarrow x_{t+1}$，$kNN_t \leftarrow kNN_{t+1}$，$u_t \leftarrow u_{t+1}$
　　until x_t 终止
until 学习结束

算法 8.2　使用 kNN 和双 Q 学习修正的强化学习：LS-LA 情况

Input：最差的扰动 $\bar{\omega}$
初始化 cl，$\mathcal{U}$，$Q_0(cl, \mathcal{J})$是任意的
repeat{对于每个片段}
　　利用式(8.14)可以从 x_0 得到 kNN_0 集合和概率 $p(kNN_0)$
　　利用式(8.23)计算动作指标 I_0，通过式(8.25)计算控制动作 u_0^A，然后利用式(8.25)获得 Q_0^A。
　　repeat{对于每个片段的每一步 $t=0, 1, \ldots$}

确定动作 u_t 和观察 r_{t+1}，x_{t+1}
使用式(8.14)计算 kNN_{t+1} 集合和概率 $p(kNN_{t+1})$
利用式(8.25)计算动作指标 I_{t+1} 和利用式(8.27)计算控制动作 u_t^B
利用式(8.25)更新 Q_t^B，利用式(8.27)更新 Q_t
然后 $x_t \leftarrow x_{t+1}$，$kNN_t \leftarrow kNN_{t+1}$，$u_t^A \leftarrow u_{t+1}^B$，$I_t \leftarrow I_{t+1}$，$Q_t^A \leftarrow Q_t^B$
until x_t 终止
until 学习结束

改进强化学习的收敛性

本节证明了添加 kNN 和双 Q 学习的强化学习保证了在最坏情况下的不确定性收敛到接近最优值的鲁棒控制器。

下面的引理给出了 kNN 的收敛性。

引理 8.1[28] 设 x，x_1，x_2，…，x_n 是独立的同分布随机变量，取可分离度量空间 X 中的值，$y_k(x)$ 是集合 $\{x_1, x_2, \cdots, x_n\}$ 中 x 的第 k 个最近邻，$N_k(x)=\{y_1(x), \cdots, y_k(x)\}$ 是 k 个最近邻的集合。然后，对于给定的 k，当样本大小为 $n\to\infty$ 时，$y_k(x)$ 以概率为 1 收敛 x，即 $\| y_k(x)-x \| \to 0$。

这种收敛性确保当数据的数量 n 趋于无穷大时，到 x_i 的第 k 个最近邻以概率 1 收敛到 x。k 越大，性能越好。当 $k\to\infty$ 时，逼近误差率接近贝叶斯误差[29]。该引理的收敛性证明是双 Q 学习算法[16]证明的扩展。

定理 8.1 假设满足以下条件：(1) $\gamma\in(0, 1]$，(2) $a_t(x, u)\in(0, 1]$，$\sum_t \alpha_t(x, u)=\infty$，以概率 1 收敛有 $\sum_t(\alpha_t(x, u))^2<\infty$ 以及对于 $\forall\ (x_t, u_t)\neq(x, u)$：有 $\alpha_t(x, u)=0$，(3) $var\{R_{xu}^{x'}\}<\infty$。如果奖励被设计为(8.10)并确保每个状态-动作对被访问无限次，给定遍历的 MDP，Q^A 和 Q^B(LS-DA 情况)或 Q(LS-LA 情况)都将以概率为 1 收敛到接近最优和鲁棒值函数 Q^* 的极限，如 Bellman 最优方程(8.12)中给出的。

证明：考虑 LS-DA 情况，奖励满足(8.10)。更新规则是对称的，因此仅显示其中一个规则的收敛性就足够了。利用引理 8.1 的条件概率 $\Pr(Q_t^A(kNN, u)=Q_t^A(i, u)\mid x_t)$ 和 $\Pr(Q_t^B(kNN, u)=Q_t^B(i, u)\mid x_t)$，可以得到 $Q^A(kNN, u)=Q^A(x, u)$ 和 $Q^B(kNN, u)=Q^B(x, u)$。利用引理B.1，$Z=X\times U$，

$\Delta t = Q_t^A - Q_t^*$ ， $\xi = \alpha$ ， $P_t = \{Q_0^A, Q_0^B, x_0, u_0, \alpha_0, r_1, x_1, \ldots, x_t, u_t\}$ ， $F_t(x_t, u_t) = r_{t+1} + \gamma Q_t^B(x_{t+1}, u_t^*) - Q_t^*(x_t, u_t)$ ，其中 $u_t^* = \arg\min_u Q^A(x_{t+1}, u)$ 和 $\kappa = \gamma$ 。条件(2)和(4)作为该定理中条件的结果成立。因此只需要证明引理 B.1 的条件(3)，可以将 $F_t(x_t, u_t)$ 写为

$$F_t(x_t, u_t) = G_t(x_t, u_t) + \gamma \left(Q_t^B(x_{t+1}, u_t^*) - Q_t^A(x_{t+1}, u_t^*)\right) \tag{8.28}$$

式中， $G_t = r_{t+1} + \gamma Q_t^A(x_{t+1}, u_t^*) - Q_t^*(x_t, u_t)$ 是考虑 Q 学习算法(B.24)的 F_t 值。已知 $E\{G_t \mid P_t\} \leqslant \gamma \|\Delta t\|$ ，所以得到 $c_t = \gamma(Q_t^B(x_{t+1}, u_t^*) - Q_t^A(x_{t+1}, u_t^*)$ ，这足够使 $\Delta_t^{BA} = Q_t^B - Q_t^A$ 收敛到零。 Δ_t^{BA} 在时间 t 的更新为：

$$\Delta_{t+1}^{BA}(x_t, u_t) = \Delta_t^{BA}(x_t, u_t) + \alpha_t(x_t, u_t) F_t^B(x_t, u_t) - \alpha_t(x_t, u_t) F_t^A(x_t, u_t)$$

其中 $F_t^A(x_t, u_t) = r_{t+1} + \gamma Q_t^B(x_{t+1}, u_t^*) - Q_t^A(x_t, u_t)$ 和 $F_t^B(x_t, u_t) = r_{t+1} + \gamma Q_t^A\left(x_{t+1}, v_t^*\right) - Q_t^B(x_t, u_t)$ 。然后

$$\begin{aligned} E\{\Delta_{t+1}^{BA}(x_t, u_t) | P_t\} &= \Delta_t^{BA}(x_t, u_t) + E\{\alpha_t F_t^B(x_t, u_t) - \alpha_t F_t^A(x_t, u_t) | P_t\} \\ &= (1 - \alpha_t)\Delta_t^{BA}(x_t, u_t) + \alpha_t E\{F_t^{BA}(x_t, u_t) | P_t\} \end{aligned}$$

其中 $E\{F_t^{BA}(x_t, u_t) \mid P_t\} = \gamma E\{Q_t^A(x_{t+1}, v_t^*) - Q_t^B(x_{t+1}, u_t^*) \mid P_t\}$ 。如果动作值函数(Q_t^A 或 Q_t^B)是随机的，则有以下情况：

i) 假设 $E\{Q_t^A(x_{t+1}, v_t^*) \mid P_t\} \leqslant E\{Q_t^B(x_{t+1}, u_t^*) \mid P_t\}$ 。然后，根据动作选择 v_t^* 的定义，根据算法 8.1 可以满足以下不等式： $Q_t^A(x_{t+1}, v_t^*) = \min_u Q_t^A(x_{t+1}, u) \leqslant Q_t^A(x_{t+1}, u_t^*)$ ，因此有

$$\begin{aligned} E\{F_t^{BA} | P_t\} &= \gamma E\{Q_t^A(x_{t+1}, v_t^*) - Q_t^B(x_{t+1}, u_t^*) | P_t\} \\ &\leqslant \gamma E\{Q_t^A(x_{t+1}, u_t^*) - Q_t^B(x_{t+1}, u_t^*) | P_t\} \leqslant \gamma \|\Delta_t^{BA}\| \end{aligned}$$

ii) 假设 $E\{Q_t^B(x_{t+1}, u_t^*) \mid P_t\} \leqslant E\{Q_t^A(x_{t+1}, v_t^*) \mid P_t\}$ 。然后，根据动作选择 u_t^* 的定义，根据算法 8.1 可以满足以下不等式： $Q_t^B(x_{t+1}, u_t^*) = \min_u Q_t^B(x_{t+1}, u) \leqslant Q_t^B(x_{t+1}, v_t^*)$ ，因此有

$$\begin{aligned} E\{F_t^{BA} | P_t\} &= \gamma E\{Q_t^A(x_{t+1}, v_t^*) - Q_t^B(x_{t+1}, u_t^*) | P_t\} \\ &\leqslant \gamma E\{Q_t^A(x_{t+1}, v_t^*) - Q_t^B(x_{t+1}, v_t^*) | P_t\} \leqslant \gamma \|\Delta_t^{BA}\| \end{aligned}$$

在每一个时间步长，所呈现的每种情况必须保持不变，并且在这两种情况下都能获得相同的期望结果。然后应用引理 B.1 使 Δ_t^{BA} 收敛到零，因此 Δ_t 也收敛到零，并且 Q^A 和 Q^B 收敛到 Q^*，这是鲁棒的。LS-LA 证明类似于上述证明和 Sarsa 收敛证明(B.28)[15]。

在实际应用中，可以简单地使用恒定的学习率，满足 $\sum_t \alpha_t(x, u) = \infty$ (见定理 B.1 的证明)。kNN 方法[28]一个有价值的结果是，其误差由 Bayes 误差限制，如下所示：

$$P(e_b|x) \leqslant P(e_{kNN}|x) \leqslant 2P(e_b|x) \tag{8.29}$$

其中 $P(e_b|x)$是贝叶斯误差率，$P(e_{kNN}|x)$是 kNN 误差率，这意味着 kNN 规则误差比贝叶斯误差小两倍

$$E\left\{\left(\sum_{i=1}^{kNN} Q(i,u)p(i) - Q(x,u)\right)^2\right\} \leqslant 2E\left\{\min_i \left(\sum_{i=1}^{kNN} Q(i,u)p(i) - Q(x,u)\right)\right\} \tag{8.30}$$

8.4 使用连续时间强化学习的鲁棒控制

考虑连续时间非线性系统[1]

$$\dot{x}(t) = f(x(t)) + g_1(x(t))u(t) + g_2(x(t))\omega(t),\ x(t_0) = x(0)\ t \geqslant t_0 \tag{8.31}$$

其中 $f(x(t)) \in \mathbb{R}^n$、$g_1(x(t)) \in \mathbb{R}^{n\times m}$，$g_2(x(t)) \in \mathbb{R}^{n\times\omega}$ 是非线性系统的动力配置，$x(t) \in X \subset \mathbb{R}^n$ 是状态，$u(t) \in U \subset \mathbb{R}^m$ 为控制输入，扰动描述为 $\omega \in \mathbb{R}^\omega$。

当 $\omega = 0$ 时，$\mathcal{H}_2$ 容许控制律 $u(t) = h(x(t))$ 最小化为

$$\boldsymbol{J}_2(x(0), u) = \int_0^\infty \left(x^\top(\tau)\boldsymbol{S}x(\tau) + u^\top(\tau)\boldsymbol{R}u(\tau)\right) e^{-\gamma(\tau-t)}\mathrm{d}\tau \tag{8.32}$$

其中 $\boldsymbol{S} \in \mathbb{R}^{n\times n}$ 与 $\boldsymbol{R} \in \mathbb{R}^{m\times m}$ 是状态和控制输入的正定权重矩阵，$\gamma \geqslant 0$ 是贴现因子，x_0 是 x_t 的初始状态。

成本指数中的$e^{-\gamma t}$指数衰减因子有助于确保通过强化学习收敛到最优解。容许控制的值函数由以下贴现成本函数[12]给出：

$$V(x(t)) = \int_t^{\infty}\left(x^{\top}(\tau)\boldsymbol{S}x(\tau) + u^{\top}(\tau)\boldsymbol{R}u(\tau)\right) e^{-\gamma(\tau-t)}\mathrm{d}\tau \tag{8.33}$$

取(8.33)的时间导数并使用 Leibniz 法则，可以得到以下 Bellman 方程

$$\begin{aligned}\dot{V}(x(t)) = &\int_t^{\infty}\frac{\partial}{\partial t}\left[x^{\top}(\tau)\boldsymbol{S}x(\tau) + u^{\top}(\tau)\boldsymbol{R}u(\tau)\right] e^{-\gamma(\tau-t)}\mathrm{d}\tau \\ &- x^{\top}(t)\boldsymbol{S}x(t) - u^{\top}(t)\boldsymbol{R}u(t)\end{aligned} \tag{8.34}$$

最优值函数为：

$$V^*(x(t)) = \min_{\bar{u}[t:\infty)}\int_t^{\infty}\left(x^{\top}(\tau)\boldsymbol{S}x(\tau) + u^{\top}(\tau)\boldsymbol{R}u(\tau)\right) e^{-\gamma(\tau-t)}\mathrm{d}\tau \tag{8.35}$$

其中$\bar{u}[t:\infty) := \{u(\tau): t \leqslant \tau < \infty\}$。使用 Bellman 最优性原理，Hamilton-Jacobi-Bellman(HJB)方程为

$$\min_{\bar{u}[t:\infty)}\left\{\dot{V}^*(x(t)) + x^{\top}(t)\boldsymbol{S}x(t) + u^{\top}(t)\boldsymbol{R}u(t) - \int_t^{\infty}\frac{\partial}{\partial t}\left(x^{\top}(\tau)\boldsymbol{S}x(\tau) + u^{\top}(\tau)\boldsymbol{R}u(\tau)\right) e^{-\gamma(\tau-t)}\mathrm{d}\tau\right\} = 0$$

Bellman 方程$\dot{V}(x(t))$满足：

$$\dot{V}^*(x(t)) = \frac{\partial V^*(x(t))}{\partial x(t)}\dot{x}(t) \tag{8.36}$$

将式(8.36)改为式(8.34)

$$\frac{\partial V^*(x(t))}{\partial x(t)}\left(f(x(t)) + g_1(x(t))u(t)\right) = \gamma V^*(x(t)) - x^{\top}(t)\boldsymbol{S}x(t) - u^{\top}(t)\boldsymbol{R}u(t) \tag{8.37}$$

通过对$u(t)$微分(8.37)获得最优控制

$$u^*(t) = -\frac{1}{2}\boldsymbol{R}^{-1}g_1^{\top}(x(t))\frac{\partial V^{*\top}(x(t))}{\partial x(t)} \tag{8.38}$$

如果$\omega \neq 0$，$\mathcal{H}_\infty$容许控制律$u(x(t))$最小化以下成本函数：

$$J_\infty(x(0),u,\omega)=\int_0^\infty\left(x^\top Sx+u^\top Ru-\eta^2\omega^\top\omega\right)e^{-\gamma(t-\tau)}\mathrm{d}\tau \tag{8.39}$$

其中η是衰减因子。值函数是

$$V(x(t),u,\omega)=\int_t^\infty\left(x^\top Sx+u^\top Ru-\eta^2\omega^\top\omega\right)e^{-\gamma(t-\tau)}\mathrm{d}\tau \tag{8.40}$$

通过求解以下零-和微分对策可以获得最优值：

$$V^*(x(t))=\min_u\max_\omega J_\infty(x(0),u,\omega)$$

为了得到解，需要以下 Hamilton-Jacobi-Isaacs(HJI)方程：

$$\begin{aligned}x^\top(t)Sx(t)+u^{*^\top}(t)Ru^*(t)-\eta^2\omega^{*^\top}(t)\omega^*(t)-\gamma V^*(x(t),u,\omega)\\+\frac{\partial V^*(x(t),u,\omega)}{\partial x(t)}(f(x(t))+g_1(x(t))u^*(t)+g_2(x(t))\omega^*(t))=0\end{aligned}$$

HJI 方程的解为：

$$\begin{aligned}u^*(t)&=-\frac{1}{2}R^{-1}g_1^\top(x(t))\frac{\partial V^{*^\top}(x(t),u,\omega)}{\partial x(t)}\\\omega^*(t)&=\frac{1}{2\eta^2}g_2^\top(x(t))\frac{\partial V^{*^\top}(x(t),u,\omega)}{\partial x(t)}\end{aligned} \tag{8.41}$$

通常，$\mathcal{H}_2$控制不具有良好的抗干扰性能。$\mathcal{H}_\infty$控制具有良好的鲁棒性和较差的控制性能。因此开发了同时具有这两个优点的$\mathcal{H}_2/\mathcal{H}_\infty$控制。$\mathcal{H}_2/\mathcal{H}_\infty$的控制问题是

$$\begin{aligned}&\min_u J_2(x(0),u)\\&\text{服从 } J_\infty(x(0),u,\omega)\leqslant 0\end{aligned} \tag{8.42}$$

其中J_2在式(8.32)中定义，J_∞在式(8.39)中定义。假设扰动ω有界，并且上界(最坏情况)$\bar{\omega}$已知。

该控制策略是最优的和鲁棒的，它的最小化(8.32)服从式(8.39)。该控制方案使用$\mathcal{H}_2$控制律作为问题的第一个解，然后使用式(8.39)计算J_∞。如果$J_\infty<0$，则$\mathcal{H}_2$控制器是混合控制的解；否则，该算法寻找满足$J_\infty=0$的控制

器子集。计算$\mathcal{H}_2/\mathcal{H}_\infty$控制器的一种方法是采用参数控制律的形式

$$u_\xi^*(t) = \xi u(t) + (\xi - 1)\frac{1}{2}\boldsymbol{R}^{-1}g_1^\top(x(t))\left(\frac{\partial V^{\xi^*}(x(t);\xi)}{\partial x(t)}\right)^\top \tag{8.43}$$

其中$\xi \in (-1, 1)$。参数ξ有助于获得一系列鲁棒和最优的稳定控制器，然而控制器(8.38)、(8.41)和(8.43)需要系统动力学知识。

备注 8.1 不确定度$\omega^*(t)$是系统具有最优性能时的最大干扰。系统$\omega^*(t)$的最坏情况下的不确定性是系统可能出现的最大干扰，即$0 \leqslant \omega^*(t) \leqslant \overline{\omega}$ [30]。

将连续时间奖励(最优和鲁棒动作值函数)修改为$\mathcal{H}_2/\mathcal{H}_\infty$控制问题

$$\begin{aligned} Q^*(x(t), \bar{u}[t:t+T)) &= \min_{h(x(t))} Q^h(x(t), \bar{u}[t:t+T)) \\ \text{服从：} & \|u(t)\|, \bar{u},\ \|x\| < \bar{x},\ \|\omega\| < \overline{\omega} \end{aligned} \tag{8.44}$$

其中$\bar{u}$、$\bar{x}$和$\overline{\omega}$是变量的上界，$\bar{u}[t:t+T) = \{u(\tau): t \leqslant \tau < t+T\}$。连续时间 RL 的更新规则由下式给出：

$$\delta(t) = r(t+T) + \frac{1}{T}\left((1-\gamma T)\widehat{Q}(t+T) - \widehat{Q}(t)\right) \tag{8.45}$$

$$\dot{\theta}(t) = \alpha(t)\frac{\delta(t)}{T}\frac{\partial \widehat{Q}(t)}{\partial \theta(t)} \tag{8.46}$$

其中$\widehat{Q}(t+T) = \widehat{Q}(x(t+T), u(t+T); \theta(t))$和$\widehat{Q}(t) = \widehat{Q}(x(t), u(t); \theta(t))$。上述更新规则也称为连续时间(CT)critic 学习(CL)。具有 RBFnn 逼近的 CT-CL 方法如下：

(1) 使用 Q 函数更新规则求解 Q 函数(8.46)；

(2) 用$h^{j+1}(x(t)) = \arg\min_{u(t)} \widehat{Q}^{h^j}(x(t), u(t); \theta(t))$更新控制策略。

标准 actor-critic(AC)方法可以在连续时间内运行，称为连续时间(CT)actor-critic 学习(ACL)。这里使用V函数(8.19)代替Q函数(7.29)。策略由函数逼近器参数化。CT-ACL 更新规则包括：

$$\dot{\theta}(t) = \alpha_c(t)\frac{\delta(t)}{T}\frac{\partial \widehat{V}(t)}{\partial \theta(t)} \tag{8.47}$$

$$\dot{\vartheta}(t)=\alpha_a(t)\Delta u(t)\frac{\delta(t)}{T}\frac{\partial\hat{h}(x(t);\vartheta(t))}{\partial\vartheta(t)}$$
$$\delta(t)=r(t+T)+\frac{1}{T}\left((1-\gamma T)\hat{V}(t+T)-\hat{V}(t)\right) \tag{8.48}$$

其中$\alpha_c(t)$和$\alpha_a(t)$是 critic 和 actor 的学习率，$\Delta u(t)\backsim\mathcal{N}(0,\sigma^2)$是随机探测噪声，它作为持续激励(PE)信号。值函数逼近 $V(t)$满足以下关系

$$\hat{V}(t+T)=\hat{V}(x(t+T);\theta(t))=\boldsymbol{\Phi}^{\top}(x(t+T))\theta$$
$$\hat{V}(t)=\hat{V}(x(t);\theta(t))=\boldsymbol{\Phi}^{\top}(x(t))\theta(t)$$

critic 按照式(8.47)更新，actor 按照式(8.48)更新。策略 $h(x)$被参数化为

$$\hat{h}(x;\vartheta)=\boldsymbol{\Psi}^{\top}(x)\vartheta$$

其中$\boldsymbol{\Phi}(x)$和$\boldsymbol{\psi}(x)$分别是 critic 和 actor 的基函数向量。

注意这些基函数仅依赖于状态空间。CT-ACL 必须根据式(8.47)逼近 critic，根据式(8.48)逼近 actor。这里仅逼近于式(8.46)中的 critic，这比 CT-ACL 更简单。

离散时间(DT)RL 和 CT-CL 之间的主要区别在于，DT-RL 是一步更新，但间隔是[t: $t+T$]，这取决于积分器的步长。在每个时间步长中，先考虑在小时间间隔内的先前 Q 函数，再更新 Q 函数。

CT-CL 的鲁棒性来自状态-动作值函数。CT-ACL 方法学习两个独立的函数：值函数和控制策略。actor 使用值函数的 TD 误差进行更新，而 critic 则通过前面的策略间接进行更新。因此，critic 取决于 actor 学习控制策略的程度。CT-CL 的值函数使用前面的控制策略，这有助于了解控制策略在特定状态下如何影响系统。

8.5 模拟和实验：离散时间情况

前面已比较了改进的强化学习算法，大状态(LS)离散动作(DA)和 LS-大动作(LA)，以及各种经典线性控制器和不连续控制器：LQR、PID、滑模控制(SMC)和经典 RL 控制器、AC 方法(RL-AC)[13]。还讨论了两种情况：无不确定性的理想控制和具有最坏情况下的不确定性的鲁棒控制。为了选择 RL 方法的超参数，还使用了随机搜索方法，然后使用先验知识识别超参数的范围。从这些范

围中随机选择参数，直到找到最优超参数。

示例 8.1　推车杆系统

考虑附录 A.4 中给出的推车杆系统。控制目标是通过移动推车来平衡杆。在该模拟中，理想参数为 $m=0.1$ kg、$M=1.0$ kg 和 $l=0.5$ m，重力加速度为 $g=9.81$ m/s^2。

最坏情况下的不确定性为：当 $t>5$ s 时，参数增加至 100%，即 m 为 0.2 kg，M 为 2.0 kg，l 为 1.0 m。小车位置空间限制为 $x_c\in[-5,\ 5]$。初始条件为 $x_0=[x_c,\dot{x}_c,q,\dot{q}]^{\mathrm{T}}=[0,\ 0,\ 0,\ 0.1]^{\mathrm{T}}$。这里使用 RLs 方法学习稳定控制器。每个 RL 方法有 1000 个片段，每个片段有 2000 步。当修改后的 RL 收敛时，TD 误差被修改为

$$\delta_t=r_{t+1}-Q(kNN_t,u_t) \tag{8.49}$$

否则就使用与算法 8.1 和 8.2 相同的 TD 误差。强化学习方法的学习超参数如表 8.1 所示。

由于状态-动作空间被上色，因此 Q 函数逼近为

$$\widehat{Q}(x,u)=\hat{\boldsymbol{\theta}}^{\top}\boldsymbol{\Phi}(x,u)$$

其中 $\hat{\boldsymbol{\theta}}$ 是权重向量，$\boldsymbol{\Phi}(x,\ u):\mathbb{R}^n\to\mathbb{R}^N$ 是基函数。Q 学习的更新规则(8.13)被修改为：

$$\hat{\boldsymbol{\theta}}_{t+1}=\hat{\boldsymbol{\theta}}_t+\alpha_t(r_{t+1}+\gamma\min_u(\boldsymbol{\Phi}^{\top}(x_{t+1},u)\hat{\boldsymbol{\theta}}_t)-\boldsymbol{\Phi}^{\top}(x_t,u_t)\hat{\boldsymbol{\theta}}_t)\boldsymbol{\Phi}(x_t,u_t)$$

使用正则化径向基函数(NRBF)作为基函数。表 8.1 中给出了 NRBF 的参数，其中前四个元素代表推车杆状态，最后一个元素是控制输入。

表 8.1　学习参数 DT 和 RL：推车杆系统

参数	Q 学习	RL AC	RL LS-DA	RL LS-LA
α_t	0.3	-	0.09	0.3
$\alpha_{c,t}$	-	0.3	-	-
$\alpha_{a,t}$	-	0.05	-	-
γ	1.0	1.0	1.0	1.0
NRBF	$[10,5,10,5,5]^{\mathrm{T}}$	$[10,5,10,5]^{\mathrm{T}}$	-	-
k	-	-	8	8

经典 AC 方法[31]逼近状态-值函数和控制策略为：

$$\hat{V}(x)=\hat{\boldsymbol{\theta}}_c^{\top}\boldsymbol{\Phi}_1(x),\quad \hat{h}(x)=\hat{\boldsymbol{\theta}}_a^{\top}\boldsymbol{\Phi}_2(x) \tag{8.50}$$

其中 $\hat{\boldsymbol{\theta}}_c$ 和 $\hat{\boldsymbol{\theta}}_a$ 分别是 critic 和 actor 的权重向量，$\boldsymbol{\Phi}_1(x)$ 和 $\boldsymbol{\Phi}_2(x)$ 是基函数，它们仅依赖于状态度量。

经典 AC 方法的更新规则如下：

$$\hat{\boldsymbol{\theta}}_{c,t+1}=\hat{\boldsymbol{\theta}}_{c,t}+\alpha_{c,t}(r_{t+1}+\gamma\boldsymbol{\Phi}_1^{\top}(x_{t+1})\hat{\boldsymbol{\theta}}_{c,t}-\boldsymbol{\Phi}_1^{\top}(x_t)\hat{\boldsymbol{\theta}}_c)\boldsymbol{\Phi}_1(x_t)$$
$$\hat{\boldsymbol{\theta}}_{a,t+1}=\hat{\boldsymbol{\theta}}_{a,t}+\alpha_{a,t}(r_{t+1}+\gamma\boldsymbol{\Phi}_1^{\top}(x_{t+1})\hat{\boldsymbol{\theta}}_{c,t}-\boldsymbol{\Phi}_1^{\top}(x_t)\hat{\boldsymbol{\theta}}_c)\Delta u_{t-1}\boldsymbol{\Phi}_2(x_t)$$

其中 α_c 和 α_a 分别是 critic 和 actor 的学习率，Δu_t 是零-均值随机探索项。在本次模拟中，$\boldsymbol{\Phi}_1=\boldsymbol{\Phi}$。

对于基于模型的鲁棒控制 LQR[2]，使用以下离散代数 Riccati 方程来获得最优解：

$$\boldsymbol{A}^{\top}\boldsymbol{P}\boldsymbol{A}-\boldsymbol{P}+\boldsymbol{S}-\boldsymbol{A}^{\top}\boldsymbol{P}\boldsymbol{B}(\boldsymbol{B}^{\top}\boldsymbol{P}\boldsymbol{B}+\boldsymbol{R})^{-1}\boldsymbol{B}^{\top}\boldsymbol{P}\boldsymbol{A}=0$$

这里 $\boldsymbol{A}\in\mathbb{R}^{4\times4}$ 和 $\boldsymbol{B}\in\mathbb{R}^{4}$ 是动力学的线性化矩阵。$\boldsymbol{R}$ 和 $\boldsymbol{S}$ 是正定的权重矩阵。由于知道动力学知识(A.36)，所以有最优控制

$$u_t^*=-\boldsymbol{K}x_t$$

其中 $\boldsymbol{K}=[3.1623,28.9671,3.5363,3.7803]^{\top}$。

如果滑模增益大于所有未知动态的上界，则下面的 SMC[8, 32]可以稳定系统

$$u_t=\boldsymbol{K}_m sign(\boldsymbol{K}x_t)$$

其中 $\boldsymbol{K}_m$ 是滑动增益。滑动增益选择为 $\boldsymbol{K}_m=10$。PID 控制[33]具有以下形式：

$$u_t=\boldsymbol{K}_p\left[x_c,q\right]^{\top}+\boldsymbol{K}_i\int_0^t\left[x_c,q\right]^{\top}\mathrm{d}\tau+\boldsymbol{K}_d\left[\dot{x}_c,\dot{q}\right]^{\top}$$

它们需要使用适当的调整程序[6]。这里使用 MATLAB 控制工具箱，设定以下值来调整 PID 增益：

$$\boldsymbol{K}_p=[5.12,20.34]^{\top},\boldsymbol{K}_i=[1.54,0.57]^{\top},\boldsymbol{K}_d=[1.51,1.56]^{\top}$$

图 8.1 显示了获得的结果。训练后，图 8.1(a)显示了理想情况下的控制结果。所有控制器，包括 LQR、PID、SMC、Q 学习、RL-AC、LS-DA、LS-LA 运行良好。图 8.1(b)显示了扰动情况的结果。

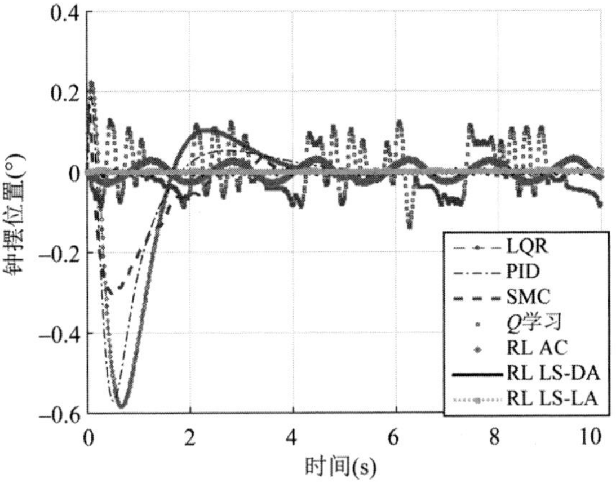

(a) 理想情况

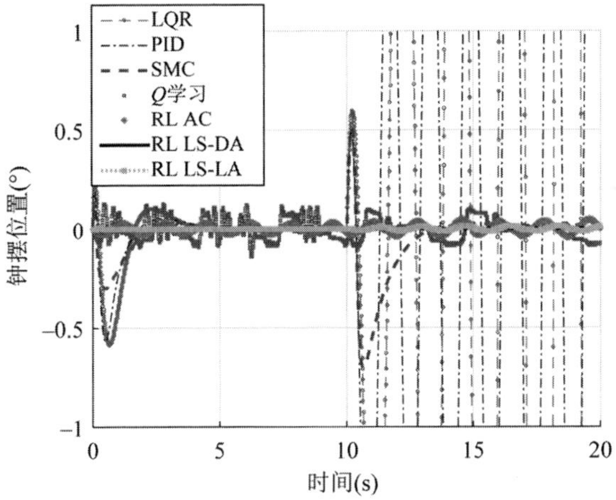

(b) 扰动情况

图 8.1　推车杆位置

这里，在时间 t=10 s 时将参数值增加 80%就可以看到 LQR 和 PID 不稳定。SMC 使用其抖振技术来消除这种干扰，并获得了良好的效果；然而，为了补偿干扰，控制增益非常大。这里所提出的 RL 已经学习了最坏情况(参数变化 100%)；它具有良好的结果，并且也很健壮。

实验还发现，当参数增加 90%时，LA-DA 和 LS-LA 可以稳定系统。但 LQR、PID 和 SMC 控制器不稳定。这里可以重新调整 PID 和 SMC，以便在参数增加 90%时使系统稳定。然而，它们在理想情况下变得不稳定(参数没有变化)。

Q 学习和 RL-AC 都是鲁棒的。与其他 RL 方法相比，Q 学习存在较大的误差。RL-AC 比 Q 学习具有更好的性能，但是在最坏情况下的不确定性有可能存在高估问题，这取决于神经估计器的精度。图 8.2 显示了平均误差，定义为 $\overline{e}=\frac{1}{n}\sum_{i=1}^{n}e_i$，图中分别显示了理想控制情况下 RL 方法的误差和存在干扰时 RL 方法的误差。

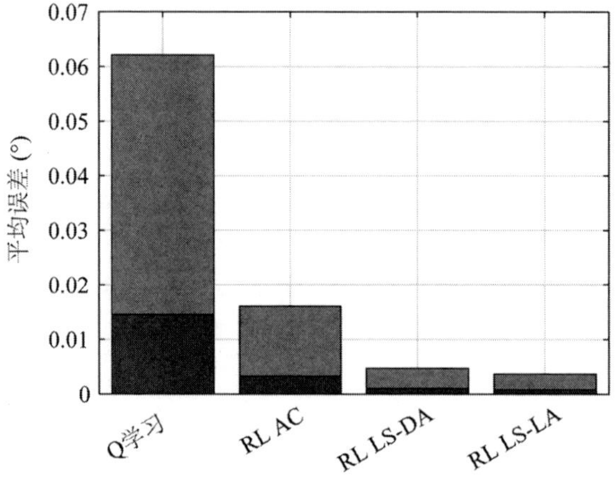

图 8.2　RL 方法的平均误差

传统的 AC 方法存在最坏情况学习的动作值高估问题。该问题影响鲁棒控制的精度。图 8.2 表明，改进 RL 方法的残项误差远小于传统 RL 方法的残项误差。另一个原因是，AC 方法使用两个逼近值函数和策略估计。这些神经模型的逼近精度严重影响了 RL 方法的性能。

最后展示了 γ 如何影响最坏情况学习。先前的模拟使用 $\gamma=1$ 来学习最近的不确定性。现在将 γ 依次减少到 $\gamma=0.8$、$\gamma=0.5$ 和 $\gamma=0.2$。在学习阶段，参数也将更改为 100%。然而 RL 方法的鲁棒控制器不能在参数变化 80%时稳定

cart-pole 系统。当 $\gamma=0.8$ 时，它能以 55%的变化稳定推车杆系统。$\gamma=0.5$ 可以使推车杆系统稳定在 42%的变化。$\gamma=0.2$ 可以使系统稳定在 26%的变化。

示例 8.2　实验

为了进一步说明所提出方法的有效性，使用图 8.3 所示的 2-DOF 平面机器人(见附录 A.3)。机器人动力学设置如(8.1)所示：

$$\dot{x}_t=\boldsymbol{f}(x_t)+\boldsymbol{g}(x_t)u_t,$$

$$\boldsymbol{f}(x_t)=\begin{bmatrix}0&1&0&0\\0&0&0&1\\0&0&0&0\\0&0&0&0\end{bmatrix}x_t-\begin{bmatrix}0\\0\\\boldsymbol{M}^{-1}(q)(\boldsymbol{C}(q,\dot{q})\dot{q}+\boldsymbol{G}(q))\end{bmatrix},$$

$$\boldsymbol{g}(x_t)=\begin{bmatrix}0\\0\\\boldsymbol{M}^{-1}(q)\end{bmatrix}$$

图 8.3　2-DOF 平面机器人

机器人的估计参数为 $l_1=0.228$ m，$l_2=0.44$ m，$m_1=3.8$ kg，$m_2=3$ kg，其中 l_i 和 m_i 分别代表连杆 i 的长度和质量。

在这里只比较了四种方法：PID、Q 学习、LS-DA 和 LS-LA。所需位置为 $\boldsymbol{q}_d=\left[\frac{\pi}{3},\frac{\pi}{4}\right]^{\mathrm{T}}$，还将添加 $q1$ 中的方波作为最坏情况下的不确定性，这个方波在 $t=10$ s 时，

$$\omega=7sgn\left[\sin(3\pi t)\right]+8\sin(5\pi t)$$

表 8.2 给出了学习超参数，其中 NRBF 的数量为机器人的每个自由度。

表 8.2 学习参数 DT 和 RL: 2-DOF 机器人

参数	Q 学习	RL LS-DA	RL LS-LA
α_t	0.5	0.4	0.1
γ	1.0	1.0	1.0
NRBF	$[20, 20, 10]^{T}$	-	-
k	-	9	8

片段有 1000 个，每个片段有 1000 步。采用与推车杆系统相同的处理方法，最终 PID 增益为：$\boldsymbol{K}_p = \text{diag}\{90, 90\}$，$\boldsymbol{K}_i = \text{diag}\{15, 15\}$，$\boldsymbol{K}_d = \text{diag}\{50, 50\}$。学习之后在 $t = 5$ s 时添加以下扰动

$$\omega = 5sgn\,[\sin(8\pi t)]$$

图 8.4 给出了比较结果。前 5 s 所有控制器都完成了控制任务。5 s 后施加扰动。这里，PID 控制不能稳定关节角 q_1 并且开始振荡。另一方面，三种强化学习方法具有鲁棒性，能够实现控制目标。对于 q_2 调节，所有控制器都实现了控制任务，因为它没有任何扰动。

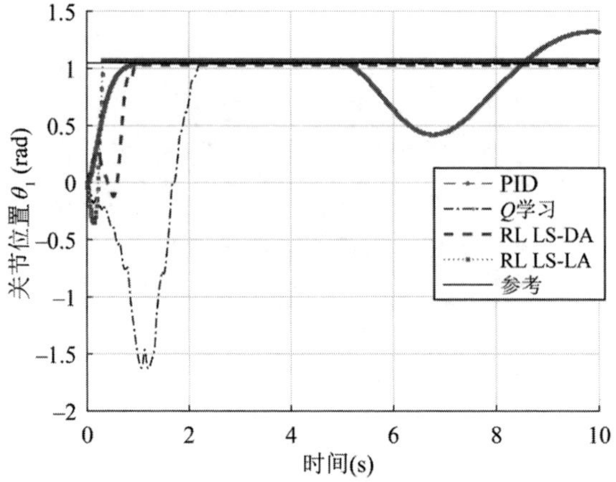

图 8.4 q_1 位置调节

类似于推车杆系统，PID 控制的增益在未受干扰的情况下被调整。对 PID 控制进行调整，以稳定扰动系统并保证期望的参考跟踪。如果扰动系统变为未扰动系统，则 PID 控制性能较差，因为它已针对扰动情况进行了调整。另一方面，RL 方法克服了这个问题，因为它们使用最坏情况下的不确定性进行训练。

讨论

当不确定性较大时，常规双-估计器技术[16]可能不会收敛。本章中使用算法 8.1-8.2 的 TD 误差来启动新的控制策略，直到收敛，然后将其更改为式(8.49)所示的结果。这种修正的 RL 避免了对某些状态下动作的高估问题。图 8.5 显示了 10 s 后处于直立位置的推车杆系统的控制动作。最后可以观察到与 Q 学习和 RL-AC 相比，LS-DA 和 LS-LA 的控制策略不会高估动作值。在此，RL-AC 需要更多的时间来学习控制策略。

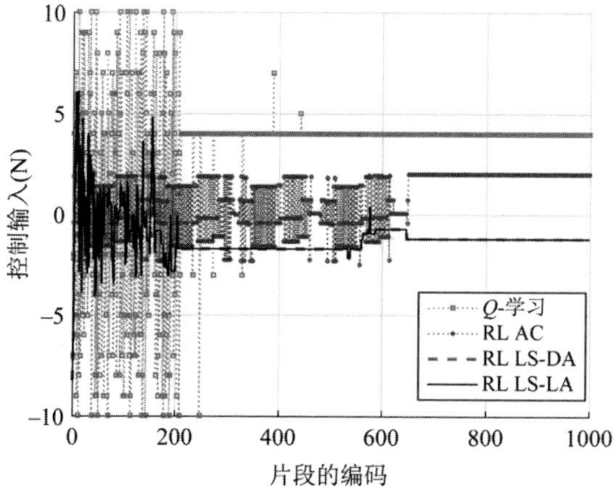

图 8.5　10 s 后推车杆平衡系统的控制动作

本章使用的另一种技术是采用以前的控制策略作为良好的经验。因此控制信号被更新为接近最优策略，$u_t^* = \arg\min_u Q^*(kNN_t, u)$。这里，次优控制使用的是 kNN，而不是状态 x_t。kNN 的逼近有助于 RL 以较少的计算工作量学习大的状态-动作空间。与 LQR、PID 和 SMC 等其他控制器相比，基于 kNN 的 RL 不仅对最坏情况下的不确定性具有鲁棒性，而且具有良好的瞬态性能。鲁棒性奖励的修正保证了控制器收敛到次优解，并保证了相对于干扰的稳定性。

该方法的主要问题是输入状态-动作空间的设计，特别是对于 LS-DA 情况。在这里，学习时间和计算工作量会增加，因为存在两个并行的估计器和一个大的输入空间。这里假设最坏情况下的不确定性或上界是预先已知的；否则，需要离线估计不确定性。此外，超参数的正确选择对于任何控制任务来说都是一个难题。为了改进控制器，可以使用先验数据信息作为值函数的初始条件，以避免从头开始学习。此外，使用长短期记忆网络(如资格迹[34])可以加速收敛。优化程序可用于 kNN 规则，以找到最优 k 近邻数。

8.6 模拟和实验：连续时间情况

为了评估 RL 方法的性能，这里应用两个基准问题。将带有 $\mathcal{H}_2$ 解(LQR)的连续时间 critic 学习(CT-CL)和连续时间 actor-critic 学习(CT-ACL)方法进行了比较[35]。

示例 8.3 模拟

考虑推车杆系统(见附录 A.4)。CT-RL 和 CT-ACL 的设计满足式(8.44)，其中它们学习使用最坏情况下的不确定性将钟摆稳定在直立位置。最坏情况下的不确定性是：$\omega = 5\sin(\pi t)$。RBF 的学习参数和数量如表 8.3 所示。

表 8.3 CT 和 RL 的学习参数：推车杆系统

参数	CT-CL	CT-ACL
RBF 的编码	$[10,5,10,5,5]^{\mathrm{T}}$	$[10,5,10,5]^{\mathrm{T}}$
学习率 $\alpha(t)$	0.3	-
贴现因子 γ	1	1
critic 学习率 $a_c(t)$	-	0.3
actor 学习率 $a_a(t)$	-	0.05

对于 CT-CL 有五个维度，而不是四个，因为添加了控制输入空间或动作空间。为简单起见，actor 和 critic 的基函数相同，即 $\boldsymbol{\Phi}(x) = \boldsymbol{\psi}(x)$。初始条件为 $\boldsymbol{x}_0 = (x_c, \dot{x}_c, q, \dot{q})^{\top} = (0, 0, 0.2, 0.1)^{\top}$。这是最难控制的位置。

RL 算法成功地从这个起始点学习，并且可以稳定其他初始点。此处使用 1000 个片段来训练 RL 算法。每个片段有 1000 步。对于搜索阶段，在前 300 个片段里随机高斯噪声被添加到控制输入。

通过强化学习方法训练控制器后，下面与 $\mathcal{H}_2$ 问题的 LQR 解进行对比。首先在点 $\boldsymbol{x} = (0, 0, 0, 0)^{\top}$ 处线性化系统，产生

$$\dot{x}(t) = \boldsymbol{A}x(t) + \boldsymbol{B}(u(t) + \omega(t))$$

$A\in\mathbb{R}^{4\times4}$ 和 $B\in\mathbb{R}^{4}$ 是(A.36)的线性化矩阵。从式(8.52)可以观察到，干扰与控制输入相耦合。使用以下代数 Riccati 方程(ARE)获得矩阵 $P\in\mathbb{R}^{4\times4}$ 为最优解：

$$A^{\mathrm{T}}P+PA-P+S-PBR^{-1}B^{\mathrm{T}}P=0$$

其中 $S=I$ 和 $R=0.1$ 是 $\mathcal{H}_2$ 控制指数(8.33)的权重矩阵。因为最优成本函数可以表示为：

$$V^{*}(x(t))=x^{\mathrm{T}}(t)Px(t)$$

对于某些核矩阵 $P\in\mathbb{R}^{4\times4}$，最优控制(8.38)为

$$u(t)^{*}=-R^{-1}B^{\mathrm{T}}Px(t)$$

模拟包括两部分：当 $t\leqslant 5$ s 时没有干扰，即 $\omega=0$ 时，这是理想情况；当 $t>5$ s 时，应用了 $\omega=4\sin(\pi t)$ 的干扰，这是扰动情况。

理想情况的解决方案如图 8.6(a)所示。LQR 和 RL 算法运行良好，并且在前 5 s 内稳定钟摆位置。扰动情况的解如图 8.6(b)所示。存在干扰时的 LQR 解是不稳定的，不能稳定钟摆的位置；另一方面，RL 算法是稳定和鲁棒的，因为它们学习了最坏的情况，即 $\omega=5\sin(\pi t)$。

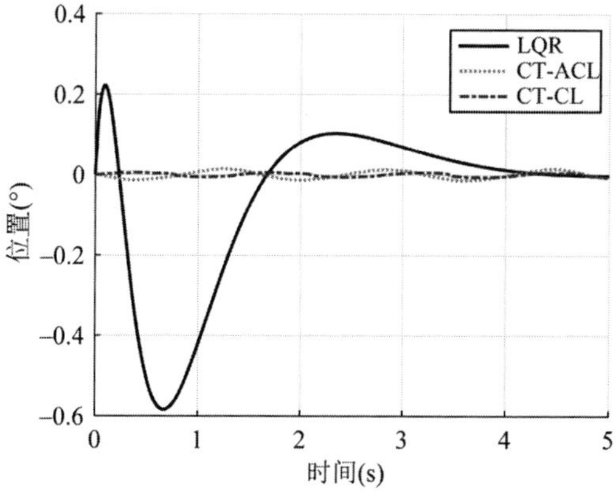

(a) 理想情况

图 8.6　推车杆位置

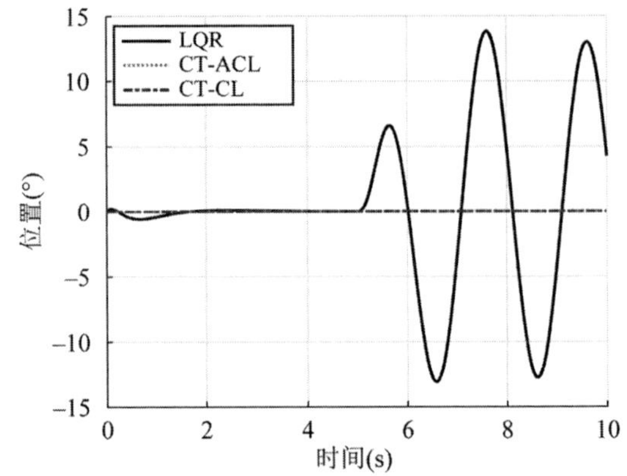

(b) 扰动情况

图 8.6(续)

图 8.7 显示了累计奖励的总额，可以观察到，与 CT-CL 相比，CT-ACL 在较少的片段中最小化奖励。可从奖励图里获得每种 RL 方法的失败次数(钟摆落下的次数)。CT-ACL 有 87 次失败，占总片段数的 8.7%。另一方面，CT-CL 有 208 次失败，占总片段数的 20.8%。该结果不适用于该方法。

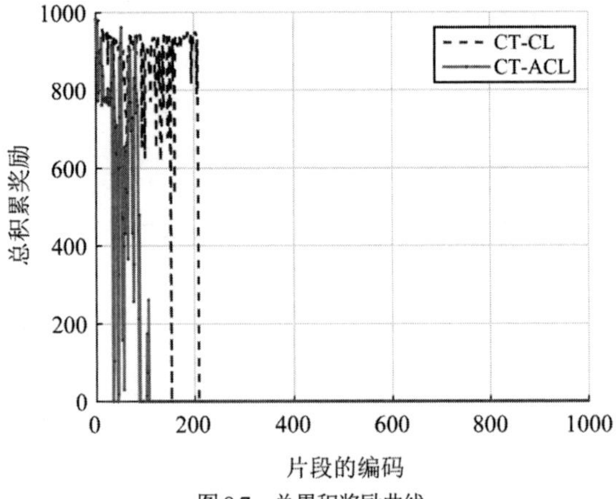

图 8.7 总累积奖励曲线

图 8.8 显示了每种 RL 方法的控制输入。结果表明，与 CT-CL 相比，CT-ACL 具有更小的控制输入。正如在离散时间情况中提到的，使用最小算子获得最优控制策略 h 可能会导致高估问题，这意味着控制器对不需要它们的状态使

用高动作值。

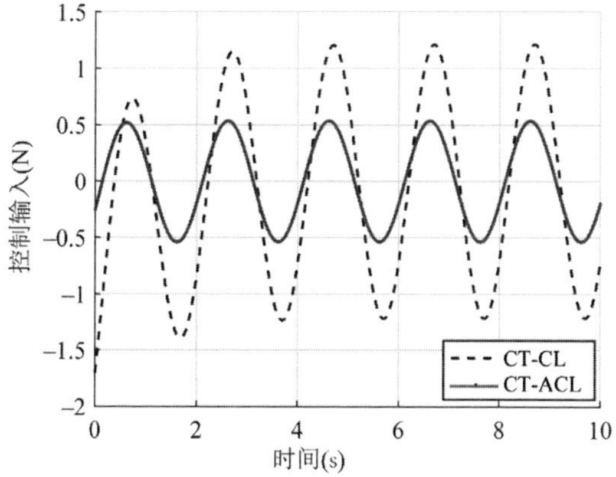

图 8.8 控制输入

然而，高估问题有利于解决连续时间鲁棒控制问题。图 8.9 给出了当小车和钟摆的速度为零时，即 $\dot{x}_c = \dot{q} = 0$，小车位置 x_c 和钟摆位置 q 之间的 Q 函数曲面，即对于固定控制策略 $h(x(t))$，值函数满足：

$$V(x(t)) = Q(x(t), h(x(t)))$$

其中钟摆在一定的小车位置间隔内是稳定的。CT-CL 曲线显示了不同的鲁棒 Q 函数，其中推车位置的间隔大于 CT-ACL 方法。这个较大的间隔意味着小车可以在不同的小车位置稳定钟摆，并保持鲁棒性。

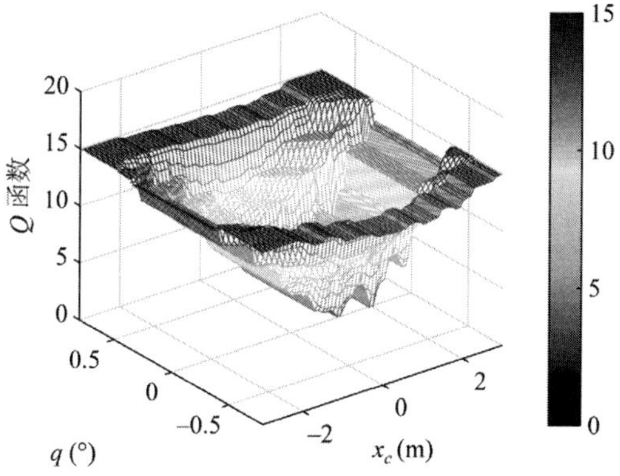

(a) CT-ACL 曲线

图 8.9 $\dot{x}_c = \dot{q} = 0$ 时的 Q 函数学习曲线

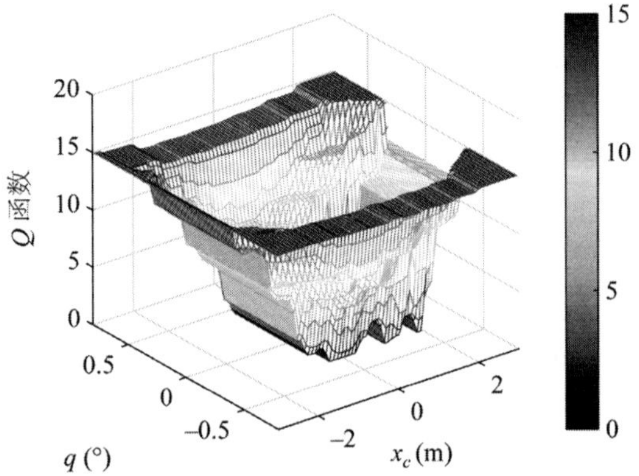

(b) CT-CL 曲线

图 8.9(续)

此处使用以下积分平方误差(ISE)来显示连续时间 RL 的鲁棒性

$$ISE = \int_{t_0}^{t} (\kappa \tilde{q})^2 \mathrm{d}\tau$$

其中 $\tilde{q} = -q$，κ 是比例因子。ISE 的积分器在每次扰动符号变化时复位重置，即 $reset = sign(\omega)$。它使用的比例因子 $\kappa = 100$，结果如图 8.10 所示。

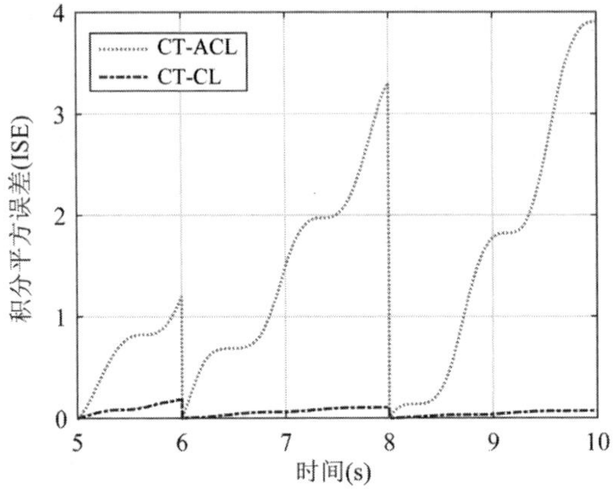

图 8.10　ISE 的比较

从 ISE 图中可以观察到，对于 CT-ACL 方法，当小车远离接近最优的鲁棒值时，钟摆的位置误差增加；然而钟摆仍然是稳定的。另一方面，CT-CL 表明，即使小车移动，位置误差也不会增加，因为获得的控制策略更为鲁棒。

示例 8.4　实验

为了进一步说明 CT 方法的有效性，这里使用了 2-DOF 平面机器人(见图 8.3 和附录 A.3)，并将带有 LQR 解的 CT-CL 方法和 CT-ACL 方法进行了比较。所需位置为 $q_d = \left[\frac{3\pi}{4}, \frac{\pi}{4}\right]^{\mathrm{T}}$ 弧度。控制目标是迫使两个关节角 q_1 和 q_2 到达期望位置 q_d。

可通过迭代进行参数调整，直到获得最优性能。表 8.4 给出了 RBF 的最优学习参数和数量。

表 8.4　CT RL 的学习参数：2-DOF 机器人

参数	CT-CL	CT-ACL
RBF 的编码	$[20, 10, 10]^{\mathrm{T}}$	$[20, 10]^{\mathrm{T}}$
学习率 $\alpha(t)$	0.3	-
贴现因子 γ	1	1
critic 学习率 $\alpha_c(t)$	-	0.3
actor 学习率 $\alpha_a(t)$	-	0.1

需要两个 Q 函数控制两个关节角度，用 $\hat{Q}_1$ 和 $\hat{Q}_2$ 表示。每个逼近 Q 函数用于鲁棒控制策略的设计。对于每个 Q 函数，CT-CL 和 CT-ACL 使用相同数量的 RBF 和学习参数。片段数为 100，每个片段有 1000 步。把在-1 和 1 之间的有界白噪声项作为前 50 片段的探索项添加到控制输入。RL 方法通过施加在第一个机器人链路的最坏干扰，即 $\omega = 30\sin(2\pi t)$，从而学习控制目标。

使用强化学习方法训练控制器后，将其与 $\mathcal{H}_2$ 问题的 LQR 解进行比较。机器人动力设置在点 $x = (0, 0, 0, 0)^{\mathrm{T}}$ 处被线性化。线性化动力设置具有式(8.52)给出的形式，其中 $\boldsymbol{A} \in \mathbb{R}^{4\times4}$，$\boldsymbol{B} \in \mathbb{R}^{4\times2}$ 是平面机器人的线性化矩阵。

根据线性化模型，通过使用权重矩阵 $\boldsymbol{S} = \boldsymbol{I}$ 和 $\boldsymbol{R} = 0.1\boldsymbol{I}$ 求解 ARE(6.11)来获得 $\mathcal{H}_2$ 控制器。

本实验中实现了类似推车杆平衡问题的程序。当 $t \leqslant 5$ s 时，没有干扰，即 $\omega = 0$，这是理想情况；当 $t > 5$ s 时，采用 $\omega = 20\sin(2\pi t)$ 的干扰，这是扰动情况。结果比较如图 8.11 所示。

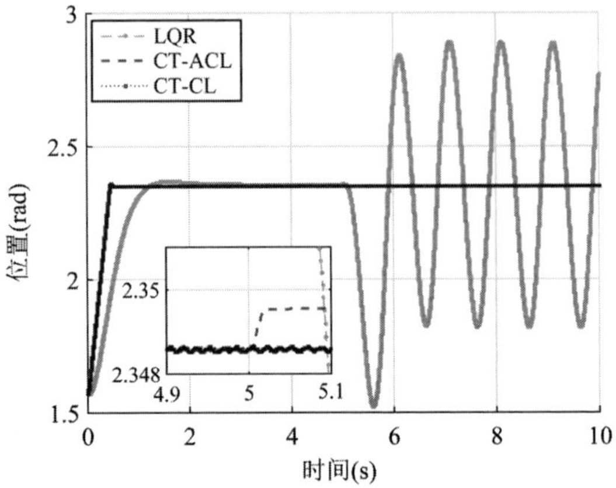

图 8.11　关节位置 q_1 跟踪

当施加干扰时，LQR 解不稳定，而 CT-ACL 和 CT-CL 方法仍然稳定。这里，两种方法都具有良好的鲁棒性，位置误差差异较小。对于 q_2，所有控制器都是稳定的，并实现了控制目标。

图 8.12 显示了累计奖励总额。这里可以观察到，CT-ACL 以比 CT-CL 更好的方式最小化奖励。由于 CT-CL 存在高估问题，控制输入大于 CT-ACL 的控制输入，因此奖励增加。然而，如图 8.11 所示，在实现了鲁棒性能的同时也最小化了位置误差。

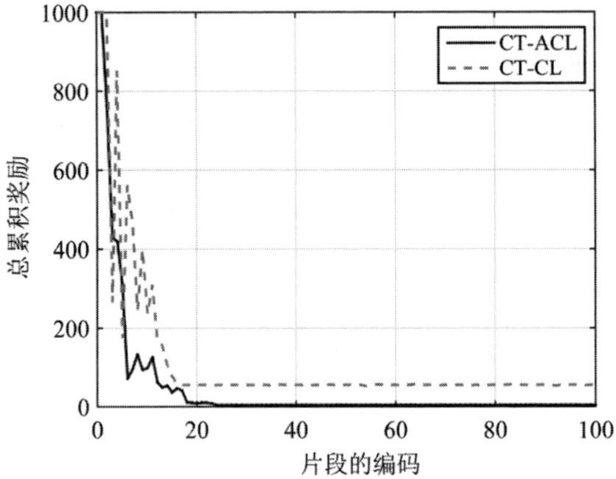

图 8.12　总累积奖励

CT-CL 或 CT-ACL 逼近值函数 $\widehat{Q}_1$ 和 $\widehat{Q}_2$ 的学习曲线如图 8.13 所示。可以观察到，值函数的最小值位于原点，这证明了位置跟踪结果。

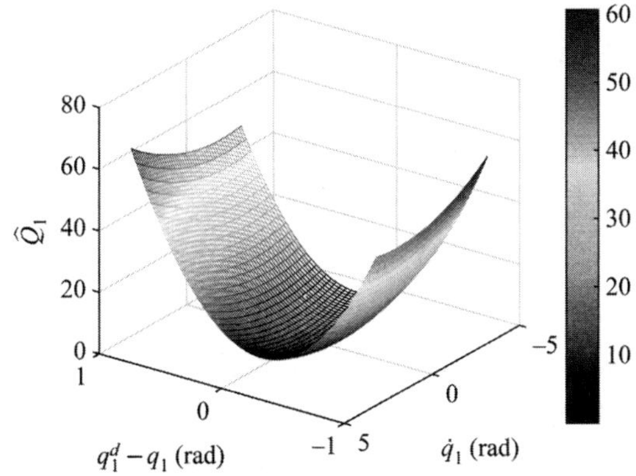

(a) $\widehat{Q}_1$ 曲线

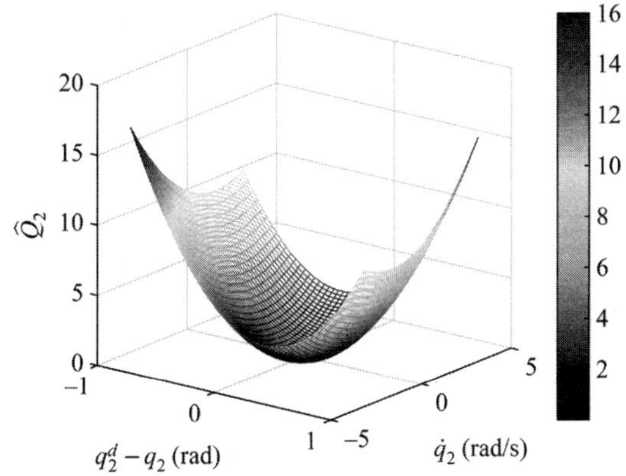

(b) $\widehat{Q}_2$ 曲线

图 8.13　$\dot{x}_c = \dot{q} = 0$ 时的 Q 函数学习曲线

从之前的基准问题可以发现，鲁棒奖励修改可以保证 RL 方法收敛到接近最优解(当没有干扰时)以及在存在干扰时进行鲁棒响应。

仿真和实验结果表明，连续时间 RL 方法的 Q 函数和控制策略在不了解系统动力学知识的情况下是鲁棒的。与 actor-critic 算法相比，这种方法使用动作更新值函数。该方法为某些状态提供了动作知识。获得的结果表明，这个方法高估了动作，因此增加了总的累积奖励，这是有利的，因为存在干扰时它确保了良好的控制策略。

8.7 本章小结

本章介绍了一种在离散和连续时间中使用强化学习的简单鲁棒控制方法。它使用两种不同的基于 k 近邻和 NRBF 的逼近器。第一种方法使用双重估计器技术来避免对动作值的高估问题，而第二种方法使用具有类似功能的 actor-critic 算法。在最坏情况下的不确定性中，这个 $\mathcal{H}_2/\mathcal{H}_\infty$ 控制是鲁棒的。本章还分析了使用 kNN 规则的 RL 方法的收敛性，而连续时间 RL 的收敛性与前一章相同，将该算法与经典的线性和非线性控制器进行了比较。仿真和实验结果表明，RL 算法对于最坏情况下的不确定性具有次优控制策略的鲁棒性。

第 9 章 使用多智能体强化学习的冗余机器人控制

9.1 引言

任务空间控制是机器人学和机器人控制中的一项重要工作，其中机器人终端执行器位于工作空间中的期望参考位置和方向[1]。由于控制动作在关节空间中，经典控制方法需要逆运动学或速度运动学(Jacobian 矩阵)。冗余机器人的关节角度大于终端执行器的自由度[2]。这些额外的自由度有助于机器人完成更复杂的任务，例如人类手臂执行的任务。因为存在多个解[4，5]，获取冗余机器人[3]的逆运动学和 Jacobian 矩阵的精确表示非常困难，经典运动学方法适合非冗余机器人[6, 7]。

运动学问题有多种解决方法，其中最著名的方法是使用 Jacobian 矩阵的速度级[8]。对于冗余机器人，Jacobian 矩阵不是一个方矩阵，因此不能直接应用从任务到关节空间的空间变换。现有方法基于伪逆方法，如果机器人处于奇异点，则可能存在可控性问题[9-11]。将近似解作为奇点避免方法，用于解决可控性问题。它们具有高或非常小的联合速率，这会影响控制器的行为[2]。一些方法采用的是增强模型，这些模型使用终端执行器方向的分量[12]。它需要机器人的动态模型。

学习算法[13](如神经网络)用于解决[14]中的逆运动学问题。这些方法学习特定轨迹[15，16]或运动学模型[17]。基于无模型的在线算法[20]，强化学习(RL)已用于机器人的控制[18, 19]。机器人控制的 RL 方法包括三个子类[18、21、22]:

(1) 值迭代：控制器通过从每个值或动作值函数中获取最小奖励来获得最

优策略，如 Q 学习算法[21]。

(2) 策略迭代：控制器通过构造其值函数来评估其策略，并使用它们来改进策略，如 Sarsa[20]、LSTD-Q 算法。

(3) 策略搜索：控制器使用优化技术直接搜索最优策略，例如，策略梯度和 actor-critic 方法[18, 22]。

值迭代和策略迭代算法需要高昂的优化过程来估计值函数，而策略搜索算法存储值和策略。可以直接从学习的策略来计算控制动作。因此，策略梯度和 actor-critic 方法是机器人控制的首选方法[23]。

上述 RL 方法用于 1-DOF。如果机器人具有高的自由度，则 RL 算法的空间维度和计算负荷会增加[24, 25]。多智能体强化学习(MARL)可以处理高自由度[26]，但这些方法需要使用另一种方法来处理高状态-动作空间，如函数逼近器。机器人控制的 MARL 的主要问题是维数灾难，这是由离散状态-动作空间的指数增长所引起的[27]。为了解决维度问题设计了几种架构，如策略梯度[28]和 actor-critic 方法[29]，其中值函数和策略由可微参数化[30]表示。然而，这些表示不能直接应用于冗余机器人，因为空间维度仍然很大[31]。因此，任务空间中冗余机器人的控制问题是：

(1) 由于冗余机器人的逆运动学解具有多个解，因此逆运动学解的精确表示不可用。

(2) Jacobian 矩阵的解不可用，因为 Jacobian 矩阵不是方阵，并且在奇点处失去秩。

本章将首先讨论经典的关节和任务空间控制方案，给出逆运动学和速度运动学问题的理论和第一个解，然后给出受经典解启发的强化学习方法。

9.2 冗余机器人控制

为了获得任务空间控制，首先需要关节角度 $q\in\mathbb{R}^n$ 和终端执行器 $x\in\mathbb{R}^m$ 之间的关系，它们在附录 A 中给出(见(A.1)和(A.2))：

$$x=f(q),\quad q=invk(x) \tag{9.1}$$

其中 $f(\cdot)$：$\mathbb{R}^n\to\mathbb{R}^m$ 是正向运动学，$invk(\cdot)$：$\mathbb{R}^m\to\mathbb{R}^n$ 是逆运动学。对于

冗余机器人 $n>m$，逆运动学 $invk(\cdot)$ 是不可行的。为了避免这个问题，采用速度运动学，表示为(A.3)

$$\dot{x} = \frac{\partial f(q)}{\partial q}\dot{q} = \boldsymbol{J}(q)\dot{q} \tag{9.2}$$

其中 $\boldsymbol{J}(q) \in \mathbb{R}^{n\times m}$ 是 Jacobian 矩阵。

Jacobian 矩阵有两个子空间：

(1) 范围空间：Jacobian 矩阵的范围由变换映射给出

$$\mathfrak{R}[\boldsymbol{J}(q)] = \{\boldsymbol{J}(q)\dot{q} | \dot{q} \in \mathbb{R}^n\}$$

(2) 零空间：Jacobian 矩阵的零空间由以下变换映射给出

$$\mathfrak{N}[\boldsymbol{J}(q)] = \{\dot{q} \in \mathbb{R}^n | \boldsymbol{J}(q)\dot{q} = 0\}$$

冗余机器人具有零空间特征，因为某些关节速度在终端执行器处不产生任何速度，但它们会产生关节运动。

任务-空间控制有两种方法：任务-空间设计和关节-空间设计(见图 9.1)。任务-空间设计需要 Jacobian 矩阵 $\boldsymbol{J}^+$ 的逆。如果使用 PID 控制，

$$\tau = \boldsymbol{J}^+ \left(\boldsymbol{K}_p e - \boldsymbol{K}_d \dot{x} + \boldsymbol{K}_i \int_0^t e(s)\mathrm{d}s\right) \tag{9.3}$$

其中 $\boldsymbol{K}_p$、$\boldsymbol{K}_d$、$\boldsymbol{K}_i \in \mathbb{R}^{m\times m}$ 分别是比例、导数和积分正定对角矩阵增益，$e = x_d - x$ 是笛卡儿位置误差。

关节空间设计需要逆运动学 $invk(x) = f^{-1}$。关节空间 PID 控制律为

$$\tau = \boldsymbol{K}_p e_q - \boldsymbol{K}_d \dot{q} + \boldsymbol{K}_i \int_0^t e_q(s)\mathrm{d}s \tag{9.4}$$

其中 $e_q = q_d(x_d) - q$ 是关节位置误差，$q_d(x_d)$ 通过逆运动学获得，它由神经网络逼近得到。这里 $\boldsymbol{K}_p$、$\boldsymbol{K}_d$、$\boldsymbol{K}_i \in \mathbb{R}^{n\times n}$。

任务空间设计

对于冗余机器人，Jacobian 矩阵不是方阵。获得 Jacobian 矩阵逆的最简单

方法是使用 Moore-Penrose 伪逆：

$$\boldsymbol{J}^{\dagger}=\boldsymbol{J}^{\top}\left(\boldsymbol{J}\boldsymbol{J}^{\top}\right)^{-1} \tag{9.5}$$

如果 Jacobian 矩阵 $\boldsymbol{J}$ 不是满秩，则奇异值分解(SVD)可以逼近伪逆：

$$\boldsymbol{J}^{\dagger}=\boldsymbol{v}\boldsymbol{\sigma}^{*}\boldsymbol{\omega}^{\top} \tag{9.6}$$

其中 $\boldsymbol{\sigma}^{*}$、$\boldsymbol{v}$、$\boldsymbol{\omega}$ 是奇异分解矩阵。

这些伪逆方法的主要问题是它们不利用零空间中的速度，因此需要额外的任务，如[2]所示

$$\dot{q}=\dot{q}_{\Re}+\dot{q}_{\mathfrak{N}}$$

其中，零空间中的速度由下式获得：

$$\dot{q}_{\mathfrak{N}}=(\boldsymbol{I}-\boldsymbol{J}^{\dagger}\boldsymbol{J})\boldsymbol{v}$$

适用于任意 $\boldsymbol{v}\in\mathbb{R}^{n}$[8]。

在增广 Jacobian 矩阵方法[10]中，额外任务定义为：

$$\boldsymbol{x}_{a}=l(q)$$

其中 $\boldsymbol{x}_{a}\in\mathbb{R}^{n-m}$ 是由函数 $l(\cdot)$ 定义的向量，它取决于关节角度。扩展的任务空间表示为 $\boldsymbol{z}=[x,\boldsymbol{x}_{a}]^{\top}$，所以新的 Jacobian 矩阵满足

$$\dot{\boldsymbol{z}}=\begin{bmatrix}\boldsymbol{J}\\ \boldsymbol{L}\end{bmatrix}\dot{q}=\boldsymbol{J}_{a}\dot{q},\ \boldsymbol{L}=\frac{\partial l(q)}{\partial q}\in\mathbb{R}^{(n-m)\times n} \tag{9.7}$$

其中 $\boldsymbol{J}_{a}\in\mathbb{R}^{n\times n}$ 是一个方阵，$\dot{q}=\boldsymbol{J}_{a}^{-1}\dot{\boldsymbol{z}}$。然而扩展的任务空间可能会带来额外的奇点，并且 $\boldsymbol{J}_{a}^{-1}$ 可能不会一直存在。

这里使用以下优化方法。成本函数是

$$\mathcal{J}=\left\|\boldsymbol{J}\dot{q}-\dot{x}_{d}\right\|^{2} \tag{9.8}$$

其中 x_d 是期望位置。为了避免奇异性，将关节速率的加权范数添加到成本函数

$$\mathcal{J}=\left\|\boldsymbol{J}\dot{q}-\dot{x}_{d}\right\|^{2}+\|\xi\dot{q}\|^{2} \tag{9.9}$$

其中 ξ 是惩罚常数。优化问题(9.9)的解为：

$$\dot{q} = \left(\boldsymbol{J}^{\top}\boldsymbol{J} + \xi^{2}\boldsymbol{I}\right)^{-1}\boldsymbol{J}^{\top}\dot{x}_{d} \tag{9.10}$$

解(9.10)是唯一的且接近精确值。由于奇点的存在，它避免了无限高的关节速率。

备注 9.1　伪逆方法不利用零空间中的速度。当存在奇点失去秩的情况下，SVD 方法是一种离线方法。增广 Jacobian 矩阵结合了新的运动学动力学，产生了新的奇点。优化方法可以通过选择 ξ 来处理一些运动学问题。然而在奇点处，小的 ξ 值产生大的速率速度，而大的 ξ 值产生小的速率速度。另一方面，第 4 章中讨论的任何任务空间控制都可以使用这种方法。

关节空间设计

如图 9.1 所示，关节空间控制使用神经网络(NN)学习逆运动学，而不是使用 Jacobian 矩阵。神经网络方案是一个单隐层前馈神经网络，如图 9.2 所示，它有 n 个输出(关节角度)和 6 个输入，分别表示机器人终端执行器的位置姿势(X, Y, Z)和方向(α, β, γ)。

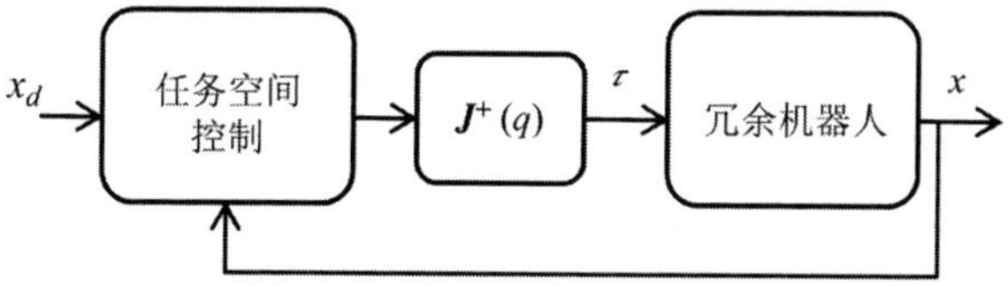

(a) 任务空间设计

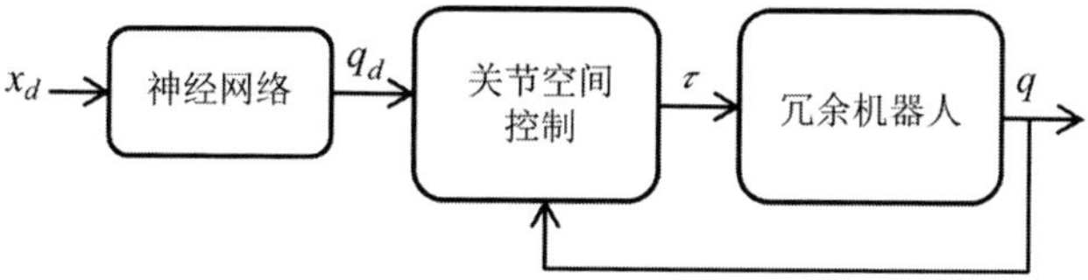

(b) 基于神经网络的关节空间设计

图 9.1　冗余机器人的控制方法

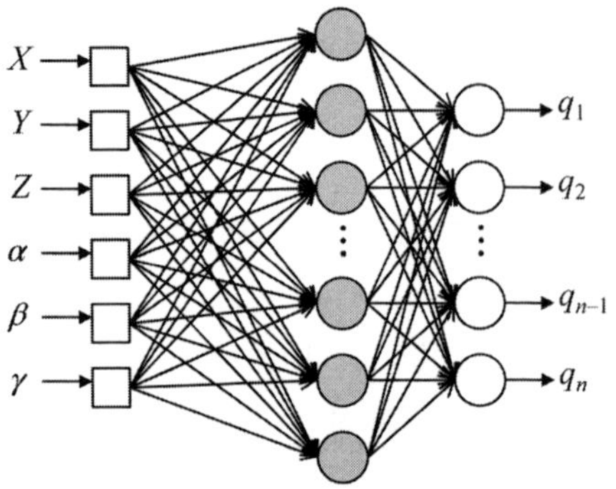

图 9.2　一个隐层前馈网络

使用终端执行器的位置和方向有助于避免逆运动学出现多个解[5]。因为关节空间可以被视为笛卡儿空间的逆映射，反之亦然，所以位置和方向分量 x 是神经网络的输入，关节角度 q 是神经网络的输出。

具有 L 个隐藏节点的神经网络的每个关节输出是

$$q_i(x) = \sum_{j=1}^{L} W_j G(a_j, b_j, x) \quad i = 1, 2, ..., n \tag{9.11}$$

其中 a_j 和 b_j 是隐藏节点的学习参数，W_j 是将第 j 个节点连接到输出节点的权重，$G(a_j, b_j, x)$ 是第 j 个隐藏节点相对于输入 x 的输出。

在此使用一个加性隐藏节点，其中激活函数 $g(x)$ 是双曲正切 S 形函数，并且 $G(a_j, b_j, x)$ 定义为

$$G(a_j, b_j, x) = g(a_j \cdot x + b_j) \tag{9.12}$$

对于给定的一组训练样本 $(x_j, t_j)_{j=1}^{N} \subset \mathbb{R}^n \times \mathbb{R}^m$，预计输出将达到以下目标：

$$q_i(x) = \sum_{j=1}^{L} W_j G(a_j, b_j, x_s) = t_s, \qquad s = 1, 2, ..., N \tag{9.13}$$

上述表达式可以表示为：

$$\boldsymbol{HW} = \boldsymbol{T} \tag{9.14}$$

其中

$$\boldsymbol{H}=\begin{bmatrix} G(a_1,b_1,x_1), & \cdots, & G(a_L,b_L,x_1) \\ \vdots, & \cdots, & \vdots \\ G(a_1,b_1,x_N), & \cdots, & G(a_L,b_L,x_N) \end{bmatrix}_{N\times L} \tag{9.15}$$

$$\boldsymbol{W}=\begin{bmatrix} W_1^{\top} \\ \vdots \\ W_L^{\top} \end{bmatrix}_{L\times m}, \quad \boldsymbol{T}=\begin{bmatrix} t_1^{\top} \\ \vdots \\ t_N^{\top} \end{bmatrix}_{N\times m} \tag{9.16}$$

权重 $\boldsymbol{W}$ 通过最小二乘解获得，最小化 $\|\boldsymbol{HW}-\boldsymbol{T}\|$的最小值 $\|\boldsymbol{W}\|$，它使用 Moore-Penrose 伪逆产生以下解：

$$\hat{\boldsymbol{W}}=\boldsymbol{H}^{\dagger}\boldsymbol{T} \tag{9.17}$$

备注 9.2　4.3 节中的关节-空间控制器要求 NN 提供良好的逆运动学逼近值，以实现期望的任务-空间位置。错误的逆运动学可能导致错误的关节角度和位置姿势。为了获得可靠的解，神经网络需要大的训练数据和长的学习时间。

9.3 冗余机器人控制的多智能体强化学习

机器人控制的强化学习(RL)可被视为马尔可夫决策过程(MDP)[21]。MDP 是一个元组 $\langle \mathcal{X},\Delta Q,f,\rho \rangle$，其中$\mathcal{X}$是任务空间分量的状态空间，$\Delta Q$ 是动作空间，由小关节位移表示。状态转换由正向运动学确定，

$$f:\mathcal{X}\times\Delta Q\to\mathcal{X} \tag{9.18}$$

标量奖励函数为：

$$\rho:\mathcal{X}\times\Delta Q\to\mathbb{R}$$

当前关节状态 q 应用小关节位移 $\Delta q\in\Delta Q$ 后，$\mathcal{X}$正向运动学(9.18)返回任务空间分量的新状态 $x_{t+1}\in\mathcal{X}$。转换后，RL 算法得到标量奖励为

$$r_{t+1}=\rho(x_t,q_t+\Delta q_t)$$

评估位移 Δq 的瞬间影响，即从 x_t 到 x_{t+1} 的过渡。根据决策选择关节位移

$q(x):\mathcal{X}\to\Delta Q$

图 9.3 中展示了所提出的使用了 RL 的学习方案。此处，控制动作为关节位移 $\Delta q=[\Delta q_1,\cdots,\Delta q_r]^{\mathrm{T}}$，其中 $\Delta q_i(i=1,\cdots,\ r)$ 是离散位移。RL 算法使用关节空间位移来更新机器人运动学，直到机器人到达期望位置 x_d。正向运动学(9.1)的更新规则为：

$$x=f(q+\Delta q)=f(\sigma) \tag{9.19}$$

其中 σ=q+Δq。RL 的目标是找到逆运动学解，并使终端执行器在任务空间中到达特定的期望位置，从而使未来奖励的贴现和最小化。

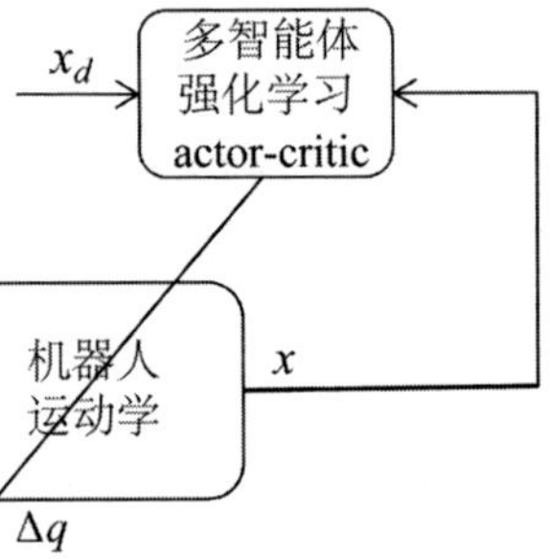

图 9.3　RL 控制方案

这里将值函数定义为

$$V^{q(x)}(x)=\sum_{i=t}^{\infty}\gamma^{i-t}\rho(x,\sigma),x_t=x \tag{9.20}$$

其中 $\gamma\in(0,1]$是贴现因子。式(9.20)满足以下 Bellman 方程：

$$V^{q(x)}(x)=\rho(x,q(x))+\gamma V^{q(x)}(x_{t+1}) \tag{9.21}$$

其中 $x_{t+1}=f(x_t,\ q(x_t))$ 是(9.19)的正向运动学。最优值函数满足

$$V^*(x)=\min_{q(x)}V^{q(x)}(x)$$

逆运动学由下式给出：

$$q^*(x) = \arg\min_{\sigma} \left[\rho(x,\sigma) + \gamma V^*(x_{t+1})\right] \tag{9.22}$$

值函数可以通过以下 Bellman 方程写成动作值函数：

$$Q^{q(x)}(x,\sigma) = \rho(x,\sigma) + \gamma Q^{q(x)}(x_{t+1}, q(x_{t+1})) \tag{9.23}$$

最优动作值函数满足：

$$Q^*(x,\sigma) = \min_{q(x)} Q^{q(x)}(x,\sigma)$$

最后，逆运动学解为

$$q^*(x) = \arg\min_{\sigma} Q^*(x,\sigma) \tag{9.24}$$

在式(9.22)中，Q 函数取决于关节位移，而 V 函数描述任务-空间状态。V 函数比 Q 函数更容易使用，因为 Q 函数依赖于 x 和 Δq，需要正向运动学过渡[32]。Bellman 方程(9.21)和(9.23)是设计 RL 算法的基线方程。它们是单自由度的表格方法[21]。

冗余机器人具有多个关节自由度，对单自由度 RL 不适用，因为有太多的表来存储关节角度的所有可能组合。所需位置的元素也被耦合，它不可能为任务空间中的每个自由度使用单独的奖励函数。

考虑将每个自由度视为一个智能体，并使用多智能体强化学习(MARL)[18, 33]。MDP 是以下随机博弈：

$$MDP = \langle \mathcal{X}, \Delta Q_1, \ldots, \Delta Q_n, f, \rho_1, \ldots, \rho_n \rangle$$

式中 n 为关节数量，$\Delta Q_i, i = 1, \ldots, n$ 为动作空间(关节位移)，$\rho_i : \mathcal{X} \times \Delta Q \to \mathbb{R}, i = 1, \ldots, n$是关节角度的奖励函数。

完整的关节位移空间由$\Delta Q = \Delta Q_1 \times \cdots \times \Delta Q_n$表示。

关节位移为$\Delta \boldsymbol{q} = \left[\Delta q_{i,t}^{\top}, \ldots, \Delta q_{n,t}^{\top}\right]^{\top} \in \Delta Q, \Delta q_{i,t} \in \Delta Q_i$。逆运动学解的策略如下：

$$q_i : \mathcal{X} \to \Delta Q_i \in q(x)$$

关节更新如下：

$$\boldsymbol{\sigma} = \left[\sigma_1, \cdots, \sigma_n\right]^{\top}$$

其中$\sigma_i = q_i + \Delta q_i$。

在完全合作随机博弈[25]中，所有联合自由度的奖励函数是相同的，即$\rho_1 = \cdots = \rho_n$。对于机器人控制，强化学习算法被建模为多智能体情况[18]。它对每个关节角度使用不同的奖励。在任务空间控制中，它是一个完全合作的随机博弈。在所提及的 MARL 中，将逆运动学解(9.22)和(9.24)重写为

$$q_i^*(x) = \arg\min_{\sigma_i} \min_{\sigma_1,\ldots,\sigma_{i+1},\ldots,\sigma_n} [\rho(x,\sigma) + \gamma V^*(x_{t+1})]$$

$$q_i^*(x) = \arg\min_{\sigma_i} \min_{\sigma_1,\ldots,\sigma_{i+1},\ldots,\sigma_n} Q^*(x,\sigma)$$

MARL 存在的主要问题是维度诅咒[34]，这是由离散状态作用空间的指数增长引起的。有许多算法可以处理维数灾难，如用于学习控制的概率推理[35]、近端策略优化[36]、确定性策略梯度[37]和 k 最近邻[22]等。这些算法使用不同的逼近器以降低计算复杂度。差的逼近可能会导致发散，并使轨迹收敛到错误的解[22]。

对于冗余机器人，每个自由度需要一个逼近器。因此，RL 算法变得更加复杂。这种复杂性意味着对于逼近器和 MARL 算法，需要更多的学习时间和严格的超参数选择。

为了避免在巨大的状态-动作空间中使用函数逼近器，在 MARL 设计中使用了 actor-critic 方法。这里的 actor-critic 方法不使用任何函数逼近器，只需要使用离散的小位移来更新正向运动学，并且这种方法不需要很多关节位移，因为运动学学习算法会使用先前的关节角度ΔQ_i来更新每次迭代中的关节角度，更重要的是，提出的 actor-critic 方法只有三个超参数可供选择：critic 的学习率、actor 的学习率以及贴现因子。

这里使用两个值函数和 actor-critic 方法来获得每个关节的逆运动学解，而不需要任何函数逼近器。基于值函数的 actor-critic 方法使用状态值函数 $V(\cdot)$作为 critic。

critic 的更新如下：

$$V_{t+1}^{q(x)}(x_t) = V_t^{q(x)}(x_t) + \alpha_c \left(\rho(x,\sigma) + \gamma V_t^{q(x)}(x_{t+1}) - V_t^{q(x)}(x_t) \right) \tag{9.25}$$

其中 $a_c > 0$ 是临界学习率。

动作值函数 $Q(\cdot)$ 用于获得新的控制策略和逆运动学。actor 更新为：

$$Q_{t+1}^{q(x)}(x_t,\sigma_t) = Q_t^{q(x)}(x_t,\sigma_t) + \alpha_a \delta_t \tag{9.26}$$

其中 $\alpha_a > 0$ 是 actor 学习率。式(9.26)的 TD 误差为：

$$\delta_t = r_{t+1} + \gamma V_t^{q(x)}(x_{t+1}) - V_t^{q(x)}(x_t) \tag{9.27}$$

其中 $r_{t+1} = \rho(x,\sigma)$ 。V 函数使用逆运动学解 $q(x)$ 的拔靴法，这个解是贪婪的，通过以下公式获得：

$$q_{i,t}^* = \arg\min_{\sigma_i} \min_{\sigma_1,\ldots,\sigma_{i+1},\ldots,\sigma_n} Q_t^*(x_t,\sigma) \tag{9.28}$$

备注 9.3 当机器人冗余时，学习空间很大。MARL 方法使用运动学学习来避免维度诅咒。这里使用一个小的离散动作空间进行更新，其中包括小机器人关节位置。在任务空间中，RL 的输入空间由终端执行器位置姿势和方向组成。这里所提出的 MARL 可以在线计算逆运动学，且在任务空间中需要较少的学习时间。

算法 9.1 逆运动学解决方法的多智能体强化学习

1：**Input**：初始化贴现因子 γ，actor-critic 学习率 α_c ，α_a 以及期望位置 x_d 。
2：**repeat**{对于每个片段}
3：初始化 x_0
4：　　**repeat**{对于每个片段的每个步骤 $t=0,1,\ldots$和关节 $i=1,\ldots,n$}
5：　　　取替代 $\Delta q_{i,t}$ ，更新 $\sigma_{i,t} = q_{i,t} + \Delta q_{i,t}$ ，观察 r_{t+1} ，x_{t+1}
6：　　　利用式(9.25)更新 critic
7：　　　利用式(9.26)更新 actor
8：　　　利用任意搜索技术贪婪地从 x_{t+1} 选择 $\Delta q_{i,t+1}$
9：　　　$x_t \leftarrow x_{t+1}$ ，$\sigma_{i,t} \leftarrow \sigma_{i,t+1}$
10：　**until** x_t 终止
11：**until** 学习结束

9.4　模拟和实验

使用 4-DOF 外骨骼机器人，如图 A.1 所示。机器人的控制目标是将终端执行器移到所需位置。任务空间中的维度为 3，而关节空间中的维度为 4。这是一个冗余机器人。

此处将提出来的 MARL 与以下经典方法进行了比较：

(1) 基于 Jacobian 矩阵的增广法($J^{\dagger}$AJ)；

(2) 基于 Jacobian 矩阵的奇点避免($J^{\dagger}$SA)；

(3) 基于 Jacobian 矩阵的奇异值分解($J^{\dagger}$SVD)；

(4) 多层神经网络(SLFNN)。

实时环境是 Simulink 和 MATLAB 2012。通信是 CAN 协议，使 PC 机能够与执行器通信。通过对关节角度进行微分(A.27)，获得解析 Jacobian 矩阵 $\boldsymbol{J}(q)$。解析 Jacobian 矩阵的范围为：$\Re[\boldsymbol{J}(q)]=3$。

示例 9.1　模拟

首先考虑奇异点的情况，将初始关节位置设置为 $\boldsymbol{q}_0=\left[0, \frac{\pi}{2}, 0, 0\right]^{\mathrm{T}}$。可以应用伪逆方法。但是所有关节位置的 $\det(\boldsymbol{J}^{\mathrm{T}}\boldsymbol{J})=0$，因此不能应用式(9.5)。这里对初始位置处的伪逆 Jacobian 矩阵使用 SVD。

$$\boldsymbol{J}^{\dagger}=\begin{bmatrix}0 & 0 & 0\\ -1.8182 & 0 & 0\\ 0 & 2.2727 & 0\\ -0.9091 & 0 & 0\end{bmatrix}.$$

由于最后一列为零，$\boldsymbol{J}^{\dagger}$无法给出任务空间和关节空间之间的正确映射。增广 Jacobian 矩阵方法[38, 39]在最后一列中添加了角速度 Jacobian 矩阵(A.28)。增广 Jacobian 矩阵的范围为：$\Re[\boldsymbol{J}_a(q)]=4$。由于 Jacobian 矩阵在初始状态是奇异的，因此先使用 SVD 方法。Jacobian 的逆矩阵为：

$$J_a^{-1} = \begin{bmatrix} 0 & 0 & 0 & 1 \\ -1.8182 & 0 & 0 & 0 \\ 0 & 2.2727 & 0 & 0 \\ -0.9091 & 0 & 0 & 0 \end{bmatrix}$$

为了避免奇异性，使用式(9.9)中的惩罚常数$\xi = 0.1$。

SLFNN 的训练集利用关节空间的齐次离散化和正运动学获得。4-DOF 外骨骼工作空间的自由度区域是人肩和肘运动的范围，

$$\frac{7\pi}{18} \leqslant q_1 \leqslant \frac{17\pi}{36}, \quad -\frac{11\pi}{36} \leqslant q_2 \leqslant \pi$$
$$0 \leqslant q_3 \leqslant \frac{2\pi}{3}, 0 \leqslant q_4 \leqslant \frac{29\pi}{36}$$

这里有 642 096 个数据点，70%的可用数据用于训练。

隐藏层有 100 个神经元。MARL 的学习参数为$\alpha_a = 0.1$、$\alpha_c = 0.3$和$\gamma = 0.9$。这里使用 ε-贪婪探索策略(见方程(B.27))，其中$\varepsilon = 0.01$。MARL 运行 1000 个片段，每个片段 1000 步。所需位置为$\boldsymbol{x}_d = [-0.24, -0.196, 0.207]^{\mathrm{T}}$。奖励被设计为期望参考位置和机器人位置姿势之间的二次误差：

$$\rho(x, \sigma) = \|\boldsymbol{x}_d - x\|^2 = \|\boldsymbol{x}_d - f(\sigma)\|^2$$

此处使用关节任务空间下的 PID 控制律，其增益在表 9.1 中给出，其中 $\boldsymbol{I}$ 是具有适当维数的单位矩阵。

表 9.1　PID 控制增益

增益	奇异值分解方法	增广方法	奇异点避免方法	多层神经网络
$\boldsymbol{K}_p$	$20\boldsymbol{I}$	$30\boldsymbol{I}$	$20\boldsymbol{I}$	$9\boldsymbol{I}$
$\boldsymbol{K}_d$	$12\boldsymbol{I}$	$20\boldsymbol{I}$	$12\boldsymbol{I}$	$4\boldsymbol{I}$
$\boldsymbol{K}_i$	$8\boldsymbol{I}$	$14\boldsymbol{I}$	$8\boldsymbol{I}$	$2\boldsymbol{I}$

Z 轴的结果如图 9.4(a)-图 9.4(c)所示。使用 SVD 和 AJ 的伪逆方法表明，它们无法实现控制任务，因为伪逆矩阵失去了一个自由度。SA 方法需要机器人运动学知识。当机器人处于奇点时，基于 Jacobian 矩阵的方法产生高的关节速率，因此必须仔细选择参数 ξ 。

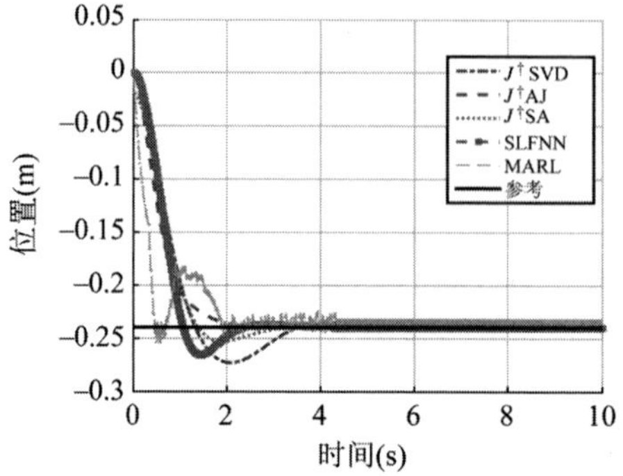

(a) 在 *X* 轴的位置

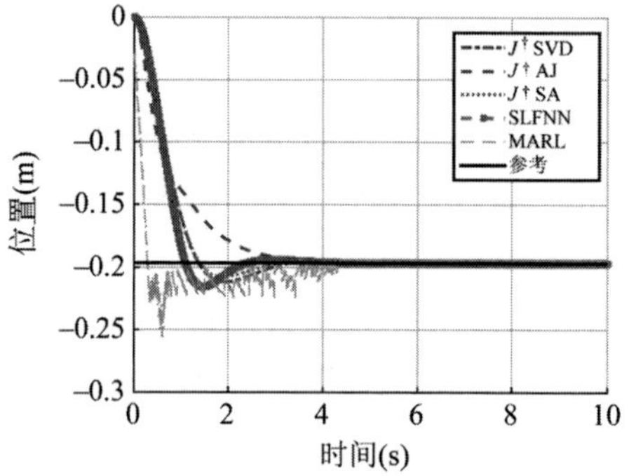

(b) 在 *Y* 轴的位置

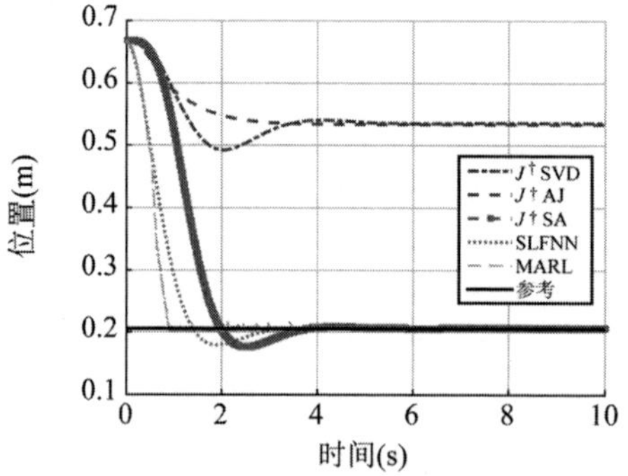

(c) 在 *Z* 轴的位置

图 9.4　模拟位置跟踪

SLFNN 需要离线训练，由于神经网络的复杂性，大约需要 6 小时。MARL 算法比其他方法更快地收敛到所需参考位置，该算法还实现了不可控性问题的控制任务。图 9.5 中的学习曲线表明，该算法收敛迅速，因为 critic 帮助 actor 在较少的时间内学习到最优解。图 9.6 显示了 MARL 如何最小化每个学习阶段的总累积奖励，如 $\sum_{i=1}^{T} p_i(x,\sigma)$ 。

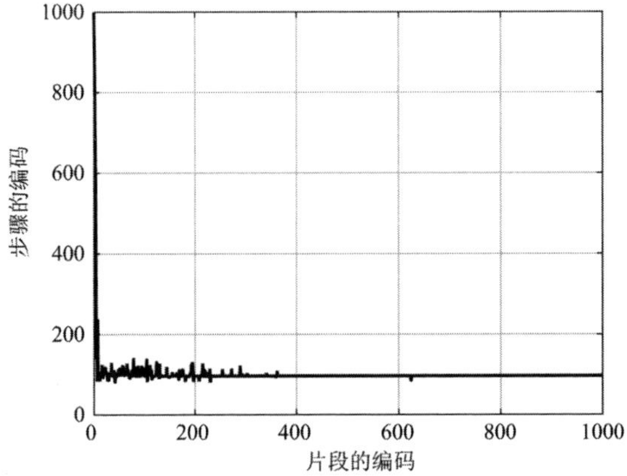

图 9.5　MARL 学习曲线

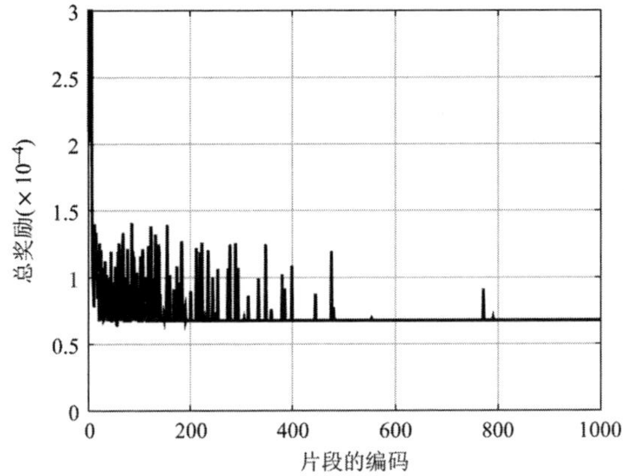

图 9.6　总奖励曲线

示例 9.2　实验

现在将 MARL 分别与 $J^{\dagger}$SA 和 SLFNN 进行比较。所需要的位置姿势为 $\boldsymbol{x}_d=[-0.086,\ 0.138,\ 0.62]^{\mathrm{T}}$，初始关节位置与奇点的情况相同。

使用相同的学习参数，PID 增益被修改为 $\boldsymbol{K}_p=90\boldsymbol{I}$、$\boldsymbol{K}_d=2\boldsymbol{I}$ 和 $\boldsymbol{K}_i=5\boldsymbol{I}$。在任务空间中，$\boldsymbol{K}_p=180\boldsymbol{I}$，$\boldsymbol{K}_d=4\boldsymbol{I}$，$\boldsymbol{K}_i=10\boldsymbol{I}$。比较结果如图 9.7 所示。

可以发现，$J^{\dagger}$SA 取决于控制器增益和惩罚常数，后者决定了控制器响应。MARL 是一种无模型算法，可获得次优解。MARL 运动学学习方法的优点是不需要机器人动力学和可能的干扰。MARL 比 SLFNN 收敛更快，可以在线应用。

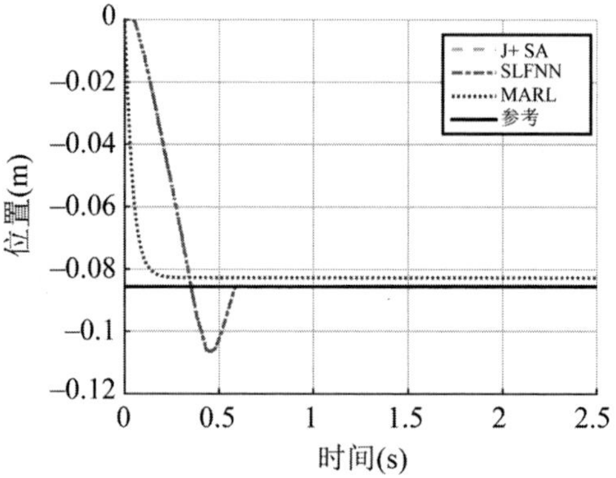

(a) 在 X 轴的位置

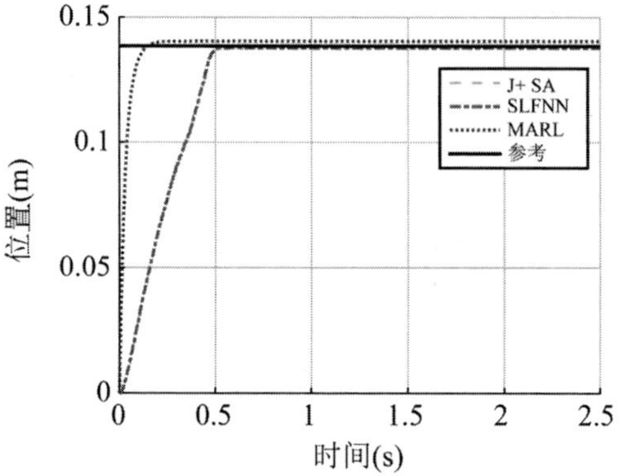

(b) 在 Y 轴的位置

图 9.7　实验的位置跟踪

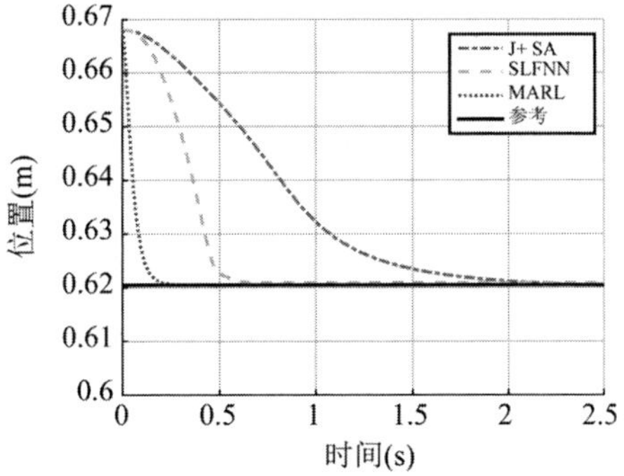

(c) 在 Z 轴的位置

图 9.7(续)

为了获得更精确的响应，需要在动作空间中添加新的小位移。

当 MARL 收敛时，获得所需任务的逆运动学。逆运动学可用于重复性任务，并以简单的方式将任务空间控制问题转换为关节空间控制问题。

9.5　本章小结

本章将多智能体强化学习应用于任务空间中的冗余机器人控制，该方法不需要使用逆运动学和 Jacobian 矩阵。这种无模型控制器避免了冗余机器人的任务空间问题。强化学习算法使用两个值函数来处理机器人的运动学和可控性问题，克服了 RL 中的维数灾难和冗余机器人控制的可控性问题。4-DOF 外骨骼机器人的实验结果表明，本章提出的 MARL 方法比基于 Jacobian 矩阵和神经网络的标准方法要好得多。

第 10 章 使用强化学习的机器人 $\mathcal{H}_2$ 神经控制

10.1 引言

最优鲁棒控制旨在根据期望性能找到最小化或最大化某个指标或成本函数的控制器[1]。

最常用的优化控制方法是 $\mathcal{H}_2$，如线性二次调节器(LQR)控制。它使用系统动力学来计算(离线)最小化/最大化成本函数的控制器。为了在线获得最优控制器，可以使用 Hewer 算法或 Lyapunov 递归[2]。

当系统动力学未知时，不能直接应用经典的 $\mathcal{H}_2$ 控制，需要使用其他技术[3]。文献提出了用于未知系统动力学的自适应动态规划(ADP)或强化学习(RL)[4-6]。经典的 RL 方法是在离散时间中设计的，它们需要逼近器，如高斯核、线性参数化或神经网络[7-9]，用于处理大的状态-动作空间。由于大输入空间需要进行搜索，因此这些逼近器需要较长的学习时间[10-12]。

为了加快学习时间，一些作者使用了长短期记忆，如资格迹[7]，用于访问之前步骤中的状态。其他方法使用模型学习[13, 14]或引用模型学习[15]，将学习的模型作为经验并利用其知识进行快速拔靴，它们需要精确的逼近器来获得最优控制问题的可靠解。神经网络是 RL 方法和模型学习方法中最广泛使用的逼近器之一。神经网络的主要优点是，它们可以通过其反馈原理来估计和控制复杂系统[16，17]。然而，他们的学习需要探索条件，如持续激励(PE)信号，以便进行精确识别[11, 12, 18]。

另一种加速学习时间的方法是使用递归神经网络(RNN)[19-21]，这在当前文献中没有得到很好的体现。将稳定动力学应用于权重更新。该方法通过梯度下降规则[22, 23]和鲁棒修改[24]扩展到离散时间神经网络，以确保系统辨识的稳定性。然而神经网络辨识对建模误差敏感，不能保证最优性能。

本章讨论的基于递归神经网络和机器人强化学习的$\mathcal{H}_2$神经控制，比标准LQR控制具有更好的性能，并加速学习过程。控制器是为离散时间和连续时间而设计，本章还给出神经辨识器和神经控制的稳定性分析和收敛性。

10.2　使用离散时间强化学习的$\mathcal{H}_2$神经控制

近年来，由于几乎所有的控制方案都在数字设备上实现，离散时间系统的控制变得越来越重要。机器学习技术也在离散时间[1]中发展。

考虑以下离散时间状态空间非线性系统：

$$\boldsymbol{x}_{k+1}=f(\boldsymbol{x}_k,\boldsymbol{u}_k) \tag{10.1}$$

其中$\boldsymbol{x}_k\in\mathbb{R}^n$是状态向量，$\boldsymbol{u}_k\in\mathbb{R}^m$是控制向量，$f\in\mathbb{R}^n$是未知的非线性转换函数。

使用以下离散时间串并行递归神经网络[23]来建模(10.1)，

$$\hat{\boldsymbol{x}}_{k+1}=\boldsymbol{A}\hat{\boldsymbol{x}}_k+\boldsymbol{W}_{1,k}\sigma(\boldsymbol{W}_{2,k}\boldsymbol{x}_k)+\boldsymbol{U}_k \tag{10.2}$$

其中$\hat{x}_k\in\mathbb{R}^n$是RNN的状态，并且

$$\boldsymbol{U}_k=[u_1,u_2,\cdots,u_m,0,\cdots,0]^{\top}\in\mathbb{R}^n$$

是控制输入。矩阵$\boldsymbol{A}\in\mathbb{R}^{n\times n}$是稳定的Hurwitz矩阵，将指定$W_{1,k}\in\mathbb{R}^{n\times r}$是输出权重，$\boldsymbol{W}_{2,k}\in\mathbb{R}^{l\times n}$是隐藏层的权重，$\sigma(\cdot)$：$\mathbb{R}^l\to\mathbb{R}^r$是激活函数，其中$\sigma_i(\cdot)$可以是任何平稳、有界和单调递增函数。

对于非线性系统建模，考虑以下两种情况：

(1) 假设具有固定$\boldsymbol{W}_{2,k}$的神经模型(10.2)可以精确地逼近非线性系统(10.1)。根据Stone-Weierstrass定理[25]，非线性模型(10.1)可以写成

$$\boldsymbol{x}_{k+1}=\boldsymbol{A}\boldsymbol{x}_k+\boldsymbol{W}_1^*\sigma(\boldsymbol{W}_2^*\boldsymbol{x}_k)+\boldsymbol{U}_k \tag{10.3}$$

其中$\boldsymbol{W}_1^*$和$\boldsymbol{W}_2^*$是最优权重矩阵。

为了获得参数更新规则，使用以下泰勒公式[22]扩展(10.2)的项$\sigma(W_{2,k}\boldsymbol{x}_k)$

$$g(x)=\sum_{i=0}^{l-1}\frac{1}{i!}\left[(x_1-x_1^0)\frac{\partial}{\partial x_1}+(x_2-x_2^0)\frac{\partial}{\partial x_2}\right]_0^i g(x^0)+\varepsilon_g$$

其中$\boldsymbol{x}=[x_1,\ x_2]^{\mathrm{T}}$, $\boldsymbol{x}^0=[x_1^0,x_2^0]^{\mathrm{T}}$，$\varepsilon_g$是泰勒公式的余项。

设x_1和x_2分别对应于$\boldsymbol{W}_{1,k}$和$\boldsymbol{W}_{2,k}\boldsymbol{x}_k$，$x_1^0$和$x_2^0$分别对应于$\boldsymbol{W}_1^*$和$\boldsymbol{W}_2^*\boldsymbol{x}_k$，$l=2$。识别误差定义为

$$\widetilde{x}_k=\widehat{x}_k-x_k \tag{10.4}$$

根据式(10.3)和式(10.2)，

$$\widetilde{x}_{k+1}=\boldsymbol{A}\widetilde{x}_k+\widetilde{\boldsymbol{W}}_{1,k}\sigma(W_{2,k}x_k)+\boldsymbol{W}_1\sigma'\widetilde{\boldsymbol{W}}_{2,k}x_k+\varepsilon_W \tag{10.5}$$

其中$\widetilde{\boldsymbol{W}}_{1,k}=\boldsymbol{W}_{1,k}-\boldsymbol{W}_1^*$，$\widetilde{\boldsymbol{W}}_{2,k}=\boldsymbol{W}_{2,k}-\boldsymbol{W}_2^*$并且$\varepsilon_W$是泰勒级数的二阶逼近误差。当$\boldsymbol{W}_{2,k}$固定时，$\varepsilon_W=0$，因此

$$\widetilde{x}_{k+1}=\boldsymbol{A}\widetilde{x}_k+\widetilde{\boldsymbol{W}}_{1,k}\sigma(\boldsymbol{W}_2x_k) \tag{10.6}$$

(2) 通常，神经网络(10.2)不能完全描述非线性系统(10.1)。非线性系统(10.1)可以表示为：

$$x_{k+1}=\boldsymbol{A}x_k+\boldsymbol{W}_{1,k}\sigma(\boldsymbol{W}_{2,k}x_k)+\boldsymbol{U}_k+\zeta_k \tag{10.7}$$

其中$\zeta_k=-\widetilde{\boldsymbol{W}}_{1,k}\sigma(\boldsymbol{W}_{2,k}x_k)-\boldsymbol{W}_{1,k}\sigma'\widetilde{\boldsymbol{W}}_{2,k}x_k-\varepsilon_f+\varepsilon_W$，$\varepsilon_f$是建模误差，定义为

$$\varepsilon_f=f(x_k,u_k)-\boldsymbol{A}x_k-\boldsymbol{W}_1^*\sigma(\boldsymbol{W}_2^*x_k)-\boldsymbol{U}_k \tag{10.8}$$

识别误差的动态特性(10.4)为：

$$\widetilde{x}_{k+1}=\boldsymbol{A}\widetilde{x}_k+\widetilde{\boldsymbol{W}}_{1,k}\sigma(\boldsymbol{W}_{2,k}\widehat{x}_k)+\boldsymbol{W}_{1,k}\sigma'\widetilde{\boldsymbol{W}}_{2,k}x_k+\xi_k \tag{10.9}$$

其中$\xi_k=\varepsilon_W-\varepsilon_f$。

采用以下假设：

假设 10.1 存在一个常数 $\beta \geqslant 1$ 使得

$$\|x_{k+1}\| \geqslant \frac{1}{\beta}\|x_k\| \tag{10.10}$$

这种情况实际上是一个死区[24]，可以选择足够大的 β 让死区几乎分散。

假设 10.2 (10.7)中的未建模动态 ξ_k 有界：

$$\|\xi_k\| \leqslant \bar{\xi} \tag{10.11}$$

如果选择式(10.2)中的矩阵 $\boldsymbol{A}$ 作为稳定矩阵，则具有以下性质：

P10.1：如果矩阵 $\boldsymbol{A}$ 的特征值在区间 $-\frac{1}{\beta} < \lambda(\boldsymbol{A}) < 0$，则对于任何矩阵 $\boldsymbol{Q}^i = \boldsymbol{Q}^{i\mathrm{T}} > 0$，以下 Lyapunov 方程存在唯一解 $\boldsymbol{P}^i = \boldsymbol{P}^{i\mathrm{T}} > 0$：

$$\boldsymbol{A}^\top \boldsymbol{P}^i \boldsymbol{A} - \boldsymbol{P}^i + \boldsymbol{Q}^i + \left(\frac{1}{\beta}\boldsymbol{I} + \boldsymbol{A}\right)^\top P^i \left(\frac{1}{\beta}\boldsymbol{I} + \boldsymbol{A}\right) = 0 \tag{10.12}$$

Lyapunov 方程的解为：

$$\left\{\boldsymbol{I} - \boldsymbol{A}^\top \bigotimes \boldsymbol{A}^\top - \left[\frac{1}{\beta}\boldsymbol{I} + \boldsymbol{A}\right]^\top \bigotimes \left[\frac{1}{\beta}\boldsymbol{I} + \boldsymbol{A}\right]^\top\right\} \mathrm{vec}(\boldsymbol{P}^i) = \mathrm{vec}(\boldsymbol{Q}^i)$$

这里的 $\otimes$ 是 Kronecker 乘积，而 $\mathrm{vec}(\cdot)$ 是矩阵延伸。

属性 P10.1 用于证明神经标识符在条件 $-\frac{1}{\beta} < \lambda(\boldsymbol{A}) < 0$ 下的稳定性：此处将使用两种不同的模型设计在线 $\mathcal{H}_2$ 控制：递归神经网络(RNN)和强化学习(RL)。这两种方法都是针对以上两种情况设计的：精确模型匹配和建模误差。

首先设计 critic 控制以遵循所需的参考位置 $x_d \in \mathbb{R}^n$，这是以下模型的解：

$$x_{k+1}^d = \varphi(x_k^d) \tag{10.13}$$

跟踪误差是

$$e_k = x_k - x_k^d \tag{10.14}$$

非线性系统(10.1)由具有未建模动态 ξ_k 的神经网络(10.2)表示：

$$x_{k+1} = \boldsymbol{A}x_k + \boldsymbol{W}_{1,k}\sigma(\boldsymbol{W}_{2,k}x_k) + \boldsymbol{U}_k + \zeta_k \tag{10.15}$$

其中 $\zeta_k = -\widetilde{W}_{1,k}\sigma(W_{2,k}x_k) - W_{1,k}\sigma'\widetilde{W}_{2,k}x_k - \xi_k$。式(10.15)和式(10.13)之间的闭环误差动态为：

$$e_{k+1} = Ax_k + W_{1,k}\sigma(W_{2,k}x_k) + U_k + \zeta_k - \varphi(x_k^d) \tag{10.16}$$

为未知非线性系统(10.1)设计了以下反馈前馈控制 U_k：

$$\begin{aligned} U_k &= U_1 + U_2 \\ &= \varphi(x_k^d) - Ax_k^d - W_{1,k}\sigma(W_{2,k}x_k) + U_2 \end{aligned} \tag{10.17}$$

其中 U_1 是神经前馈控制，使用神经模型(10.15)，U_2 是 $\mathcal{H}_2$ 反馈控制。

闭环误差动态(10.16)减少为：

$$e_{k+1} = Ae_k + U_2 + \zeta_k \tag{10.18}$$

为了设计反馈控制 U_2，使用以下特性。

P10.2：存在严格正定矩阵 Q^c，使得离散代数 Riccati 方程(DARE)

$$A^\top P^c A + Q^c - A^\top P^c (R^c + P^c)^{-1} P^c A - P^c = 0 \tag{10.19}$$

具有正解 $P^c = P^{c\top} > 0$，$R^c = R^{c\top} > 0$。

根据特性 P10.2，反馈控制 U_2 具有以下形式

$$U_2 = -Ke_k, \quad K = -(R^c + P^c)^{-1} P^c A \tag{10.20}$$

其中 $R^c = R^{c\top} > 0$，P_j^c 是 DARE(10.19)的解。式(10.19)的解可以使用 Lyapunov 递归迭代获得[26]，

$$P_{k+1}^c = (A - K_k)^\top P_k^c (A - K_k) + Q^c + K_k^\top R^c K_k \tag{10.21}$$

因为($A - K_k$)是稳定的，式(10.21)收敛到任何初始值为 P_0^c 的DARE(10.19)解。

如果神经模型(10.2)能够精确逼近非线性系统(10.1)，则以下定理给出了神经$\mathcal{H}_2$控制的渐近稳定性。

定理 10.1 如果未知非线性动力学(10.1)可以用固定 W_2 的神经模型(10.2)精确逼近，则神经模型的权重可通过以下公式调整

$$\widetilde{W}_{1,k+1} = \widetilde{W}_{1,k} - \eta P^i A \widetilde{x}_k \sigma^\top \tag{10.22}$$

其中

$$\eta=\begin{cases}\eta_0\frac{1}{1+\|P^iA\sigma\|^2}, & \text{如果 } \|\widetilde{x}_{k+1}\|\geqslant\frac{1}{\beta}\|\widetilde{x}_k\| \\ 0 & \text{否则}\end{cases} \tag{10.23}$$

其中$\eta_0\in(0,1]$。基于假设 10.1，神经$\mathcal{H}_2$控制(10.17)的跟踪误差是全局渐近稳定的。

证明：考虑 Lyapunov 函数

$$V_k=\widetilde{x}_k^\top P^i\widetilde{x}_k+e_k^\top P^c e_k+\frac{1}{\eta}\operatorname{tr}(\widetilde{W}_{1,k}^\top\widetilde{W}_{1,k}) \tag{10.24}$$

其中$\tilde{x}_k$是神经建模误差，e_k是$\mathcal{H}_2$控制的跟踪误差。Lyapunov 方程的时间差$\Delta V_k=V_{k+1}-V_k$是

$$\begin{aligned}\Delta V_k=&\ \widetilde{x}_{k+1}^\top P^i\widetilde{x}_{k+1}+e_{k+1}^\top P^c e_{k+1}-\widetilde{x}_k^\top P^i\widetilde{x}_k-e_k^\top P^c e_k\\&+\frac{1}{\eta}\left(\operatorname{tr}(\widetilde{W}_{1,k+1}^\top\widetilde{W}_{1,k+1})\right)-\frac{1}{\eta}\left(\operatorname{tr}(\widetilde{W}_{1,k}^\top\widetilde{W}_{1,k})\right)\end{aligned}$$

ΔV_k包括识别部分$\Delta V_{1,k}$和控制部分$\Delta V_{2,k}$，可写为

$$\begin{aligned}\Delta V_{1,k}&=\Delta V_k-\Delta V_{2,k}\\ \Delta V_{2,k}&=e_{k+1}^\top P^c e_{k+1}-e_k^\top P^c e_k\end{aligned}$$

将识别误差动力学(10.5)和更新规则(10.22)代入$\Delta V_{1,k}$：

$$\begin{aligned}\Delta V_{1,k}=&\ \widetilde{x}_k^\top(A^\top P^iA-P^i)\widetilde{x}_k+\sigma^\top\widetilde{W}_{1,k}^\top P\widetilde{W}_{1,k}\sigma\\&+2\widetilde{x}^\top A^\top P^i\widetilde{W}_{1,k}\sigma-2\operatorname{tr}(\widetilde{W}_{1,k}^\top Z)+\eta\operatorname{tr}(Z^\top Z)\end{aligned}$$

其中$Z=P^iA\widetilde{x}_k\sigma^\top$。上述表达式由 Minkowski 不等式可简化为：

$$\Delta V_{1,k}\leqslant\widetilde{x}_k^\top(A^\top P^iA-P^i)\widetilde{x}_k+\|P^i\|\|\widetilde{x}_{k+1}-A\widetilde{x}_k\|^2+\|P^iA\widetilde{x}_k\|^2 \tag{10.25}$$

运用假设 10.1，式(10.25)的第二项可以写成

$$
\begin{aligned}
&\|\boldsymbol{P}^i\|\|\widetilde{x}_{k+1}-\boldsymbol{A}\widetilde{x}_k\|^2 \leqslant \|\boldsymbol{P}^i\|(\|\widetilde{x}_{k+1}\|^2+\|\boldsymbol{A}\widetilde{x}_k\|^2)\\
&\leqslant \|\boldsymbol{P}^i\|\left(\frac{1}{\beta^2}+\|\boldsymbol{A}\|^2\right)\|\widetilde{x}_k\|^2 \leqslant \|\boldsymbol{P}^i\|\|\frac{1}{\beta}\boldsymbol{I}+\boldsymbol{A}\|^2\|\widetilde{x}_k\|^2\\
&=\widetilde{x}_k^{\top}\left(\frac{1}{\beta}\boldsymbol{I}+\boldsymbol{A}\right)^{\top}\boldsymbol{P}^i\left(\frac{1}{\beta}\boldsymbol{I}+\boldsymbol{A}\right)\widetilde{x}_k
\end{aligned}
$$

根据性质 P10.1，

$$
\Delta V_{1,k} \leqslant -\left[\lambda_{\min}(\boldsymbol{Q}^i)-\eta_0\frac{\|\boldsymbol{P}^i\boldsymbol{A}\sigma\|^2}{1+\|\boldsymbol{P}^i\boldsymbol{A}\sigma\|^2}\right]\|\widetilde{x}_k\|^2 \leqslant -\alpha_0\|\widetilde{x}_k\|^2
$$

其中$\alpha_0=\lambda_{\min}(\boldsymbol{Q}^i)-\eta_0\frac{\kappa}{1+\kappa^2}>0$，并且$\kappa=\max_k\|\boldsymbol{P}^i\boldsymbol{A}\sigma\|$。根据 Barbalat 引理，$\tilde{x}_k$ 收敛到零，可以得出神经网络识别的渐近稳定性。

在精确逼近的情况下，跟踪控制(10.18)的误差动态为

$$
e_{k+1}=\boldsymbol{A}e_k+\boldsymbol{U}_2
$$

使用离散代数 Riccati 方程(10.19)和(10.20)，控制部分$\Delta V_{2,k}$为

$$
\begin{aligned}
\Delta V_{2,k} &= e_{k+1}^{\top}\boldsymbol{P}^c e_{k+1}-e_k^{\top}\boldsymbol{P}^c e_k \pm e_k^{\top}\boldsymbol{Q}^c e_k \pm \boldsymbol{U}_2^{\top}R^c\boldsymbol{U}_2\\
&= e_k^{\top}(\boldsymbol{A}^{\top}\boldsymbol{P}^c A-\boldsymbol{P}^c \pm \boldsymbol{Q}^c)e_k \pm \boldsymbol{U}_2^{\top}(\boldsymbol{R}^c+\boldsymbol{P}^c)\boldsymbol{U}_2+2e_k^{\top}\boldsymbol{A}^{\top}\boldsymbol{P}^c\boldsymbol{U}_2\\
&= -e_k^{\top}(\boldsymbol{Q}^c+\boldsymbol{K}^{\top}\boldsymbol{R}^c\boldsymbol{K})e_k\\
&= -e_k^{\top}\overline{\boldsymbol{Q}}e_k \leqslant 0
\end{aligned}
$$

其中$\overline{\boldsymbol{Q}}=\boldsymbol{Q}^c+\boldsymbol{K}^{\top}\boldsymbol{R}^c\boldsymbol{K}$。根据 Barbalat 引理，$e_k$ 是渐近稳定的。

备注 10.1 固定隐藏权重 $\boldsymbol{W}_2$，以简化神经建模过程。

$\boldsymbol{W}_2$ 可以通过[22]中的反向传播方法进行更新。另一方面，如果随机选择隐藏权重 $\boldsymbol{W}_2$，则神经网络具有良好的逼近能力。这里，$\boldsymbol{W}_2$ 的元素在(0,1)中随机选择，然后固定。

一般情况下，神经模型(10.2)不能精确地将非线性系统(10.1)逼近为(10.7)。以下定理给出了神经 $\mathcal{H}_2$ 控制的稳定性结果。

定理 10.2 非线性系统(10.1)由神经 $\mathcal{H}_2$ 控制(10.17)所操控。如果递归神经

网络(10.2)的权重通过下式进行调整

$$\begin{aligned}\widetilde{\boldsymbol{W}}_{1,k+1} &= \widetilde{\boldsymbol{W}}_{1,k} - \eta\left(\boldsymbol{P}^i\boldsymbol{A}\widetilde{x}_k + \boldsymbol{W}_1\sigma'\widetilde{\boldsymbol{W}}_{2,k}x_k\right)\sigma^\top \\ \widetilde{\boldsymbol{W}}_{2,k+1} &= \widetilde{\boldsymbol{W}}_{2,k} - \eta\sigma'^\top\boldsymbol{W}_{1,k}^\top\boldsymbol{P}^i\boldsymbol{A}\widetilde{x}_k x_k^\top\end{aligned} \tag{10.26}$$

其中η满足

$$\eta = \begin{cases}\dfrac{\eta_0}{1+\|\boldsymbol{P}^i\boldsymbol{A}\sigma\|^2+\|\sigma'^\top\boldsymbol{W}_{1,k}^\top\boldsymbol{P}^i\boldsymbol{A}x_k\|^2}, & \text{如果}\|\widetilde{x}_{k+1}\| \geqslant \frac{1}{\beta}\|\widetilde{x}_k\| \\ 0 & \text{否则}\end{cases} \tag{10.27}$$

$\eta_0 \in [0, 1]$。在假设 10.1 和假设 10.2 下，跟踪误差e_k是稳定的并收敛到一个小的有界集合。

证明：由于$\boldsymbol{W}_{2,k}$不是定理 10.1 中的常数，因此这里将 Lyapunov 函数改为

$$V_k = \widetilde{x}_k^\top\boldsymbol{P}^i\widetilde{x}_k + e_k^\top\boldsymbol{P}^c e_k + \frac{1}{\eta}\left[\operatorname{tr}(\widetilde{\boldsymbol{W}}_{1,k}^\top\widetilde{\boldsymbol{W}}_{1,k}) + \operatorname{tr}(\widetilde{\boldsymbol{W}}_{2,k}^\top\widetilde{\boldsymbol{W}}_{2,k})\right] \tag{10.28}$$

与定理 10.1 的证明类似，ΔV_k也被分为$\Delta V_{1,k}$和$\Delta V_{2,k}$。

由于存在建模误差ζ_k，识别误差动态从(10.6)变为(10.9)

$$\begin{aligned}\Delta V_{1,k} = &\ \widetilde{x}_k^\top(\boldsymbol{A}^\top\boldsymbol{P}^i\boldsymbol{A}-\boldsymbol{P}^i)\widetilde{x}_k + \sigma^\top\widetilde{\boldsymbol{W}}_{1,k}^\top\boldsymbol{P}^i\widetilde{\boldsymbol{W}}_{1,k}\sigma \\ &+2\widetilde{x}^\top\boldsymbol{A}^\top\boldsymbol{P}^i(\widetilde{\boldsymbol{W}}_{1,k}\sigma + \boldsymbol{W}_{1,k}\sigma'\widetilde{\boldsymbol{W}}_{2,t}x_k + \zeta_k) \\ &+2\sigma^\top\widetilde{\boldsymbol{W}}_{1,k}^\top\boldsymbol{P}^i(\boldsymbol{W}_{1,k}\sigma'\widetilde{\boldsymbol{W}}_2 x_k + \zeta_k) + \varepsilon_W^\top\boldsymbol{P}^i\zeta_k \\ &+x_k^\top\widetilde{\boldsymbol{W}}_{2,k}^\top\sigma'^\top\boldsymbol{W}_{1,k}^\top\boldsymbol{P}^i\boldsymbol{W}_{1,k}\sigma'\widetilde{\boldsymbol{W}}_{2,k}x_k + \eta\operatorname{tr}(\boldsymbol{Z}_1^\top\boldsymbol{Z}_1) \\ &+2\widetilde{x}^\top\widetilde{\boldsymbol{W}}_{2,k}^\top\sigma'^\top\boldsymbol{W}_{1,k}^\top\boldsymbol{P}^i\zeta_k - 2\operatorname{tr}(\widetilde{\boldsymbol{W}}_{1,k}^\top\boldsymbol{Z}_1) \\ &+2\operatorname{tr}(\widetilde{\boldsymbol{W}}_{2,k}^\top\boldsymbol{Z}_2) + \eta\operatorname{tr}(\boldsymbol{Z}_2^\top\boldsymbol{Z}_2)\end{aligned}$$

其中$\boldsymbol{Z}_1 = (\boldsymbol{P}^i\boldsymbol{A}\widetilde{x}_k + \boldsymbol{P}^i\boldsymbol{W}_1\sigma'\widetilde{\boldsymbol{W}}_{2,k}x_k)\sigma^\top$，$Z_2 = \sigma'^\top\boldsymbol{W}_{1,k}^\top\boldsymbol{P}^i\boldsymbol{A}\widetilde{x}_k x_k^\top$。最后

$$\begin{aligned}\Delta V_{1,k} \leqslant & -\lambda_{\min}(Q^i)\|\widetilde{x}_k\|^2 + \frac{1}{\beta^2}\|\widetilde{x}_k\|^2 + \eta_0\frac{\|\boldsymbol{P}\boldsymbol{A}\sigma\|^2+\|\sigma'^\top\boldsymbol{W}_{1,k}^\top\boldsymbol{P}^i\boldsymbol{A}x_k\|^2}{1+\|\boldsymbol{P}^i\boldsymbol{A}\sigma\|^2+\|\sigma'^\top\boldsymbol{W}_{1,k}^\top\boldsymbol{P}^i\boldsymbol{A}x_k\|^2}\|\widetilde{x}_k\|^2 \\ &+\left[\lambda_{\max}^2(\boldsymbol{P}^i) - 2\lambda_{\min}(\boldsymbol{P}^i)\right]\|\zeta_k\|^2 \\ \leqslant & -\alpha_1\|\widetilde{x}_k\|^2 + \chi\|\zeta_k\|^2\end{aligned}$$

其中

$$\begin{aligned}\alpha_1 &= \lambda_{\min}(\boldsymbol{Q}^i) - \frac{1}{\beta^2} - \frac{\eta_0\kappa}{1+\kappa} \\ \chi &= \lambda_{\max}^2(\boldsymbol{P}^i) - 2\lambda_{\min}(\boldsymbol{P}^i) \\ \kappa &= \max_k(\|\boldsymbol{P}^i\boldsymbol{A}\sigma\|^2 + \|\sigma'^\top\boldsymbol{W}_{1,k}^\top\boldsymbol{P}^i\boldsymbol{A}x_k\|^2)\end{aligned}$$

因为

$$\lambda_{\min}(\boldsymbol{Q}^i)-\frac{1}{\beta^2}-\eta_0\frac{\kappa}{1+\kappa}>\lambda_{\min}(\boldsymbol{Q}^i)-\frac{1}{\beta^2}-\eta_0>\lambda_{\min}(\boldsymbol{Q}^i)-\frac{1}{\beta^2}-1$$

可以选择足够大的β，使得$\boldsymbol{P}^i$和$\boldsymbol{Q}^i$是式(10.12)的正解，并且$\alpha_1>0$，$\chi>0$。根据输入到状态稳定性理论，当$\|\zeta_k\|^2$以ξ为界时(假设 10.2)，建模误差收敛到

$$\|\widetilde{x}_k\|\to\sqrt{\frac{\lambda_{\max}(\chi_1)}{\lambda_{\min}(\alpha_1)}\overline{\xi}}$$

控制部分$\Delta V_{2,k}$为

$$\begin{aligned}\Delta V_{2,k}&=e_{k+1}^{\top}\boldsymbol{P}^c e_{k+1}-e_k^{\top}\boldsymbol{P}^c e_k\pm e_k^{\top}\boldsymbol{Q}^c e_k\pm \boldsymbol{U}_2^{\top}\boldsymbol{R}^c\boldsymbol{U}_2\\&=e_k^{\top}(\boldsymbol{A}^{\top}\boldsymbol{P}^c\boldsymbol{A}-\boldsymbol{P}^c\pm\boldsymbol{Q}^c)e_k\pm\boldsymbol{U}_2^{\top}(\boldsymbol{R}^c+\boldsymbol{P}^c)\boldsymbol{U}_2\\&\quad+2e_k^{\top}\boldsymbol{A}^{\top}\boldsymbol{P}^c(\boldsymbol{U}_2+\zeta_k)+2\boldsymbol{U}_2^{\top}\boldsymbol{P}^c\zeta_k+\zeta_k^{\top}\boldsymbol{P}^c\zeta_k\\&=-e_k^{\top}(\boldsymbol{Q}^c+\boldsymbol{K}^{\top}\boldsymbol{R}^c\boldsymbol{K})e_k+\zeta_k^{\top}\boldsymbol{P}^c\zeta_k-2e_k^{\top}\boldsymbol{K}^{\top}\boldsymbol{P}^c\zeta_k\\&\leqslant-e_k^{\top}(\boldsymbol{Q}^c+\boldsymbol{K}^{\top}(\boldsymbol{R}^c-\boldsymbol{I})\boldsymbol{K})e_k+\zeta_k^{\top}(\boldsymbol{P}^c+\boldsymbol{P}^{c^2})\zeta_k\\&\leqslant-e_k^{\top}\overline{\boldsymbol{Q}}e_k+\zeta_k^{\top}\boldsymbol{\Omega}\zeta_k\end{aligned}$$

其中$\boldsymbol{\Omega}=\boldsymbol{P}^c+\boldsymbol{P}^{c^2}>0$，$\overline{\boldsymbol{Q}}=\boldsymbol{Q}^c+\boldsymbol{K}^{\top}(\boldsymbol{R}^c-\boldsymbol{I})\boldsymbol{K}>0$。根据输入到状态稳定性理论，当$\|\zeta_k\|^2$以$\xi$为边界时(假设 10.2)，跟踪误差收敛到

$$\|e_k\|\to\sqrt{\frac{\lambda_{\max}(\boldsymbol{\Omega})}{\lambda_{\min}(\boldsymbol{Q}^c)}\overline{\xi}}$$

备注 10.2 式(10.23)和式(10.27)中的死区η_k可能在权重更新时产生小的抖振效应。死区的大小为$\dfrac{1}{\beta}$。根据假设 10.1，不难选择足够大的β，使得死区变得非常小。这种小的抖振不影响闭环识别和控制。

算法 10.1 总结了一般情况下的 RNN $\mathcal{H}_2$控制。

算法 10.1　循环神经网络$\mathcal{H}_2$控制

打印 矩阵$\boldsymbol{A}$，$\boldsymbol{Q}^i$，$\boldsymbol{Q}^c$，$\boldsymbol{R}^c$，$\boldsymbol{W}_{1,0}$和$\boldsymbol{W}_{2,0}$。标量β和η_0。激活函数$\sigma(\cdot)$。期望参考$\varphi(x^d)$。

利用式(10.12)计算核矩阵$\boldsymbol{p}^i$

利用式(10.19)计算核矩阵$\boldsymbol{p}^c$

for 每一步$k=0, 1, \ldots$**do**

　　测量状态x_k

　　利用式(10.2)计算循环神经网络标识符

　　利用式(10.4)计算识别误差$\tilde{x}_k$

　　利用式(10.63)计算踪迹误差e_k

　　利用式(10.26)和式(10.27)更新权重$\boldsymbol{W}_{1,k+1}$和$\boldsymbol{W}_{2,k+1}$

　　利用式(10.17)和式(10.20)应用反馈前馈控制$\boldsymbol{U}_1$和$\boldsymbol{U}_2$

end for

$\mathcal{H}_2$控制器$\boldsymbol{U}_2$不需要实际系统的任何信息(10.1)。假设所有非线性动态都由神经控制器$\boldsymbol{U}_1$补偿。神经控制$\boldsymbol{U}_1$对神经建模误差$\tilde{x}_k$敏感。$\boldsymbol{U}_1$可能具有大的跟踪控制误差，甚至具有小的建模误差ξ_k。

此处将对$\mathcal{H}_2$控制使用强化学习。由于$\boldsymbol{U}_2$使用整个跟踪误差e_k来学习由$\boldsymbol{U}_1$和$\boldsymbol{U}_2$所引起的控制误差，因此强化学习控制可以克服建模过程中的问题。为了克服由建模误差引起的问题，使用强化学习来避免跟踪误差动态的知识，并且仅使用误差状态e_k的测量来计算反馈控制器$\boldsymbol{U}_2$。

对于$\mathcal{H}_2$控制，可以根据误差动态(10.18)定义以下贴现成本函数[5]：

$$S_k = \gamma_1 S_{k+1} + e_k^\top \boldsymbol{Q}^c e_k + \boldsymbol{U}_2^\top \boldsymbol{R}^c \boldsymbol{U}_2 \tag{10.29}$$

其中$S_k = \sum_{i=k}^{\infty} \gamma_1^{i-k} \left(e_i^\top \boldsymbol{Q}^c e_i + \boldsymbol{U}_2^\top \boldsymbol{R}^c \boldsymbol{U}_2\right)$是保证$S_k$收敛的贴现因子。

考虑以下神经网络逼近器：

$$\widehat{S}_k = \boldsymbol{\phi}^\top(e_k)\boldsymbol{\theta}_k = \boldsymbol{\phi}_k^\top \boldsymbol{\theta}_k \tag{10.30}$$

其中$\boldsymbol{\theta}_k \in \mathbb{R}^p$是权重向量，$\boldsymbol{\phi}(\cdot):\mathbb{R}^n \to \mathbb{R}^p$是隐层$p$神经元的激活函数。值函数$S_k$可以重写为：

$$S_k = \boldsymbol{\phi}_k^{\top}\boldsymbol{\theta}^* + \varepsilon_k \tag{10.31}$$

其中 $\boldsymbol{\theta}^*$是未知的最优权重值，$\varepsilon_k = \varepsilon(e_k)$是神经逼近误差。将式(10.31)代入式(10.29)得到：

$$\begin{aligned}\boldsymbol{\phi}_k^{\top}\boldsymbol{\theta}^* + \varepsilon_k &= e_k^{\top}\boldsymbol{Q}^c e_k + \boldsymbol{U}_2^{\top}\boldsymbol{R}^c\boldsymbol{U}_2 + \gamma_1(\boldsymbol{\phi}_{k+1}^{\top}\boldsymbol{\theta}^* + \varepsilon_{k+1}),\\ \varepsilon(e_k) - \gamma_1\varepsilon(e_{k+1}) &= e_k^{\top}\boldsymbol{Q}^c e_k + \boldsymbol{U}_2^{\top}\boldsymbol{R}^c\boldsymbol{U}_2 + (\gamma_1\boldsymbol{\phi}_{k+1}^{\top} - \boldsymbol{\phi}_k^{\top})\boldsymbol{\theta}^*\end{aligned}$$

这里定义

$$H(e_k,\boldsymbol{\theta}^*) = r_{k+1} + (\boldsymbol{\phi}_{k+1}^{\top} - \boldsymbol{\phi}_k^{\top})\boldsymbol{\theta}^* = \nu_k \tag{10.32}$$

其中$\nu_k = \varepsilon(e_k) - \gamma_1\varepsilon(e_{k+1})$是神经网络逼近器的残项误差，相当于离散时间哈密顿量，并且

$$r_{k+1} = e_k^{\top}\boldsymbol{Q}^c e_k + \boldsymbol{U}_2^{\top}\boldsymbol{R}^c\boldsymbol{U}_2$$

是即时奖励函数或效用函数。哈密顿量可以逼近为：

$$\widehat{H}(e_k,\boldsymbol{\theta}_k) = r_{k+1} + (\gamma_1\boldsymbol{\phi}_{k+1}^{\top} - \boldsymbol{\phi}_k^{\top})\boldsymbol{\theta}_k = \delta_k \tag{10.33}$$

时间差误差δ_k也可以写为

$$\delta_k = (\gamma_1\boldsymbol{\phi}_{k+1}^{\top} - \boldsymbol{\phi}_k^{\top})\widetilde{\boldsymbol{\theta}}_k + \nu_k \tag{10.34}$$

其中$\widetilde{\boldsymbol{\theta}}_k = \boldsymbol{\theta}_k - \boldsymbol{\theta}^*$，强化学习的目标是最小化残项误差$\delta_k$。这里将目标函数定义为时间差误差的平方

$$E = \frac{1}{2}\delta_k^2$$

神经逼近器的权重更新为正则化梯度下降算法

$$\boldsymbol{\theta}_{k+1} = \boldsymbol{\theta}_k - \alpha\frac{\partial E}{\partial \boldsymbol{\theta}_k} = \boldsymbol{\theta}_k - \alpha\delta_k\frac{q_k}{(q_k^{\top}q_k + 1)^2} \tag{10.35}$$

其中$\alpha\in(0, 1]$是学习率，$q_k^\top=(\gamma_1\boldsymbol{\phi}_{k+1}^\top-\boldsymbol{\phi}_k^\top)$。更新规则可以重写为

$$\widetilde{\boldsymbol{\theta}}_{k+1}=\widetilde{\boldsymbol{\theta}}_k-\alpha\frac{q_k q_k^\top}{(q_k^\top q_k+1)^2}\widetilde{\boldsymbol{\theta}}_k-\alpha\frac{q_k}{(q_k^\top q_k+1)^2}v_k \tag{10.36}$$

$\mathcal{H}_2$控制具有以下形式

$$\boldsymbol{U}_2=-\frac{\gamma_1}{2}\boldsymbol{R}^{c^{-1}}\nabla\boldsymbol{\phi}^\top(e_{k+1})\boldsymbol{\theta}_k \tag{10.37}$$

其中$\nabla=\partial/\partial e_{k+1}$。将$\mathcal{H}_2$控制(10.37)代入哈密顿量

$$\delta_k=e_k^\top\boldsymbol{Q}^c e_k-\frac{\gamma_1^2}{4}\boldsymbol{\theta}_k^\top\nabla\boldsymbol{\phi}_{k+1}\boldsymbol{R}^{c^{-1}}\nabla\boldsymbol{\phi}_{k+1}^\top\boldsymbol{\theta}_k+(\boldsymbol{\phi}_{k+1}^\top-\boldsymbol{\phi}_k^\top)\boldsymbol{\theta}_k$$

这种正则化梯度下降保证了权重更新的有界性[11]。强化学习的收敛性对应于$\hat{H}(\boldsymbol{\theta}_k)$或$\delta_k$如何收敛于$H(\boldsymbol{\theta}^*)$或$v_k$，这意味着神经逼近器参数的收敛定义了基于强化学习的$\mathcal{H}_2$控制的特性。

现在分析$\mathcal{H}_2$控制或$\boldsymbol{\theta}_k\to\boldsymbol{\theta}^*$的收敛性。首先定义持续激励(PE)条件。

定义 10.1 如果存在常数β_1、$\beta_2>0$，则学习输入$q/(q^T q+1)$在T步中称为持续激励(PE)

$$\beta_1\boldsymbol{I}\leqslant S_1=\sum_{j=k+1}^{k+T}\frac{q_j q_j^\top}{(q_j^\top q_j+1)^2}\leqslant\beta_2\boldsymbol{I} \tag{10.38}$$

定理 10.3 如果式(10.35)中的学习输入$q_k/(q_k^T q+1)$是持续激励的，神经逼近器的误差是$\tilde{\boldsymbol{\theta}}_k=\boldsymbol{\theta}_k-\boldsymbol{\theta}^*$，而且神经逼近器$F(\boldsymbol{\theta})=\boldsymbol{\phi}_k^T\boldsymbol{\theta}_k$的范围如下：

$$\begin{aligned}\|\boldsymbol{\theta}-\boldsymbol{\theta}^*\|&\leqslant\tfrac{1+\gamma_2}{1-\gamma_2}\overline{v},\\ \|F(\boldsymbol{\theta}_k)-F(\boldsymbol{\theta}^*)\|&\leqslant\tfrac{\gamma_2(1+\gamma_1)}{\gamma_2(1-\gamma_2)}\overline{v}\end{aligned} \tag{10.39}$$

其中γ_1和γ_2是收缩因子，$\overline{v}$是残项误差v_k的上界。

证明：定义动态规划算子$M_1:\mathcal{L}\to\mathcal{L}$如[9]中所述：

$$M_1(S)=\min_u\left(r_{k+1}+\gamma S_{k+1}\right) \tag{10.40}$$

这是收缩，即对于所有 S_1、$S_2 \in \mathcal{L}$，

$$\|M_1(S_1) - M_1(S_2)\| \leqslant \gamma_1 \|S_1 - S_2\| \tag{10.41}$$

因为 M_1 是一个收缩，它有一个唯一的不动点 S^* 满足 $S^* = M_1(S^*)$。考虑值函数逼近(10.30)及其动态规划算子 $M_2 = F^{\dagger} M_1(F(\theta))$: $\mathbb{R}^p \to \mathbb{R}^p$，其中 $F^{\dagger}$ 是 F 的伪逆投影：

$$\|F^{\dagger}(S_1) - F^{\dagger}(S_2)\| \leqslant \|S_1 - S_2\| \tag{10.42}$$

这意味着动态规划算子 M_2 也是一个收缩，具有收缩因子 $\gamma_2 \in [\gamma_1, 1)$，即对于所有 $\boldsymbol{\theta}_1, \boldsymbol{\theta}_2 \in \mathbb{R}^p$

$$\|M_2(\boldsymbol{\theta}_1) - M_2(\boldsymbol{\theta}_2)\| \leqslant \gamma_2 \|\boldsymbol{\theta}_1 - \boldsymbol{\theta}_2\| \tag{10.43}$$

将剩余逼近误差定义为：

$$\|v_k\| = \|S - F(\boldsymbol{\theta}^*)\| \tag{10.44}$$

并考虑对于一些 $\mu > 0$，残项误差的上界 $\bar{v} = \|v_k\| + \mu$，满足 $\|S - F(\boldsymbol{\theta}_x)\| \leqslant \bar{v}$，其中 $\boldsymbol{\theta}_x \in \mathbb{R}^p$：

$$\begin{aligned}
\|\boldsymbol{\theta}_x - M_2(\boldsymbol{\theta}_x)\| &= \|F^{\dagger} F(\boldsymbol{\theta}_x) - F^{\dagger} M_1(F(\boldsymbol{\theta}_x))\| \\
&\leqslant \|F(\boldsymbol{\theta}_x) - M_1(F(\boldsymbol{\theta}_x))\| \\
&\leqslant \|F(\boldsymbol{\theta}_x) - S\| + \|S - M_1(F(\boldsymbol{\theta}_x))\| \\
&= (1 + \gamma_1)\bar{v}
\end{aligned}$$

则参数误差的界如下：

$$\begin{aligned}
\|\boldsymbol{\theta} - \boldsymbol{\theta}^*\| &= \|\boldsymbol{\theta} - M_2(\boldsymbol{\theta}_x)\| + \|M_2(\boldsymbol{\theta}) - \boldsymbol{\theta}^*\| \\
&< (1 + \gamma_1)\bar{v} + \gamma_2 \|\boldsymbol{\theta} - \boldsymbol{\theta}^*\| < \tfrac{1+\gamma_1}{1-\gamma_2 \bar{v}}
\end{aligned}$$

由于 μ 可以任意小，$\bar{v} \geqslant \|v_k\|$，得出结论，参数误差的界是：

$$\|\widetilde{\boldsymbol{\theta}}\| < \frac{1 + \gamma_1}{1 - \gamma_2} \bar{v}$$

则逼近器的界如下：

$$\begin{aligned}
\|M_2(\boldsymbol{\theta}) - M_2(\boldsymbol{\theta}^*)\| &\leqslant \|F^{\dagger} M_1(F(\boldsymbol{\theta})) - F^{\dagger} M_1(F(\boldsymbol{\theta}^*))\| \\
&\leqslant \|M_1(F(\boldsymbol{\theta})) - M_1(F(\boldsymbol{\theta}^*))\| \\
&\leqslant \gamma_1 \|F(\boldsymbol{\theta}) - F(\boldsymbol{\theta}^*)\| \leqslant \gamma_2 \|\widetilde{\boldsymbol{\theta}}\|
\end{aligned}$$

最后

$$\|F(\boldsymbol{\theta})-F(\boldsymbol{\theta}^*)\|\leqslant\frac{\gamma_2}{\gamma_1}\|\widetilde{\boldsymbol{\theta}}\|\leqslant\frac{\gamma_2(1+\gamma_1)}{\gamma_1(1-\gamma_2)}\overline{v}$$

当$\gamma_1=\gamma_2$时，上述界减少到参数误差界(10.39)。

界(10.39)显示了通过假设对 PE 信号进行充足搜索，该方法可以拥有的最严格的上界。更新规则(10.35)下的逼近器(10.30)如下：

$$\widehat{S}_k=\boldsymbol{\phi}_k^\top\boldsymbol{\theta}_k+\alpha\boldsymbol{\phi}_k^\top\left(r_{k+1}+\frac{q_kq_k^\top}{1+q_k^\top q_k}\boldsymbol{\theta}_k\right)\tag{10.45}$$

括号中的项是有界的，如果它满足 PE 条件(10.38)，则界(10.39)是成立的。因此可以根据残项误差v_k得出强化学习收敛到小有界区域的结论，因此$\delta_k\to v_k$。

以下定理说明 PE 信号如何影响参数误差。

定理 10.4　如果式(10.35)中的学习输入$q_k/(1+q_k^\top q_k)$是 PE，并且使用式(10.17)和式(10.37)的基于强化学习的$\mathcal{H}_2$神经控制，则参数收敛到以下有界残项误差集：

$$\|\widetilde{\boldsymbol{\theta}}_k\|\leqslant\frac{\sqrt{\beta_2T}\left[(1+\gamma_1)\gamma_2+\alpha\beta_2(\gamma_1+\gamma_2)\right]}{\beta_1\gamma_1(1-\gamma_2)}\overline{v}\tag{10.46}$$

证明：误差动力学(10.36)可以重写为以下线性时变系统

$$\begin{aligned}\widetilde{\boldsymbol{\theta}}_{k+1}&=\alpha\frac{q_k}{q_k^\top q_k+1}u_k\\ y_k&=\frac{q_k^\top}{q_k^\top q+1}\widetilde{\boldsymbol{\theta}}_k\end{aligned}\tag{10.47}$$

其中$u_k=-y_k-\frac{1}{q_k^\top q_k+1}v_k$是输出反馈控制器。系统(10.47)也可以用以下形式表示：

$$\begin{aligned}x_{k+1}&=x_k+\boldsymbol{B}_ku_k\\ y_k&=\boldsymbol{C}_k^\top x_k\end{aligned}\tag{10.48}$$

任何时间实例 T 的状态和输出都由下式给出：

$$x_{k+1} = x_k + \boldsymbol{B}_k u_k,$$
$$y_k = \boldsymbol{C}_k^{\top} x_k.$$

设 $\boldsymbol{C}_{k+T}$ 满足 PE 条件(10.38)，从而

$$\beta_1 \boldsymbol{I} \leqslant \boldsymbol{K}_1 = \sum_{j=k+1}^{k+T} \boldsymbol{C}_j \boldsymbol{C}_j^{\top} \leqslant \beta_2 \boldsymbol{I}$$

那么系统的输出是

$$y_{k+T} = \boldsymbol{C}_{k+T}^{\top} x_k + \boldsymbol{C}_{k+T}^{\top} \sum_{i=k}^{k+T-1} \boldsymbol{B}_i u_i$$

对于 PE 条件，

$$\sum_{j=k+1}^{k+T} \boldsymbol{C}_j \boldsymbol{C}_j^{\top} x_k = \sum_{j=k+1}^{k+T} \boldsymbol{C}_j \left(y_j - \boldsymbol{C}_j^{\top} \sum_{i=k}^{k+T-1} \boldsymbol{B}_i u_i \right)$$
$$\boldsymbol{K}_1 x_k = \sum_{j=k+1}^{k+T} \boldsymbol{C}_j \left(y_j - \boldsymbol{C}_j^{\top} \sum_{i=k}^{k+T-1} \boldsymbol{B}_i u_i \right)$$

于是有

$$x_k = \boldsymbol{K}_1^{-1} \left(\sum_{j=k+1}^{k+T} \boldsymbol{C}_j \left(y_j - \boldsymbol{C}_j \sum_{i=k}^{k+T-1} \boldsymbol{B}_i u_i \right) \right)$$
$$\|x_k\| \leqslant \left\| \boldsymbol{K}_1^{-1} \sum_{j=k+1}^{k+T} \boldsymbol{C}_j y_j \right\| + \|\boldsymbol{K}_1^{-1} \sum_{j=k+1}^{k+T} \boldsymbol{C}_j \boldsymbol{C}_j^{\top} \sum_{i=k}^{k+T-1} \boldsymbol{B}_i u_i\|$$
$$\leqslant \beta_1^{-1} \left\| \sum_{j=k+1}^{k+T} \boldsymbol{C}_j \boldsymbol{C}_j^{\top} \right\|^{1/2} \left\| \sum_{j=k+1}^{k+T} y_j^{\top} y_j \right\|^{1/2} + \beta_1^{-1} \left\| \sum_{j=k+1}^{k+T} \boldsymbol{C}_j \boldsymbol{C}_j^{\top} \right\| \left\| \sum_{i=k}^{k+T-1} \boldsymbol{B}_i u_i \right\|$$
$$\leqslant \frac{\sqrt{\beta_2 T}}{\beta_1} \|y_k\| + \frac{\beta_2}{\beta_1} \sum_{i=k}^{k+T-1} \|\boldsymbol{B}_i\| \|u_i\|$$

设$\boldsymbol{B}_k = \alpha \frac{q_k}{q_k^{\top} q_k + 1}$，$\boldsymbol{C}_k = \frac{q_k}{q_k^{\top} q_k + 1}$，$x_k = \widetilde{\boldsymbol{\theta}}_k$，

$$\|u_k\| \leqslant \|y_k\| + \| \frac{q_k}{q_k^{\top} q_k + 1} v_k \| \leqslant \|y_k\| + \|v_k\|$$

因为

$$\sum_{i=k}^{k+T-1}\|\boldsymbol{B}_i\|\|u_i\| = \sum_{i=k}^{k+T-1}\|\alpha\frac{q_i}{q_i^\top q_i+1}\|\|u_i\|$$
$$\le \alpha(\|y_k\|+\|\nu_k\|)\sum_{i=k}^{k+T-1}\|\frac{q_i}{q_i^\top q_i+1}\|$$
$$\leqslant \alpha(\|y_k\|+\|\nu_k\|)\sqrt{\sum_{i=k}^{k+T-1}\|\frac{q_i}{q_i^\top q_i+1}\|}\sqrt{\sum_{i=k}^{k+T-1}1}$$
$$\leqslant \alpha(\|y_k\|+\|\nu_k\|)\sqrt{\beta_2 T}$$

最终有

$$\|\widetilde{\boldsymbol{\theta}}_k\|\leqslant\frac{\sqrt{\beta_2 T}}{\beta_1}\left(\|y_k\|+\alpha\beta_2(\|y_k\|+\|\nu_k\|)\right) \tag{10.49}$$

系统输出 y_k 是式(10.30)中逼近器 $F(\boldsymbol{\theta})$ 的正则化，满足：

$$\|y_k\| = \|\frac{q_k^\top}{q_k^\top q_k+1}(\boldsymbol{\theta}-\boldsymbol{\theta}^*)\| \le \|F(\boldsymbol{\theta})-F(\boldsymbol{\theta}^*)\|$$

因为$q_k^\top q_k+1\geqslant 1$，有

$$\|y_k\|\leqslant\frac{\gamma_2(1+\gamma_1)}{\gamma_1(1-\gamma_2)}\overline{\nu}$$

残项误差$\|\nu_k\|\leqslant\overline{\nu}$，将输出和残项误差的上界代入式(10.49)，

$$\widetilde{\boldsymbol{\theta}}_k\leqslant\frac{\sqrt{\beta_2 T}\left[(1+\gamma_2)\gamma_2+\alpha\beta_2(1+\gamma_2)\right]}{\beta_1\gamma_2(1-\gamma_2)}\overline{\nu}$$

如果隐层神经元数量增加，即 $p\to\infty$，则残项误差减小($\nu_k\to 0$)，因此时间差误差$\delta_k\to\nu_k$。然而，这可能在神经网络逼近器的训练阶段引起过拟合问题。

备注 10.3　与自适应控制器和识别算法类似，必须仔细设计 PE 信号，以满足(10.38)。构造 PE 信号的一种简单方法是在控制输入端添加零均值探测项Δu_k。一些作者使用 ε-贪婪探索作为 PE 信号，其中控制器搜索输入空间，直

到找到最优或次优解。

控制器需要在强化学习中搜索知识和利用知识之间寻找平衡。这里使用零均值探测方法，将不同频率的信号[27]添加到所需参考位置。

算法 10.2 中给出了使用强化学习的$\mathcal{H}_2$神经网络控制，与算法 10.1 中给出的有点类似。

算法 10.2 强化学习$\mathcal{H}_2$控制

1：**打印** 矩阵$\boldsymbol{A}$，$\boldsymbol{Q}^j$，$\boldsymbol{Q}^c$，$\boldsymbol{R}^c$，$\boldsymbol{W}_{1,0}$和$\boldsymbol{W}_{2,0}$，$\boldsymbol{\theta}_0$。标量β，η_0，α和γ。激活函数$\sigma(\cdot)$和$\boldsymbol{\phi}(\cdot)$。期望参考$\varphi(x^d)$。

2：利用式(10.12)计算核矩阵$\boldsymbol{P}^i$

3：**for** 每一步$k=0,1,\ldots$**do**

4：　　执行算法 10.1 的步骤 5～9，测量x_{k+1}和计算e_{k+1}

5：　　利用式(10.17)和式(10.37)应用反馈前馈控制$\boldsymbol{U}_1$和$\boldsymbol{U}_2$

6：　　利用式(10.35)更新神经状态$\boldsymbol{\theta}_0$

7：**end for**

10.3 连续时间的$\mathcal{H}_2$神经控制

考虑以下未知连续时间非线性系统：

$$\dot{\boldsymbol{x}}_t=f(\boldsymbol{x}_t,\boldsymbol{u}_t) \tag{10.50}$$

其中$\boldsymbol{x}_t\in\mathbb{R}^n$是状态向量，$\boldsymbol{u}_t\in\mathbb{R}^m$为控制输入，$f(\boldsymbol{x}_t,\boldsymbol{u}_t)$：$\mathbb{R}^n\times\mathbb{R}^m\to\mathbb{R}^n$定义系统非线性动力学。

使用以下微分神经网络对非线性系统进行建模(10.50)：

$$\dot{\hat{\boldsymbol{x}}}_t=\boldsymbol{A}\hat{\boldsymbol{x}}_t+\boldsymbol{W}_t\sigma(\boldsymbol{V}_t\hat{\boldsymbol{x}}_t)+\boldsymbol{U}_t \tag{10.51}$$

其中$\hat{\boldsymbol{x}}_t\in\mathbb{R}^n$是神经网络的状态向量，$\boldsymbol{A}\in\mathbb{R}^{n\times n}$是 Hurwitz 矩阵，$\boldsymbol{W}_t\in\mathbb{R}^{n\times r}$是输出权重的权重矩阵，$\boldsymbol{V}_t\in\mathbb{R}^{k\times n}$是隐藏层的权重矩阵，$\boldsymbol{U}_t=[u_1,u_2,\cdots,u_{m,t},0,\cdots,0]^{\mathrm{T}}\in\mathbb{R}^n$是控制动作。

$\sigma(\cdot)$: $\mathbb{R}^k \to \mathbb{R}^r$ 单调增加并被选为 sigmoid 函数，$\sigma_i(x) = \frac{a_i}{1+e^{-b_i x_i}} - c_i$。识别误差定义为：

$$\widetilde{x}_t = \widehat{x}_t - x_t \tag{10.52}$$

sigmoid 函数$\sigma(\cdot)$满足以下广义 Lipshitz 条件

$$\widetilde{\sigma}_t^{\top} \Lambda_1 \widetilde{\sigma}_t \leqslant \widetilde{x}_t^{\top} \Lambda_\sigma \widetilde{x}_t$$
$$\widetilde{\sigma}_t'^{\top} \Lambda_1 \widetilde{\sigma}_t' \leqslant \left(\widetilde{V}_t \widehat{x}_t\right)^{\top} \Lambda_V \widetilde{V}_t \widehat{x}_t$$

其中$\widetilde{\sigma}_t = \sigma(V^*\widehat{x}_t) - \sigma(V^* x_t)$是神经函数差，$\Lambda_1$、$\Lambda_\sigma$ 和Λ_V 是已知的标准化正常数矩阵，V^* 可被视为隐藏层权重的初始值。

该神经网络模型是一种并行递归神经网络。使用点$V_t\hat{x}_t$ 周围的泰勒级数，给出

$$\sigma(V_t\widehat{x}_t) = \sigma(V^*\widehat{x}_t) + \underbrace{D_\sigma \widetilde{V}_t \widehat{x}_t + \varepsilon_V}_{\widetilde{\sigma}_t'}$$

其中$\widetilde{V}_t = V_t - V^*$，$D_\sigma = \frac{\partial \sigma(V_t\widehat{x}_t)}{\partial V_t \widehat{x}_t} \in \mathbb{R}^{r\times k}$，$\varepsilon_V$ 是二阶逼近误差，满足

$\|\varepsilon_V\| \leqslant L_1 \|\widetilde{V}_t \widehat{x}_t\|$，$\|\varepsilon_V\|_{\Lambda_1}^2 \leqslant L_1 \|\widetilde{V}_t \widehat{x}_t\|_{\Lambda_1}^2$，$L_1 > 0$

根据 Stone-Weierstrass 定理[25]，非线性模型(10.50)可以写成

$$\dot{x}_t = A x_t + W^* \sigma(V^* x_t) + U_t \tag{10.53}$$

其中W^* 是最优权重矩阵，它是有界的：

$$W^* \Lambda_1^{-1} W^{*\top} \leqslant \overline{W}$$

$\overline{W}$ 是已知矩阵。

对于非线性系统识别，考虑以下两种情况：

(1) 假设神经模型(10.51)具有固定的V^*，可以精确地逼近非线性系统(10.50)。式(10.53)和式(10.51)之间的识别误差动态为：

$$\dot{\widetilde{x}}_t = A\widetilde{x} + \widetilde{W}_t \sigma(V^*\widehat{x}_t) + W^* \widetilde{\sigma}_t \tag{10.54}$$

其中$\widetilde{W}_t = W_t - W^*$。因此非线性模型(10.50)可以写成

$$\dot{x}_t = A x_t + W_t \sigma(V^*\widehat{x}_t) + U_t + d_t \tag{10.55}$$

其中 $d_t=-W^*\widetilde{\sigma}_t-\widetilde{W}_t\sigma(V^*\hat{x}_t)$。

(2) 通常，神经网络不能完全描述非线性系统动力学(10.50)。确定一些权重矩阵$\boldsymbol{W}^*$ 及$\boldsymbol{V}^*$ 和稳定矩阵$\boldsymbol{A}$。将式(10.50)和式(10.51)之间的非模型动态定义为：

$$-\eta_t=\boldsymbol{A}x_t+\boldsymbol{W}^*\sigma(\boldsymbol{V}^*\hat{x}_t)+\boldsymbol{U}_t-f(x_t,u_t) \tag{10.56}$$

对于任何正定矩阵$\boldsymbol{\Lambda}_1$，存在一个正常数$\bar{\eta}$，使得

$\|\eta_t\|_{\Lambda_1}^2=\eta_t^{\mathrm{T}}\boldsymbol{\Lambda}_1\eta_t\le\bar{\eta}<\infty,\quad \boldsymbol{\Lambda}_1=\boldsymbol{\Lambda}_1^T>0,$

其中$\bar{\eta}$ 是已知的上界。

考虑建模误差的识别误差动力学η_t 变成

$$\dot{\widetilde{x}}_t=\boldsymbol{A}\widetilde{x}+\widetilde{\boldsymbol{W}}_t\sigma(\boldsymbol{V}_t\hat{x}_t)+\boldsymbol{W}^*(\widetilde{\sigma}_t+\widetilde{\sigma}_t')-\eta_t \tag{10.57}$$

非线性系统的动力学(10.50)可改写为：

$$\dot{x}_t=\boldsymbol{A}x_t+\boldsymbol{W}_t\sigma(\boldsymbol{V}_t\hat{x}_t)+\boldsymbol{U}_t+\xi_t \tag{10.58}$$

其中$\xi_t=\eta_t-W^*(\widetilde{\sigma}_t+\widetilde{\sigma}')-\widetilde{\boldsymbol{W}}_t\sigma(\boldsymbol{V}_t\hat{x}_t)$。

希望找到最小化以下贴现值函数的估计模型(10.51)：

$$V_1=\int_t^\infty(\widetilde{x}_\tau^{\mathrm{T}}\boldsymbol{S}\widetilde{x}_\tau)e^{t-\tau}\mathrm{d}\tau \tag{10.59}$$

其中$\boldsymbol{S}=\boldsymbol{S}^{\mathrm{T}}>0$ 是一个$n\times n$ 严格正定权重矩阵。这里使用贴现因子$e^{t-\tau}=1$。这个贴现版本有助于保证成本函数的收敛性。

由于$\boldsymbol{A}$ 是 Hurwitz 矩阵，因此存在正定矩阵 198 $\boldsymbol{R}_i=\boldsymbol{R}_i^T=2\overline{\boldsymbol{W}}+\boldsymbol{\Lambda}_1^{-1}$ 和$\boldsymbol{Q}_i\triangleq\boldsymbol{S}+\boldsymbol{\Lambda}_\sigma$，使得 Riccati 方程

$$-\dot{\boldsymbol{P}}_i=A^{\mathrm{T}}\boldsymbol{P}_i+\boldsymbol{P}_iA+\boldsymbol{Q}_i+\boldsymbol{P}_iR_i\boldsymbol{P}_i-\boldsymbol{P}_i \tag{10.60}$$

有正解为$\boldsymbol{P}_i=\boldsymbol{P}_i^{\mathrm{T}}>0$。

可以用二次形式得出值函数(10.59)：

$$\boldsymbol{V}_1=\widetilde{x}_t^{\mathrm{T}}\boldsymbol{P}_i\widetilde{x}_t \tag{10.61}$$

备注 10.4 稳定矩阵$\boldsymbol{A}$ 确保 Riccati 方程(10.60)具有正解$\boldsymbol{P}_i$。矩阵$\boldsymbol{A}$ 可以自由选择，使其稳定。$\boldsymbol{A}$ 是神经识别器的可调参数。虽然这会影响神经建模精

度，但这种变化可通过强化学习进行补偿。

备注 10.5 式(10.57)中未建模的动态η_t是结构误差，取决于节点和隐藏层的数量。这里将使用强化学习来学习跟踪误差，从而通过强化学习来补偿神经建模误差。因此这里没有注意神经网络的设计(10.51)。为了简化建模过程，甚至可以使用单层神经网络((10.51)中的V_t是固定值)，并让强化学习处理大的建模误差。

主要控制目标是强制系统状态跟踪期望的轨迹$x_{d_t} \in \mathbb{R}^n$，假设它是光滑的。该轨迹被视为以下已知非线性参考模型的解：

$$\dot{x}_{d_t} = \varphi(x_{d_t}) \tag{10.62}$$

具有固定且已知的初始条件。此处$\varphi(\cdot)$表示参考模型的动态。式(10.62)的初始条件称为x_{d_0}。

将跟踪误差定义为

$$e_t = x_t - x_{d_t} \tag{10.63}$$

闭环误差动态可以使用式(10.63)、(10.62)和(10.55)式(10.58)中的任一项

$$\begin{aligned}\dot{e}_t &= \boldsymbol{A}x_t + \boldsymbol{W}_t\sigma(\boldsymbol{V}^*\hat{x}_t) + \boldsymbol{U}_t + d_t - \varphi(x_{d_t})\\ \dot{e}_t &= \boldsymbol{A}x_t + \boldsymbol{W}_t\sigma(\boldsymbol{V}_t\hat{x}_t) + \boldsymbol{U}_t + \xi_t - \varphi(x_{d_t})\end{aligned} \tag{10.64}$$

神经$\mathcal{H}_2$控制是

$$\begin{aligned}\boldsymbol{U}_t &= \boldsymbol{U}_1 + \boldsymbol{U}_2\\ \boldsymbol{U}_1 &= \varphi(x_{d_t}) - \boldsymbol{A}x_d - \boldsymbol{W}_t\sigma(\boldsymbol{V}^*\hat{x}_t)\\ \boldsymbol{U}_2 &= \varphi(x_{d_t}) - \boldsymbol{A}x_d - \boldsymbol{W}_t\sigma(\boldsymbol{V}_t\hat{x}_t)\end{aligned} \tag{10.65}$$

其中，$\boldsymbol{U}_1$是式(10.55)和式(10.58)的反馈线性化控制器，$\boldsymbol{U}_2$是$\mathcal{H}_2$最优控制。

在情况(1)中，神经模型(10.51)可以精确地逼近非线性系统(10.50)。反馈线性化控制器$\boldsymbol{U}_1$下跟踪误差(10.63)的动态变为

$$\dot{e}_t = \boldsymbol{A}e_t + \boldsymbol{U}_2 + d_t \tag{10.66}$$

在情况(2)中，神经模型(10.51)无法精确逼近非线性系统(10.50)，跟踪误差的动态被降低到

$$\dot{e}_t = \boldsymbol{A}e_t + \boldsymbol{U}_2 + \xi_t \tag{10.67}$$

在这两种情况下，受控系统都可以被视为具有扰动的线性系统。

希望设计 $\mathcal{H}_2$ 最优控制 $\boldsymbol{U}_2$，最小化以下贴现成本函数：

$$\boldsymbol{V}_2 = \int_t^{\infty} (e_\tau^\top \boldsymbol{Q}_c e_\tau + \boldsymbol{U}_{2,\tau}^\top \boldsymbol{R}_c \boldsymbol{U}_{2,\tau}) e^{t-\tau} \mathrm{d}\tau \tag{10.68}$$

其中 $\boldsymbol{Q}_c = \boldsymbol{Q}_c^\top > 0$ 且 $\boldsymbol{R}_c = \boldsymbol{R}_c^\top > 0$ 分别是跟踪误差 e_t 和控制 $\boldsymbol{U}_2$ 的权重矩阵。

因为 $\boldsymbol{A}$ 是稳定的，所以存在一个正定核矩阵 $\boldsymbol{P}_c = \boldsymbol{P}_c^\top > 0$，即以下 Riccati 方程的解：

$$-\dot{\boldsymbol{P}}_c = \boldsymbol{A}^\top \boldsymbol{P}_c + \boldsymbol{P}_c \boldsymbol{A} + \boldsymbol{Q}_c - \boldsymbol{P}_c \boldsymbol{R}_c^{-1} \boldsymbol{P}_c - \boldsymbol{P}_c \tag{10.69}$$

式(10.68)二次型为

$$\boldsymbol{V}_2 = e_t^\top \boldsymbol{P}_c e_t \tag{10.70}$$

对于线性部分，$\mathcal{H}_2$ 最优控制器变成 LQR 形式

$$\boldsymbol{U}_2 = -\boldsymbol{K}e_t = -\boldsymbol{R}_c^{-1} \boldsymbol{P}_c e_t \tag{10.71}$$

当神经模型(10.51)能够精确逼近非线性系统(10.50)时，以下定理给出了神经 $\mathcal{H}_2$ 控制的渐近稳定性。

定理 10.5 如果非线性系统(10.50)可以用固定隐权值 $\boldsymbol{V}^*$ 的微分神经网络(10.53)精确建模，$\boldsymbol{W}_t$ 更新为

$$\dot{\boldsymbol{W}}_t = -\boldsymbol{K}_1 \boldsymbol{P}_i \widetilde{x}_t \sigma(\boldsymbol{V}^* \widehat{x}_t) \tag{10.72}$$

其中 $\boldsymbol{K}_1 \in \mathbb{R}^{n \times n}$ 是正定的，则估计误差 $\tilde{x}_t$ 渐近收敛到零，跟踪误差 e_t 收敛到一个小的有界区域。

证明：定义以下 Lyapunov 函数

$$\boldsymbol{V} = \boldsymbol{V}_1 + \boldsymbol{V}_2 + \boldsymbol{V}_3 \tag{10.73}$$

其中 $\boldsymbol{V}_1$ 和 $\boldsymbol{V}_2$ 由式(10.61)和式(10.70)定义，$\boldsymbol{V}_3$ 由下式给出

$$\boldsymbol{V}_3 = \operatorname{tr}\left[(\widetilde{\boldsymbol{W}}_t)^\top \boldsymbol{K}_1^{-1} \widetilde{\boldsymbol{W}}_t\right] \tag{10.74}$$

取 V_1 沿识别误差动态的时间导数(10.54)，值函数(10.59)给出(使用 Leibniz 规则)：

$$\begin{aligned}\dot{V}_1 &= \tilde{x}_t^\top \left(\dot{P}_i + A^\top P_i + P_i A \pm S \pm P_i\right)\tilde{x}_t \\ &\quad +2\tilde{x}_t^\top P_i \widetilde{W}_t \sigma^\top (V^* x_t) + 2\tilde{x}^\top P_i W^* \tilde{\sigma}_t\end{aligned}$$

使用以下不等式：

$$X^\top Y + \left(X^\top Y\right)^\top \leqslant X^\top \Lambda^{-1} X + Y^\top \Lambda Y \tag{10.75}$$

其中 X, $Y \in \mathbb{R}^{n\times m}$ 和 $\Lambda = \Lambda^\top > 0$ 是正定矩阵。然后将 $\dot{V}_1$ 改写为

$$\dot{V}_1 \leqslant \tilde{x}_t^\top \left(\dot{P}_i + 2A^\top P_i \pm P_i + P_i R_i P_i + \Lambda_\sigma\right)\tilde{x}_t + 2\tilde{x}_t^\top P_i \widetilde{W}_t \sigma^\top (V^* x_t)$$

其中 $R = \bar{W} + \Lambda_1^{-1}$。$V_3$ 的时间导数为

$$\dot{V}_3 = 2\mathrm{tr}\left[\widetilde{W}_t^\top K_1^{-1} \dot{\widetilde{W}}_t\right]$$

V_2 沿跟踪误差轨迹的时间导数(10.66)，值函数(10.68)为(使用 Leibniz 规则)：

$$\begin{aligned}\dot{V}_2 &= e_t^\top \left(\dot{P}_c + A^\top P_c + P_c A \pm Q_c \pm P_c\right) e_t \\ &\quad +2e_t^\top P_c (U_2 + d_t) \pm U_2^\top R_c U_2\end{aligned}$$

将控制律(10.71)、微分 Riccati 方程(10.60)、(10.69)和训练规则(10.72)替换为

$$\dot{V} = -\tilde{x}_t^\top \overline{Q} \tilde{x}_t - e_t^\top Q_x e_t + 2e_t^\top P_c d_t^\top \tag{10.76}$$

其中 $\overline{Q} = Q_i - P_i - \Lambda_\sigma$ 和 $Q_x = Q_c + P_c R_c^{-1} P_c - P_c$。如果 $S > P_i$，式(10.76)的第一项是负定的，因此，$Q_i > P_i + \Lambda_\sigma$，这很容易通过选择足够大的 S 矩阵来实现。由于 Riccati 方程(10.69)的设计，式(10.76)的第二项是负定的。从(10.76)可以得到

$$\dot{V} \leqslant -\lambda_{\min}\left(\overline{Q}\right) \|\tilde{x}_t\|^2 \tag{10.77}$$

所以 $\widetilde{W}_t$, σ, $\tilde{\sigma} \in \mathcal{L}_\infty$，并且

$$\int_t^\infty \lambda_{\min}\left(\overline{Q}\right) \|\tilde{x}_\tau\|^2 \mathrm{d}\tau \leqslant V - V_\infty < \infty$$

因此，$\tilde{x}_t \in \mathcal{L}_2 \cap \mathcal{L}_\infty$ 和 $\dot{\tilde{x}}_t \in \mathcal{L}_\infty$。通过 Barbalat 引理[28]，可以得出如下结论

$$\lim_{t\to\infty} \tilde{x}_t = 0 \tag{10.78}$$

从(10.76)可以得到

$$\dot{V} \leqslant -\left(\lambda_{\min}(\boldsymbol{Q}_x)\|e_t\| - 2\lambda_{\max}(\boldsymbol{P}_c)\|d_t\|\right)\|e_t\| \tag{10.79}$$

因此$\dot{V} \leqslant 0$，只要满足

$$\|e_t\| > \frac{2\lambda_{\max}(\boldsymbol{P}_c)}{\lambda_{\min}(\boldsymbol{Q}_x)}\|d_t\| \equiv \epsilon_0 \tag{10.80}$$

如果选择权重矩阵$\boldsymbol{Q}_c$和$\boldsymbol{R}_c$，满足$\lambda_{\min}(\boldsymbol{Q}_x) > 2\lambda_{\max}(\boldsymbol{P}_c)\|d_t\|$，则可以确保跟踪误差动力学(10.66)的轨迹收敛到半径为ϵ_0的紧集 S_0，即$\|e_t\| \leqslant \epsilon_0$，因此(10.66)的轨迹是有界的。此外，如果$t \to \infty$，$\widetilde{\boldsymbol{W}}_t$收敛到零，那么$d_t$也收敛到零，因此，$e_t$收敛到零。

一般情况下，神经模型(10.51)不能精确逼近非线性系统(10.50)。以下定理给出了$\mathcal{H}_2$神经控制在建模误差下的稳定性结果。

定理 10.6 非线性系统(10.50)由如(10.51)所示的微分神经网络建模，如果权重调整为

$$\begin{aligned}\dot{\boldsymbol{W}}_t &= -s\boldsymbol{K}_1\boldsymbol{P}_i\left[\sigma(\boldsymbol{V}_t\widehat{x}_t) - \boldsymbol{D}_\sigma\widetilde{\boldsymbol{V}}_t\widehat{x}_t\right]\widetilde{x}_t^{\mathrm{T}} \\ \dot{\boldsymbol{V}}_t &= -s\left[\boldsymbol{K}_2\boldsymbol{P}_i\boldsymbol{W}_t\boldsymbol{D}_\sigma\widetilde{x}_t\widehat{x}_t^{\mathrm{T}} + \frac{\boldsymbol{L}_2}{2}\boldsymbol{K}_2\boldsymbol{\Lambda}_1\widetilde{\boldsymbol{V}}_t\widehat{x}_t\widehat{x}_t^{\mathrm{T}}\right]\end{aligned} \tag{10.81}$$

并且

$$s = \begin{cases}1, \text{ 如果 } \|\widetilde{x}_t\| > \sqrt{\dfrac{\overline{\eta}}{\lambda_{\min}(\overline{Q})}} \\ 0, \text{ 如果 } \|\widetilde{x}_t\| \leqslant \sqrt{\dfrac{\overline{\eta}}{\lambda_{\min}(\overline{Q})}}\end{cases} \tag{10.82}$$

然后，识别误差和跟踪误差分别收敛到半径为ϵ_1和μ的有界集S_1和S_2：

$$\lim_{t\to\infty.}\|\widetilde{x}_t\| \leqslant \epsilon_1 = \sqrt{\frac{\overline{\eta}}{\lambda_{\min}(\overline{Q})}}$$
$$\lim_{t\to\infty.}\|e_t\| \leqslant \mu = \frac{2\lambda_{\max}(\boldsymbol{P}_c)\|\xi_t\|}{\lambda_{\min}(\boldsymbol{Q}_x)}$$

证明：使用相同的 Lyapunov 函数(10.73)，其中将 V_3 修改为：

$$V_3 = \mathrm{tr}\left[(\widetilde{W}_t)^\top K_1^{-1}\widetilde{W}_t\right] + \mathrm{tr}\left[(\widetilde{V}_t)^\top K_2^{-1}\widetilde{V}_t\right] \tag{10.83}$$

V_1 沿着识别误差动力学(10.57)的时间导数为

$$\begin{aligned}\dot{V}_1 = \widetilde{x}_t^\top \dot{P}_i \widetilde{x}_t + \pm \widetilde{x}_t^\top S \widetilde{x}_t \pm \widetilde{x}_t^\top P_i \widetilde{x}_t \\ +2\widetilde{x}_t^\top P_i (A\widetilde{x}_t + \widetilde{W}_t \sigma(V_t \widehat{x}_t) + W^*(\widetilde{\sigma}_t + \widetilde{\sigma}'_t) + \eta_t)\end{aligned}$$

V_3 的时间导数为

$$\dot{V}_3 = 2\mathrm{tr}\left[\widetilde{W}_t^\top K_1^{-1}\dot{\widetilde{W}}_t\right] + 2\mathrm{tr}\left[\widetilde{V}_t^\top K_2^{-1}\dot{\widetilde{V}}_t\right]$$

使用矩阵不等式(10.75)并替换 $\dot{V}_1+\dot{V}_3$ 中的更新规则(10.81)，可得出以下情况：

- 如果 $\|\tilde{x}_t\| > \sqrt{\overline{\eta}/\lambda_{\min}(\overline{Q})}$

$$\begin{aligned}\dot{V}_1 \leqslant \widetilde{x}_t^\top \left(\dot{P}_i + 2P_iA \pm Q_i + P_iR_iP_i \pm P_i + \Lambda_\sigma\right)\widetilde{x}_t + \overline{\eta_t} \\ = -\widetilde{x}_t^\top \overline{Q}\widetilde{x}_t + \overline{\eta} \leqslant -\lambda_{\min}(Q)\|\widetilde{x}_t\|^2 + \overline{\eta}\end{aligned}$$

其中 $R_i = 2\overline{W} + \Lambda_1^{-1}$。

- 如果 $\|\widetilde{x}_t\| \leqslant \sqrt{\overline{\eta}/\lambda_{\min}(\overline{Q})}$，$W_t$，$W_t$ 是常量。因此，V_3 是常数，$\tilde{x}_t$ 和 W_t 是有界的。因此存在一个足够大的矩阵 $\overline{Q}$，使得 $\lambda_{\min}(\overline{Q}) \geqslant \overline{\eta}$，当 $t\to\infty$ 时，$\tilde{x}_t$ 会收敛到半径为 ϵ_1 的球 S_1，即

$$\lim_{t\to\infty}\|\tilde{x}_t\| \leqslant \epsilon_1 = \sqrt{\frac{\overline{\eta}}{\lambda_{\min}(\overline{Q})}}$$

将控制律(10.65)和(10.71)应用于 V_2 沿跟踪误差动力学(10.67)的时间导数，得出

$$\begin{aligned}\dot{V}_2 &= -e_t^\top Q_x e_t + 2e_t^\top P_c \xi_t \\ &\leqslant -\lambda_{\min}(Q_x)\|e_t\|^2 + 2\lambda_{\max}(P_c)\|e_t\|\|\xi_t\| \\ &= -\|e_t\|\left[\lambda_{\min}(Q_x)\|e_t\| - 2\lambda_{\max}(P_c)\|\xi_t\|\right]\end{aligned}$$

上面的表达式意味着存在一个足够大的矩阵 Q_x，使得

$\lambda_{\min}(\boldsymbol{Q}_x) > \lambda_{\max}(\boldsymbol{P}_c)\|\xi_t\|$，并且当 $t \to \infty$ 时，跟踪误差收敛到半径为 μ 的有界集 S_2 中，即

$$\lim_{t\to\infty}\|e_t\| \leqslant \mu = \frac{2\lambda_{\max}(\boldsymbol{P}_c)\|\xi_t\|}{\lambda_{\min}(\boldsymbol{Q}_x)}$$

备注 10.6　方程(10.81)和(10.82)中的死区法用于处理存在建模误差时的参数漂移[20]。如果神经标识符(10.51)没有建模误差($\eta = 0$)，则根据定理 1，当 $t \to \infty$ 时，$\tilde{x}$ 收敛为零。

$\mathcal{H}_2$ 控制器 $\boldsymbol{U}_2$ 不需要实际系统的任何信息(10.50)。它假设所有非线性动力系统都由神经控制器 $\boldsymbol{U}_1$ 补偿。神经控制 $\boldsymbol{U}_1$ 对建模误差 η_t 敏感。$\boldsymbol{U}_1$ 可能有较大的跟踪控制误差，甚至存在较小的建模误差 η_t。

由于强化学习不需要动态模型，因此可以将强化学习用于 $\mathcal{H}_2$ 控制设计。它可以仅使用误差状态 e_t 和控制 $\boldsymbol{U}_2$ 的测量值来克服建模误差问题。

持续时间强化学习使用以下贴现成本函数：

$$\boldsymbol{Q}(e_t, u_t) = \int_t^{\infty} (e_\tau^{\top}\boldsymbol{Q}_c e_\tau + u_\tau^{\top}\boldsymbol{R}_c u_\tau)e^{t-\tau}\mathrm{d}\tau \tag{10.84}$$

使用任何 critic-学习方法[18]，如 Q 学习或 Sarsa。动作-值函数(10.84)相当于(10.83)中的 Lyapunov 值函数 $\boldsymbol{V}_2$。上述 critic 方法使用了 Bellman 最优性原则

$$u_t^* = \arg\min_u \boldsymbol{Q}^*(e_t, u)$$

来获得 $\mathcal{H}_2$ 控制器，但需要探索所有可能的状态-动作组合，学习时间很长。神经控制(10.65)可通过使用微分神经网络(10.51)来加速学习过程。

这里使用以下神经逼近器来逼近(10.68)中的值函数 $\boldsymbol{V}_2$

$$\hat{\boldsymbol{V}}_2 = \boldsymbol{\theta}_t^{\top}\boldsymbol{\phi}(e_t) = \boldsymbol{\theta}_t^{\top}\boldsymbol{\phi} \tag{10.85}$$

其中 $\boldsymbol{\theta}_t \in \mathbb{R}^p$ 是权重向量，$\boldsymbol{\phi}(\cdot)$: $\mathbb{R}^n \to \mathbb{R}^p$ 是隐层中 p 个神经元的激活函数向量。

值函数 $\boldsymbol{V}_2$ 可以写成

$$\boldsymbol{V}_2 = \boldsymbol{\theta}^{*\top}\boldsymbol{\phi} + \varepsilon(e_t) \tag{10.86}$$

其中$\boldsymbol{\theta}^*$是最优权重值，$\varepsilon(e_t)$是逼近误差。值函数(10.68)的时间导数为

$$\dot{\boldsymbol{V}}_2 = -e_t^\top \boldsymbol{Q}_c e_t - U_2^\top \boldsymbol{R}_c \boldsymbol{U}_2$$

其中可以将导数写成$\dot{\boldsymbol{V}}_2 = (\partial V_2/\partial e_t)\dot{e}_t$。值函数(10.86)的偏导数为：

$$\frac{\partial \boldsymbol{V}_2}{\partial e_t} = \nabla \boldsymbol{\phi}^\top \boldsymbol{\theta}^* + \nabla \varepsilon(e_t)$$

其中$\nabla = \partial/\partial e_t$。

使用神经逼近器(10.86)问题的哈密顿量为

$$\begin{aligned} H(e_t, \boldsymbol{U}_2, \boldsymbol{\theta}^*) &= \boldsymbol{\theta}^{*\top}(\nabla \boldsymbol{\phi}\dot{e}_t - \boldsymbol{\phi}) + r_t = v_t \\ r_t &= e_t^\top \boldsymbol{Q}_c e_t + \boldsymbol{U}_2^\top \boldsymbol{R}_c \boldsymbol{U}_2 \end{aligned}$$

其中$v_t = -\nabla^\top \varepsilon(e_t)\dot{e} + \varepsilon(e_t)$是神经逼近器的残项误差，它是有界的，$r_t$定义为效用函数。强化学习方法将最小化残项误差。

考虑哈密顿量的逼近

$$\widehat{H}(e_t, \boldsymbol{U}_2, \boldsymbol{\theta}_t) = \boldsymbol{\theta}_t^\top(\nabla \boldsymbol{\phi}\dot{e}_t - \boldsymbol{\phi}) + r_t = \delta_t \tag{10.87}$$

其中δ_t是强化学习的时间差误差(TD 误差)，它可以写成

$$\delta_t = \widetilde{\boldsymbol{\theta}}_t^\top(\nabla \boldsymbol{\phi}\dot{e}_t - \boldsymbol{\phi}) + v_t$$

其中$\widetilde{\boldsymbol{\theta}}_t = \boldsymbol{\theta}_t - \boldsymbol{\theta}^*$。

强化学习的目标函数是最小化 TD 误差的平方

$$E = \frac{1}{2}\delta_t^2$$

使用正则化梯度下降算法

$$\dot{\boldsymbol{\theta}}_t = -\alpha \delta_t \frac{q_t^\top}{(q_t^\top q_t + 1)^2} \tag{10.88}$$

其中$a \in (0, 1]$是学习率并且

$$q_t = \nabla \boldsymbol{\phi}\dot{e}_t - \boldsymbol{\phi}$$

这种正则化梯度下降可确保权重有界[11]。

更新规则(10.88)可以重写为

$$\dot{\widetilde{\boldsymbol{\theta}}}_t = -\alpha \frac{q_t q_t^\top}{(q_t^\top q_t + 1)^2}\widetilde{\boldsymbol{\theta}}_t - \alpha \frac{q_t}{(q_t^\top q_t + 1)^2} v_t \tag{10.89}$$

通过求解平稳条件得到$\mathcal{H}_2$控制器

$$\partial \widehat{H}/\partial \boldsymbol{U}_2 = 0$$

因此

$$\boldsymbol{U}_2 = -\frac{1}{2}\boldsymbol{R}_c^{-1}\nabla\boldsymbol{\phi}^\top(e_t)\boldsymbol{\theta}_t \tag{10.90}$$

将式(10.90)代入哈密顿量，Hamilton-Jacobi-Bellman 方程为

$$\delta_t = e_t^\top \boldsymbol{Q}_c e_t + \boldsymbol{\theta}_t^\top[\nabla\phi(\boldsymbol{A}e_t + \xi_t) - \boldsymbol{\phi}] - \frac{1}{4}\boldsymbol{\theta}_t^\top \nabla\boldsymbol{\phi}\boldsymbol{R}_c^{-1}\nabla\boldsymbol{\phi}^\top\theta_t$$

强化学习算法的收敛性意味着$\widehat{H}(\boldsymbol{\theta}_t)$收敛于$H(\boldsymbol{\theta}^*)$，当$t\to\infty$时，TD 误差$\boldsymbol{\delta}_t$收敛到$v_t$，因此$\boldsymbol{\theta}\to\boldsymbol{\theta}^*$。此结果定义了使用 RL 的$\mathcal{H}_2$控制。

首先定义以下持续激励(PE)条件。

定义 10.2 (10.88)中的信号$q_t/(q_t^\top q_t + 1)$在时间间隔$[t,\ t+T]$内持续激励(PE)，如果存在常数β_1，$\beta_2>0$，$T>0$，那么在所有时间t内，以下情况保持不变：

$$\beta_1\boldsymbol{I} \leqslant \boldsymbol{L}_0 = \int_t^{t+T}\frac{q_\gamma q_\gamma^\top}{(q_\gamma^\top q_\gamma + 1)^2}\mathrm{d}\gamma \leqslant \beta_2\boldsymbol{I} \tag{10.91}$$

下面的定理说明了权重的收敛性和 TD 误差δ_t的收敛性。

定理 10.7 如果式(10.88)中的学习输入$q_t/(q_t^\top q_t + 1)$如式(10.91)持续激励，则神经逼近误差$\widetilde{\boldsymbol{\theta}}_t = \boldsymbol{\theta}_t - \boldsymbol{\theta}^*$收敛到有界集

$$\|\widetilde{\boldsymbol{\theta}}_t\| \leqslant \frac{\sqrt{\beta_2 T}}{\beta_1}(1 + 2\alpha\beta_2)\overline{v}$$

其中$\overline{v}$是残项误差v_t的上界。

证明：考虑以下 Lyapunov 函数

$$\boldsymbol{V}_4 = \frac{1}{2}\operatorname{tr}\left[\widetilde{\boldsymbol{\theta}}_t^\top\alpha^{-1}\widetilde{\boldsymbol{\theta}}_t\right] \tag{10.92}$$

V_4的时间导数由下式给出

$$
\begin{aligned}
\dot{V}_4 &= \operatorname{tr}\left[\widetilde{\theta}_t^{\top}\alpha^{-1}\dot{\widetilde{\theta}}_t\right] \\
&= -\operatorname{tr}\left[\widetilde{\theta}_t^{\top}\frac{q_t q_t^{\top}}{(q_t^{\top}q_t+1)^2}\widetilde{\theta}_t\right] - \operatorname{tr}\left[\widetilde{\theta}_t^{\top}\frac{q_t}{(q_t^{\top}q_t+1)^2}v_t\right] \\
&\leqslant -\left\|\frac{q_t^{\top}}{q_t^{\top}q_t+1}\widetilde{\theta}_t\right\|^2 + \left\|\frac{q_t^{\top}}{q_t^{\top}q_t+1}\widetilde{\theta}_t\right\|\left\|\frac{v_t}{q_t^{\top}q_t+1}\right\| \\
&\leqslant -\left\|\frac{q_t^{\top}}{q_t^{\top}q_t+1}\widetilde{\theta}_t\right\|\left[\left\|\frac{q_t^{\top}}{q_t^{\top}q_t+1}\widetilde{\theta}_t\right\| - \left\|\frac{v_t}{q_t^{\top}q_t+1}\right\|\right]
\end{aligned}
$$

更新(10.89)可以被改写为线性时变(LTV)系统

$$
\begin{aligned}
\dot{\widetilde{\theta}}_t &= -\alpha\frac{q_t q_t^{\top}}{(q_t^{\top}q_t+1)^2}\widetilde{\theta}_t - \alpha\frac{q_t}{(q_t^{\top}q_t+1)^2}v_t \\
y_t &= \frac{q_t^{\top}}{q_t^{\top}q_t+1}\widetilde{\theta}_t
\end{aligned}
$$

对于任何时间间隔$[t,\ t+T]$，参数误差的时间导数满足

$$\int_t^{t+T}\dot{\widetilde{\theta}}_\tau \mathrm{d}\tau = \widetilde{\theta}_{t+T} - \widetilde{\theta}_t$$

那么上述系统在时间间隔$[t,\ t+T]$内的解为

$$
\begin{aligned}
\widetilde{\theta}_{t+T} &= \widetilde{\theta}_t - \alpha\int_t^{t+T}\left(\frac{q_\tau q_\tau^{\top}}{(q_\tau^{\top}q_\tau+1)^2}\widetilde{\theta}_\tau + \frac{q_\tau v_\tau}{(q_\tau^{\top}q_\tau+1)^2}\right)\mathrm{d}\tau \\
y_{t+T} &= \frac{q_{t+T}^{\top}}{q_{t+T}^{\top}q_{t+T}+1}\widetilde{\theta}_{t+T}
\end{aligned}
$$

定义$C_t = \frac{q_t}{(q_t^{\top}q_t+1)^2}$，则

$$y_{t+T} = C_{t+T}^{\top}\widetilde{\theta}_t - \alpha\int_t^{t+T}C_{t+T}^{\top}\left(C_\tau C_\tau^{\top}\widetilde{\theta}_\tau + C_\tau v_\tau\right)\mathrm{d}\tau$$

使用 PE 条件(10.91)，

$$
\begin{aligned}
&\int_t^{t+T}C_\gamma\left(y_\gamma + \alpha\int_t^{\gamma}C_\gamma^{\top}\left(C_\tau C_\tau^{\top}\widetilde{\theta}_\tau + C_\tau v_\tau\right)\mathrm{d}\tau\right)\mathrm{d}\gamma \\
&= \int_t^{t+T}C_\gamma C_\gamma^{\top}\widetilde{\theta}_t\mathrm{d}\gamma = L_0\widetilde{\theta}_t
\end{aligned}
$$

因此，参数误差的解为

$$\widetilde{\boldsymbol{\theta}}_t = \boldsymbol{L}_0^{-1}\int_t^{t+T} \boldsymbol{C}_\gamma \left(y_\gamma + \alpha \int_t^{\gamma} \boldsymbol{C}_\gamma^{\mathrm{T}} \left(\boldsymbol{C}_\tau (\boldsymbol{C}_\tau^{\mathrm{T}} \widetilde{\boldsymbol{\theta}}_\tau + v_\tau) \right) \mathrm{d}\tau \right) \mathrm{d}\gamma \tag{10.93}$$

取(10.93)两边的范数，得出

$$\begin{aligned} \left\|\tilde{\boldsymbol{\theta}}_t\right\| &\leqslant \left\|\boldsymbol{L}_0^{-1}\int_t^{t+T} \boldsymbol{C}_\gamma y_\gamma \mathrm{d}_\gamma\right\| + \left\|a\boldsymbol{L}_0^{-1}\int_t^{t+T} \boldsymbol{C}_\gamma \boldsymbol{C}_\gamma^T \int_t^{\gamma} \boldsymbol{C}_\tau (\boldsymbol{C}_\tau^T \tilde{\boldsymbol{\theta}}_\tau + v_\tau) \mathrm{d}\tau \mathrm{d}\gamma\right\| \\ &\leqslant \frac{1}{\beta_1}\left(\int_t^{t+T} \boldsymbol{C}_\gamma \boldsymbol{C}_\gamma^T \mathrm{d}\gamma\right)^{1/2} \left(\int_t^{t+T} y_\gamma y_\gamma^T \mathrm{d}\gamma\right)^{1/2} \\ &\quad + \frac{\alpha}{\beta}\int_t^{t+T} \boldsymbol{C}_\gamma \boldsymbol{C}_\gamma^T \mathrm{d}\gamma \int_t^{t+T} \boldsymbol{C}_\tau (\boldsymbol{C}_\tau^\gamma \tilde{\boldsymbol{\theta}}_\tau + v_\tau) \mathrm{d}\tau \end{aligned}$$

LTV 系统的输出受限于

$$\left\| \frac{q_t^{\mathrm{T}}}{q_t^{\mathrm{T}} q_t + 1} \widetilde{\boldsymbol{\theta}}_t \right\| > \overline{v} > \left\| \frac{v_t}{q_t^{\mathrm{T}} q_t + 1} \right\| \tag{10.94}$$

所以$\dot{\boldsymbol{V}}_4 \leqslant 0$。从式(10.94)中可以得到参数误差的上界，即残项误差的上界

$$\|\widetilde{\theta}_t\| \leqslant \frac{\sqrt{\beta_2 T}}{\beta_1}\overline{v} + \frac{2\alpha\beta_2}{\beta_1}\sqrt{\beta_2 T}\overline{v} \leqslant \frac{\sqrt{\beta_2 T}}{\beta_1}(1 + 2\alpha\beta_2)\overline{v}$$

这意味着

$\boldsymbol{\theta}_t \to \boldsymbol{\theta}^*$, $\delta_t \to v$，当$t \to \infty$时。

备注 10.7 使用 TD 误差(10.87)，可以得到跟踪误差的界

$$\|e_t\| \leqslant \frac{-b + \sqrt{b^2 + 4ac}}{2a} \tag{10.95}$$

其中有

$$a = \lambda_{\min}(\boldsymbol{Q}_c), \quad b = \lambda_{\max}(\boldsymbol{A})\|\boldsymbol{\theta}_t^{\mathrm{T}} \nabla \boldsymbol{\phi}\|,$$
$$c = \|\delta_t\| + \tfrac{1}{4}\lambda_{\max}(\boldsymbol{R}_c^{-1})\|\boldsymbol{\theta}_t^{\mathrm{T}} \nabla \boldsymbol{\phi}\|^2 - \|\boldsymbol{\theta}_t^{\mathrm{T}} \nabla \boldsymbol{\phi}\|\|\xi_t\| - \|\boldsymbol{\theta}_t^{\mathrm{T}} \boldsymbol{\phi}\|$$

式(10.85)的最简单 NN 逼近器具有以下二次型：

$$\boldsymbol{V}_2 = \boldsymbol{\theta}_t^{\mathrm{T}} \boldsymbol{\phi} = e_t^{\mathrm{T}} \boldsymbol{P}_{NN} e_t$$

对于某些核矩阵 $P_{NN} > 0$。界(10.95)为

$$\|e_t\| \leqslant \frac{2\lambda_{\max}(P_{NN})\|\xi_t\|}{\lambda_{\min}(Q_c + P_{NN}R_c^{-1}P_{NN})}$$

因此，跟踪误差的上界取决于 NN 逼近器的精度。如果隐藏层的神经元数量增加，即 $p \to \infty$，那么残项误差会减小，$v_t \to 0$，因此 $\delta_t \to 0$，这意味着建模误差 ξ_t 的衰减。这可能会导致过拟合问题。

10.4 示例

示例 10.1 2-DOF 平移和倾斜机器人

使用 2-DOF 平移和倾斜机器人(见附录 A)测试离散时间$\mathcal{H}_2$神经控制。机器人动力系统欧拉离散化后，离散时间对象模型可以写成

$$\begin{aligned}
x_{1,k+1}^1 &= x_{1,k}^1 + x_{1,k}^2 T, \\
x_{2,k+1}^1 &= x_{2,k}^1 + x_{2,k}^2 T, \\
x_{1,k+1}^2 &= x_{1,k}^2 + \left(\frac{4(\tau_{1,k} + \frac{1}{4}m_2 l_1^2 \dot{q}_1 \dot{q}_2 \sin(2q_2))}{m_2 l_2^2 \cos^2(q_2)}\right)T, \\
x_{2,k+1}^2 &= x_{2,k}^2 + \left(\frac{8\tau_{2,k} - 2m_2 l_2(2g + l_1 \dot{q}_2^2)\cos(q_2) - m_2 l_1^2 \dot{q}_1^2 \sin(2q_2)}{2(m_2(l_1^2 + l_2^2) + 2m_2 l_1 l_2 \sin(2q_2))}\right)T
\end{aligned} \tag{10.96}$$

其中 T 是采样时间，$\tau_{1,k}$ 和 $\tau_{2,k}$ 是施加的转矩，$x_i^1 = q_i$，$x_i^2 = \dot{q}_i$，$i = 1,2$ 是速度。

备注 10.8 系统(10.96)仅用于仿真，其结构用于设计神经网络标识符。对于控制合成，假设系统参数(10.96)未知。

使用两个独立的 RNN(10.2)来估计每个自由度的位置和速度。第一个 RNN 由以下公式得出：

$$\hat{x}_{k+1}^1 = A\hat{x}_k^1 + W_{1,k}^1 \sigma(W_{2,k}^1 \hat{x}_k^1) + \tau_k$$

第二个 RNN 是

$$\hat{x}_{k+1}^2 = A\hat{x}_k^2 + W_{1,k}^2 \sigma(W_{2,k}^2 \hat{x}_k^2) + \tau_k$$

其中 $\hat{x}_k^1=[\hat{x}_1^1,\hat{x}_2^1]^{\mathrm{T}}$和 $\hat{x}_k^2=[\hat{x}_1^2,\hat{x}_2^2]^{\mathrm{T}}$。这里为神经网络标识符选择以下值：

$$\boldsymbol{A}=-0.5\boldsymbol{I}_{2\times2},\quad \boldsymbol{Q}^i=\begin{bmatrix}5 & 2\\2 & 5\end{bmatrix},\quad \beta=1,\quad \sigma(x)=\tanh(x),\quad \boldsymbol{P}_0^i=0.1\boldsymbol{I}_{2\times2}$$

隐藏层使用 8 个隐藏节点，输出层使用 1 个节点。

神经权重的初始条件$\boldsymbol{W}_{1,0}^1=\boldsymbol{W}_{1,0}^2=\boldsymbol{W}_{2,0}^{1\mathrm{T}}=\boldsymbol{W}_{2,0}^{2\mathrm{T}}\in\mathbb{R}^{2\times8}$是区间[0, 1] 中的随机数。采样时间为 $T=0.01$ s。所需的参考值是

$$\boldsymbol{x}_k^d=\begin{bmatrix}\sin\left(\frac{\pi}{3}k\right)\\ \sin\left(\frac{\pi}{4}k\right)\end{bmatrix}$$

权重更新为(10.26)。神经控制(10.17)由下式给出

$$\tau_k=x_{k+1}^d-\boldsymbol{A}x_k^d-\boldsymbol{W}_{1,k}^1\sigma(\boldsymbol{W}_{2,k}^1\hat{x}_k^1)+\boldsymbol{U}_2$$

其中，$\boldsymbol{U}_2$稍微修改为

$$\boldsymbol{U}_2=-(\boldsymbol{R}^c+\boldsymbol{P}^c)^{-1}\boldsymbol{P}^c\boldsymbol{A}(e_k^1+e_k^2) \tag{10.97}$$

其中 $e_k^1=x_k^1-x_k^d$ 和 $e_k^2=x_k^2-x_{k+1}^d$ 。在此处进行修改是因为只有第一个 RNN 用于模型补偿。式(10.97)的第二项抑制了闭环系统。另一个有用的修改如下：

$$\boldsymbol{U}_2=-(\boldsymbol{R}^c+\boldsymbol{P}^c)^{-1}\boldsymbol{P}^c\boldsymbol{A}e_k^1-(x_k^2-\hat{x}_k^2) \tag{10.98}$$

这里，第二项通过使用第二个 RNN 的识别误差来补偿未建模动力系统。最优控制的权重矩阵为

$$\boldsymbol{Q}^c=\begin{bmatrix}5 & 0\\0 & 5\end{bmatrix},\quad \boldsymbol{R}^c=\begin{bmatrix}0.1 & 0\\0 & 0.1\end{bmatrix},\quad \boldsymbol{P}^c=0.1\boldsymbol{I}_{2\times2}$$

对于神经 RL 解，这里使用四个具有二次激活函数的神经元，即学习率为 $\alpha=0.1$ 和贴现因子为 $\gamma_1=0.9$ 的 $\boldsymbol{\phi}_k=[(e_{1,k}^1)^2,(e_{2,k}^1)^2,(e_{1,k}^2)^2,(e_{2,k}^2)^2]^{\mathrm{T}}$ 。NN 权重是区间[0, 1] 中的随机数。神经 RL 的权重参数为：$\boldsymbol{Q}^c=5\boldsymbol{I}_{4\times4}$ 和 $\boldsymbol{R}^c=0.1\boldsymbol{I}_{2\times2}$ 。

这里将 LQR 解 LQR1(10.97)和 LQR2(10.98)与神经 RL 解(10.37)的性能进行了比较。此时 $t=kT$。

跟踪结果如图 10.1 所示。结果表明，使用 RNN 标识符和 LQR 或 RL 控制器的两种方法都具有良好的跟踪性能。

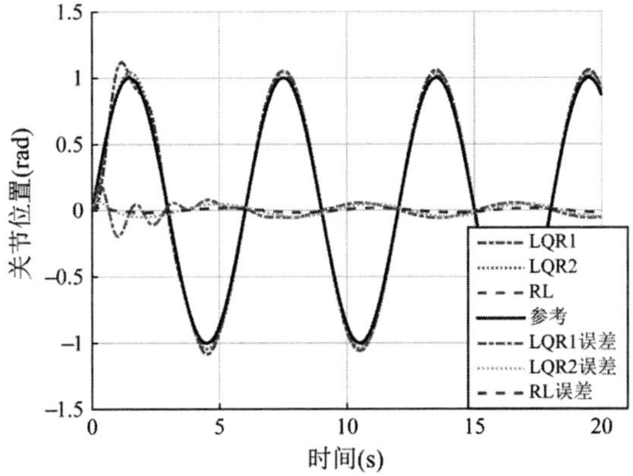

(a) 关节 x_1^1

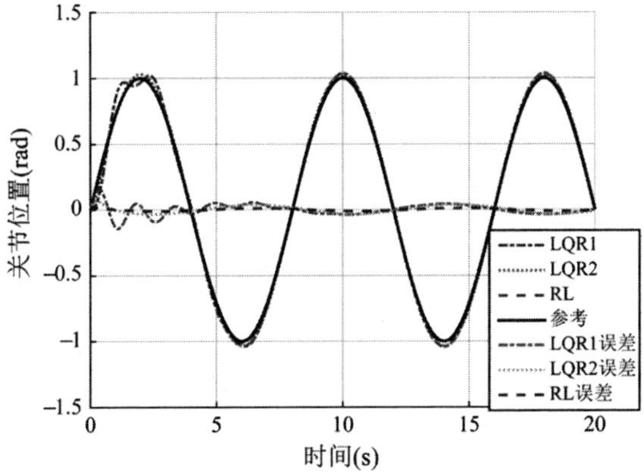

(b) 关节 x_2^1

图 10.1　跟踪结果

LQR 和 RL 解之间的主要区别在于它们的精度。LQR1 控制对建模误差很敏感，并妨碍准确的参考跟踪。LQR2 控制使用第二个 RNN 的建模误差作为未建模动力学的补偿。这种补偿提高了跟踪性能，但输出信号可能有振荡。为了克服这个问题，可以使用控制增益为闭环系统增加更多阻尼；然而这可能会引起建模误差，从而降低精度。神经 RL 控制器考虑了建模误差，改进了输出控制策略。

此处使用均方误差(MSE)来查看每个控制器的精度，如下所示：

$$\bar{x}_1^1 = \frac{1}{n}\sum_{i=1}^{n}\left(e_{1,i}^1\right)^2, \quad \bar{x}_2^1 = \frac{1}{n}\sum_{i=1}^{n}\left(e_{2,i}^1\right)^2$$

最后 5 s 的 MSE 条形图如图 10.2 所示。注意，神经 RL MSE 比 LQR 误差小得多。神经 RL 方法的另一个优点是增强了控制器存在建模误差时的鲁棒性，并收敛到最优或接近最优的控制策略。另一方面，LQR 解设计简单，但它只能保证局部最优性能，这会受到干扰或建模误差的影响。

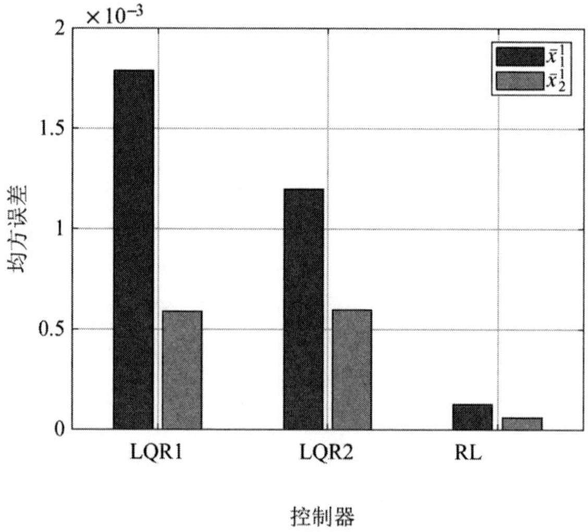

图 10.2 均方误差

就识别误差 $\tilde{x}_k^1$ 和跟踪误差 e_k 而言，Lyapunov 值函数是关于核矩阵和激活函数的二次函数。使用了 RNN 和 RL 的值函数 V_k 和 S_k 的学习曲线分别见图 10.3(a)和 10.3(b)。使用贴现因子是必要的，因为如果参考轨迹不归零，那么值函数是无限的，即如果 $\gamma_1 = 1$，则 $\sum_{i=k}^{\infty}(e_i^{\top}\boldsymbol{Q}^c e_i + \boldsymbol{U}_2^{\top}\boldsymbol{R}^c\boldsymbol{U}_2) = \infty$。

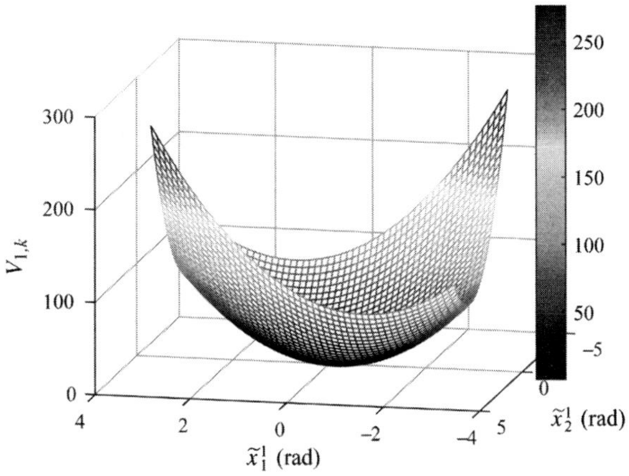

(a) RNN 曲线

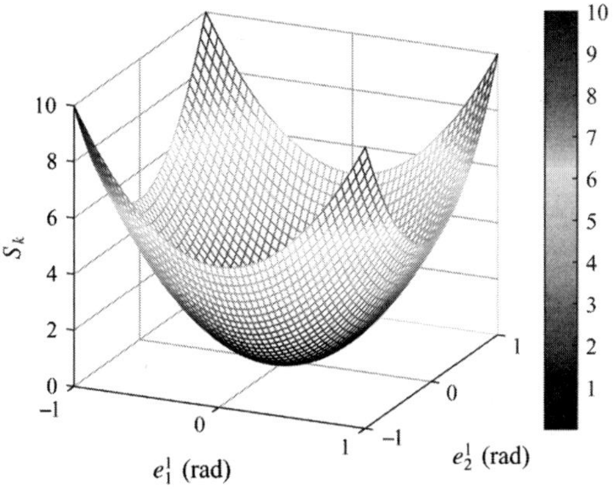

(b) RL 曲线

图 10.3　学习曲线

核矩阵收敛到以下结果

$$\boldsymbol{P}^i \leftarrow \begin{bmatrix} 10 & 4 \\ 4 & 10 \end{bmatrix}, \quad \boldsymbol{P}^c \leftarrow \begin{bmatrix} 5.025 & 0 \\ 0 & 5.025 \end{bmatrix}$$

为了查看每个核矩阵元素的收敛性，这里使用不同时间步中每个矩阵之间的差异，即 $\boldsymbol{P}_{k+1}(i,j) = \boldsymbol{P}_k(i,j)$，其中 (i, j) 表示矩阵的每个元素。收敛散点图如图 10.4 所示。

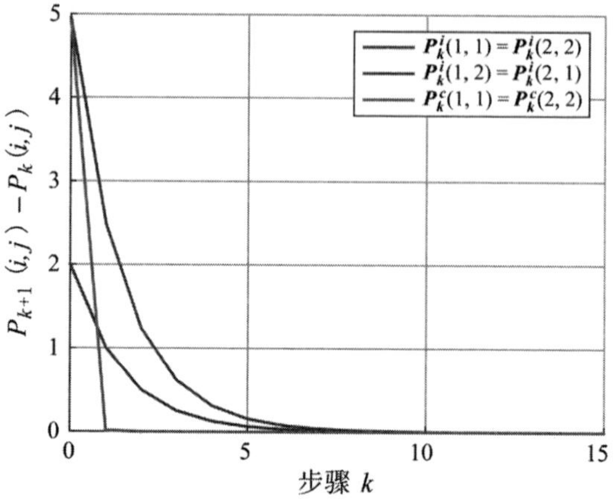

图 10.4　核矩阵 $\boldsymbol{P}_k^i$ 和 $\boldsymbol{P}_k^c$ 的收敛性

值得注意的是，取大数值的矩阵 $\boldsymbol{Q}^i$ 和 $\boldsymbol{Q}^c$ 会得到大的内核值。

取较小数值的 $\boldsymbol{R}^c$ 不会显著影响内核解。矩阵 $\boldsymbol{A}$ 的特征值必须在区间内 $(-1/\beta,0)$ 以保证收敛；否则，内核解会发散。

示例 10.2　2-DOF 平面机器人

使用 2-DOF 平面机器人测试连续时间 $\mathcal{H}_2$ 神经控制(见附录 A)。使用两个独立的 RNN(10.51)来估计每个自由度的位置和速度。第一个 RNN 是

$$\dot{\hat{q}}=\boldsymbol{A}\hat{q}+\boldsymbol{W}_t\sigma(\boldsymbol{V}_t\hat{q})+\tau$$

第二个 RNN 是

$$\ddot{\hat{q}}=\boldsymbol{A}\dot{\hat{q}}+\boldsymbol{W}_t'\sigma(\boldsymbol{V}_t'\dot{\hat{q}})+\tau$$

其中 $\boldsymbol{q}=[q_1,q_2]^{\top}$ 且 $\dot{\boldsymbol{q}}=[\dot{q}_1,\dot{q}_2]^{\top}$。为神经网络标识符选择以下值：

$$\boldsymbol{A}=-12\boldsymbol{I}_{2\times2},\quad \boldsymbol{R}_i=\begin{bmatrix}8&2\\2&8\end{bmatrix},\quad \boldsymbol{Q}_i=\begin{bmatrix}2&1\\1&2\end{bmatrix},\quad \boldsymbol{\Lambda}_1=\boldsymbol{S}=\boldsymbol{I}_{2\times2},\quad \boldsymbol{L}_1=1$$

$$\sigma(x)=\frac{2}{1+e^{-2x}}-\frac{1}{2},\ \boldsymbol{W}_0=\begin{bmatrix}2&0.5&1\\0.1&0.5&0.75\end{bmatrix},\ \boldsymbol{P}_i^0=\begin{bmatrix}0.1&0.05\\0.05&0.1\end{bmatrix}$$

其中 $\boldsymbol{I}$ 是单位矩阵，$\boldsymbol{W}_0=\boldsymbol{W}_0'=\boldsymbol{V}_0^{\top}=\boldsymbol{V}_0'^{\top}$。所需的关节位置和速度参考值为

$$
\boldsymbol{q}_d = \begin{bmatrix} \cos\left(\frac{\pi}{4}t\right) \\ \sin\left(\frac{\pi}{6}t\right) \end{bmatrix}, \quad \dot{\boldsymbol{q}}_d = \begin{bmatrix} -\frac{\pi}{4}\sin\left(\frac{\pi}{4}t\right) \\ \frac{\pi}{6}\cos\left(\frac{\pi}{6}t\right) \end{bmatrix}
$$

权重更新为(10.81)，这里$\boldsymbol{K}_i = 15\boldsymbol{I}(i=1,2)$。神经控制(10.65)是

$$
\tau = \dot{q}_d - \boldsymbol{A}q_d - \boldsymbol{W}_t\sigma(\boldsymbol{V}_t\hat{q}) + \boldsymbol{U}_2
$$

其中，$\boldsymbol{U}_2$稍微修改如下：

$$
\boldsymbol{U}_2 = -\boldsymbol{R}_c^{-1}\boldsymbol{P}_c[(q-q_d)+(\dot{q}-\dot{q}_d)] \tag{10.99}
$$

此处的修改是因为只有第一个 RNN 用于模型补偿。加入速度误差，为闭环系统注入阻尼。向闭环系统注入阻尼的另一种方法是通过以下控制：

$$
\boldsymbol{U}_2 = -\boldsymbol{R}_c^{-1}\boldsymbol{P}_c(q-q_d)-(\dot{q}-\dot{\hat{q}}) \tag{10.100}
$$

这里，第二项通过使用第二个 RNN 的速度估计来补偿未建模动力系统。最优控制的权重矩阵为

$$
\boldsymbol{Q}_c = \begin{bmatrix} 1 & 0 \\ 0 & 1 \end{bmatrix}, \quad \boldsymbol{R}_c = \begin{bmatrix} 0.001 & 0 \\ 0 & 0.001 \end{bmatrix}, \quad \boldsymbol{P}_c = 0.02\boldsymbol{I}_{2\times 2}
$$

这里将使用 LQR 控制“LQR1”(10.99)和 LQR 控制“LQR2”(10.100)的 RNN 解与用“RL”表示的神经 RL(10.89)进行比较。神经 RL 的参数在表 10.1 中给出，其中e_i，$i=\overline{1,4}$分别是每个自由度的位置和速度误差。学习率为$\alpha = 0.3$。

表 10.1　神经 RL 的参数

激活函数	状态/控制权重	神经网络权重
$\boldsymbol{\phi}(e) = [e_1^2,\ e_2^2,\ e_3^2,\ e_4^2]^\top$	$\boldsymbol{Q}_c = \boldsymbol{I}_{4\times4}\ \boldsymbol{R}_c = 0.001\boldsymbol{I}_{2\times2}$	$\boldsymbol{\Theta}_0 = [0.1,\ 0.5,\ 0.2,\ 0.4]^\top$

神经强化学习和 LQR 控制的跟踪结果见图 10.5(a)和 10.5(b)。可以观察到，这两种方法都试图遵循所需的参考位置。控制 LQR1 性能良好，在关节q_1处跟踪误差小；另一方面，由于无模型动力系统影响跟踪性能，控制 LQR1 在关节q_2处显示出较大的跟踪误差。控制 LQR2 因低阻尼效应而出现振荡。

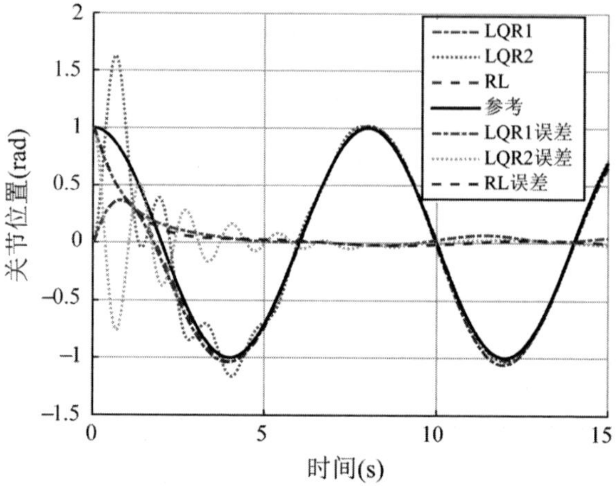

(a) 关节 q_1

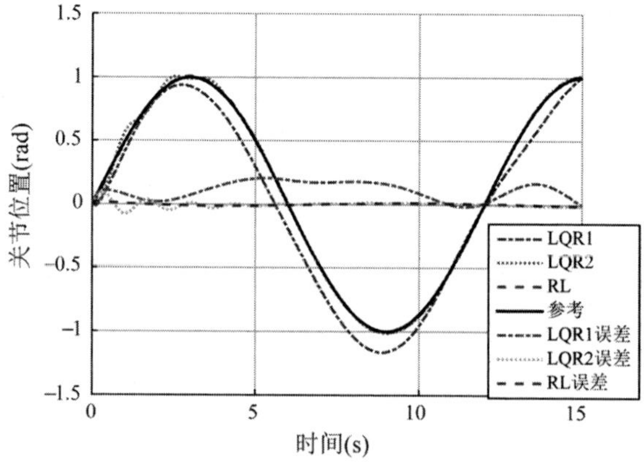

(b) 关节 q_2

图 10.5 跟踪结果

关节速度的模型误差项有助于补偿无模型动力系统并略微注入阻尼。可以通过使用控制增益在闭环系统中注入更多阻尼，然而这可能会激发模型误差并阻碍精确的参考跟踪。神经 RL 具有良好的跟踪性能，因为它同时考虑了机器人的关节位置和速度以及模型误差。

神经控制的另一个优点是矩阵 $\boldsymbol{A}$ 给出了可行的逼近方向，神经估计器具有较快的收敛速度。函数 $\sigma(\cdot)$ 和 $\phi(\cdot)$ 的不当设计可能导致较大的识别误差，因此跟踪误差增大了。这里使用均方误差(MSE)作为每个控制器的性能指标。位置跟踪误差的 MSE 由下式给出

$$\overline{Q}_1 = \frac{1}{n}\sum_{i=1}^{n}(e_1(i)), \qquad \overline{Q}_2 = \frac{1}{n}\sum_{i=1}^{n}(e_2(i))$$

最后 5 s 的 MSE 误差条形图如图 10.6 所示。结果显示了神经 RL 与 LQR 解相比的优势。

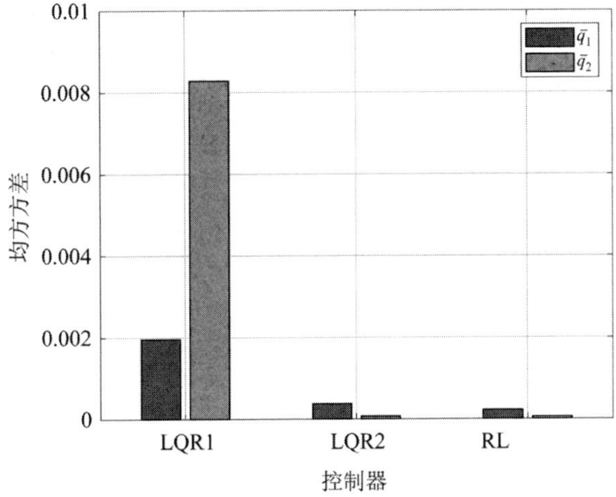

图 10.6 均方误差

与 LQR2 和 RL 相比，控制 LQR1 显示出较大的 MSE。这种差异的主要原因是无模型动力系统。LQR2 具有良好的 MSE 结果，但该控制器可能出现振荡或激发建模误差。考虑到位置和速度状态的测量以及建模误差，神经 RL 具有良好的 MSE 结果。

就识别误差 $\tilde{q}_t$ 和跟踪误差 e_t 而言，Lyapunov 值函数是关于核矩阵和神经激活函数的二次函数。使用了 Riccati 方程(10.60)和 RL(10.90)的 Lyapunov 值函数 V_1 和 V_2 的学习曲线分别见图 10.7(a)和 10.7(b)。

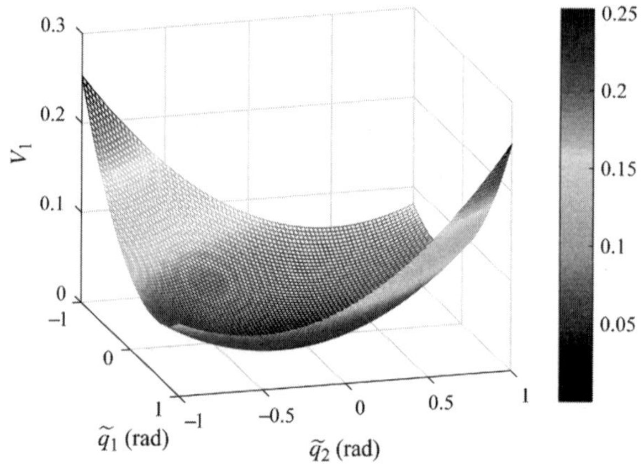

(a) V_1的学习曲线

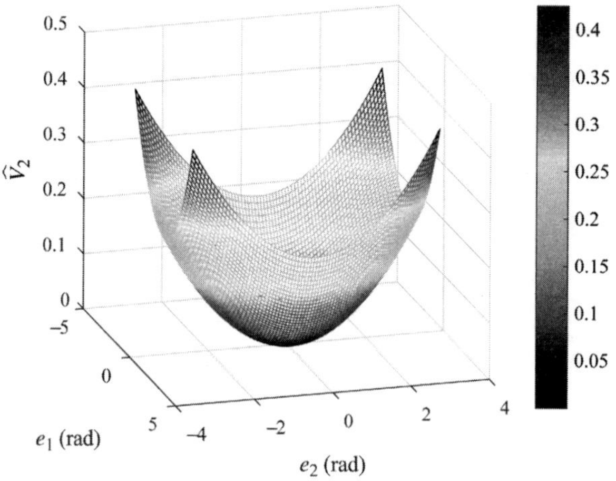

(b) V_2的学习曲线

图 10.7 学习曲线

核矩阵收敛到以下值(见图 10.8)：

$$\boldsymbol{P}_i \leftarrow \begin{bmatrix} 0.0834 & 0.043 \\ 0.043 & 0.0834 \end{bmatrix}, \quad \boldsymbol{P}_c \leftarrow \begin{bmatrix} 0.0215 & 0 \\ 0 & 0.0215 \end{bmatrix}$$

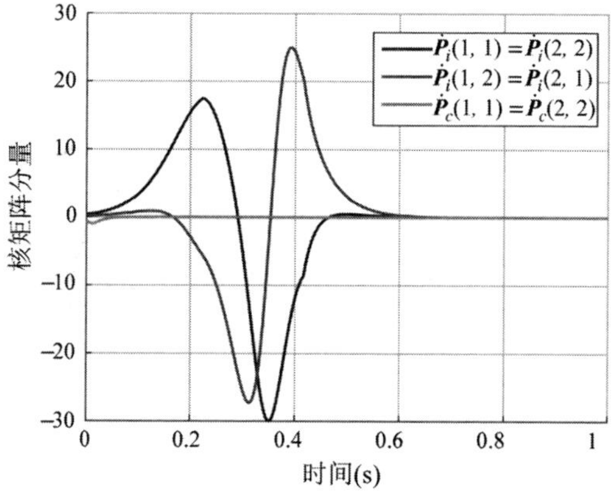

图 10.8　核矩阵 $\dot{\boldsymbol{P}}_i$ 和 $\dot{\boldsymbol{P}}_c$ 的收敛

矩阵 $\boldsymbol{R}_c$ 的选择有助于获得 Riccati 方程的稳定解(10.69)。大数值的控制权重 $\boldsymbol{R}_i$ 会导致核矩阵 $\boldsymbol{P}_i$ 发散，因为更新(10.60)有一个比线性项增长更快的二次项。LQR 和 RL 解都表现出良好的性能；然而，LQR 对模型误差很敏感。RL 解通过在其 NN 权重更新时考虑模型误差来避免此问题。因此，当模型误差不影响跟踪精度时，LQR 控制是可靠的。如果跟踪精度取决于模型精度，则最好使用 RL 控制器。

10.5　本章小结

本章提出了机器人和非线性系统在离散时间和连续时间的$\mathcal{H}_2$神经控制。critic-学习方法基于微分神经网络，用于系统识别和跟踪控制。

跟踪控制采用前馈和反馈控制器来解决。前馈控制器利用神经网络识别器实现输入状态的线性化。反馈控制器由两种控制技术设计：标准 LQR 控制和基于神经网络的强化学习。利用 Lyapunov 稳定性理论和收缩性质给出了稳定性和收敛性。仿真结果表明，在不了解系统动力学和学习时间的情况下，RL 方法具有最优的鲁棒性能。

第 11 章
结　论

近年来，机器人交互控制技术日趋成熟，用于解决医疗机器人领域中较为困难和复杂的控制问题。人们针对复杂控制任务开发了新技术。本书使用基于非线性模型和无模型控制器分析机器人交互控制任务，讨论了使用强化学习的机器人交互控制，强化学习仅使用存储的数据或沿系统轨迹的实时数据。

本书第 I 部分介绍机器人如何在环境中工作。第 2 章给出了环境模型中阻抗和导纳的概念。第 3 章应用阻抗和导纳控制。第 4 章介绍了如何在关节空间和任务空间中设计无模型导纳控制。

阻抗和导纳模型可以通过环境参数识别进行参数化和估计。阻抗/导纳控制器使用反馈线性化来补偿机器人动力学，并将闭环系统简化为期望的阻抗模型。机器人建模面临着精确性和鲁棒性的两难境地。无模型控制器克服了传统阻抗和导纳控制器的精度和鲁棒性困境。阻抗/导纳控制的稳定性通过类 Lyapunov 分析得到证明。

第 5 章分析了另一种机器人交互控制方案，即 human-in-the-loop 控制。使用本书提出的欧拉角方法避免了求解逆运动学和 Jacobian 矩阵。此方法获得终端执行器方向和关节角度之间的直接关系。它也适用于关节空间和任务空间。

本书的第 II 部分将强化学习用于机器人交互控制。这一部分更侧重于最优控制和无模型控制。第 6 章给出了使用强化学习的位置/力控制设计。第 7 章将其扩展到大空间和连续空间。通过强化学习，得到了使位置误差最小的最优期望阻抗模型。这里使用神经网络和 K 均值聚类算法来逼近大空间。利用收缩性质和类 Lyapunov 分析，分析了其收敛性。

本书最后讨论了三种使用强化学习的先进非线性机器人交互控制器。第 8 章讨论最坏情况下不确定性的鲁棒控制。第 9 章研究了基于多智能体强化学习的冗余机器人控制。第 10 章讨论了机器人 $\mathcal{H}_2$ 神经控制。

最坏情况控制转换为 $\mathcal{H}_2/\mathcal{H}_\infty$ 问题，然后转化为强化学习的形式。在离散时间中，使用 k 近邻和双估计技术来处理维数灾难和动作值的高估。通过强化学习，在线获得冗余机器人控制的逆运动学解。多智能体强化学习使用两个值函数来获得逆运动学。$\mathcal{H}_2$神经控制采用递归神经网络对未知机器人建模，然后在 $\mathcal{H}_2$意义下设计最优控制器，并通过强化学习实现。

在此，对今后的工作提出以下建议：

- 从演示中学习。关于这个控制问题有很多信息，但训练集的泛化在理论和实践上都存在许多困难。
- 机器人交互控制的深度强化学习。这个话题相对较新，近年来变得非常流行。
- 人机交互方案。本书假设操作员与机器人没有接触。许多人机交互方案需要根据环境进行人体阻抗，如机器人手术。

本书将有助于新一代科学家探索这一有趣的研究领域，并利用书中讨论的思想做出新的理论和实践贡献。

附录 A
机器人运动学和动力学

A.1 运动学

正向运动学是关节角度和终端执行器位置和方向的长度关系。正向运动学定义为

$$x = f(q) \tag{A.1}$$

其中 $x \in \mathbb{R}^m$ 是机器人终端执行器的位置(X, Y, Z)和方向(α, β, γ)，也称为笛卡儿位置，$x = (X, Y, Z, \alpha, \beta, \gamma)$ ，$q \in \mathbb{R}^n$ 表示关节角度位置，$f(\cdot)$ 是正向运动学。正向运动学的解可以使用著名的 Denavit-Hartenberg 符号[1]获得。

逆运动学是终端执行器的位置和方向与关节角度之间的关系。逆运动学定义为

$$q = invf(x) \tag{A.2}$$

目前还没有标准或通用的方法来求解逆运动学 $invf(\cdot)$ 问题。此外，有多种关节的解可以实现机器人终端执行器相同的期望位置和方向(也称为位置姿势)。

逆运动学问题的一些著名求解方法是

(1) 分析解。解是精确的，并且需要较少的计算工作量。它们包括：(a)代数解，b)几何解。

(2) 数值解。由于算法迭代，它们需要很大的计算工作量。

对于冗余机器人，只能得到逆运动学的局部解，因为必须固定一个或多个关节角度才能计算其他关节角度。因此，最好使用速度运动学方法。

Jacobian 矩阵

Jacobian 矩阵可以避免求解逆运动学，并为机器人交互控制方案提供有用的特性。Jacobian 矩阵是正向运动学(A.1)的导数。它是从关节空间(关节角度)到笛卡儿空间(机器人位置姿势)的速度映射。Jacobian 矩阵由下式给出

$$\dot{x} = \frac{\partial f(q)}{\partial q}\dot{q} = \boldsymbol{J}(q)\dot{q} \tag{A.3}$$

其中 $\dot{x} \in \mathbb{R}^m$ 是笛卡儿速度，$\dot{q} \in \mathbb{R}^n$ 是关节速度，$\boldsymbol{J}(q)$ 是 Jacobian 矩阵。

有两种不同的 Jacobian 矩阵形式：

(1) 解析 Jacobian 矩阵 $\boldsymbol{J}_a$ 是正向运动学(A.1)的微分形式。

(2) 几何 Jacobian 矩阵 $\boldsymbol{J}_g$ 是从 Denavit-Hartenberg 齐次矩阵[1]中获得的，可以写成

$$\boldsymbol{J}(q) = \begin{bmatrix} \boldsymbol{J}_v(q) \\ \boldsymbol{J}_\omega(q) \end{bmatrix} \tag{A.4}$$

其中 $\boldsymbol{J}_v(q) \in \mathbb{R}^{m' \times n}$ 是线性 Jacobian 矩阵，$\boldsymbol{J}_\omega(q) \in \mathbb{R}^{(m-m') \times n}$ 是角度 Jacobian 矩阵。

解析 Jacobian 矩阵与几何 Jacobian 矩阵之间的关系为

$$\boldsymbol{J}_a = \begin{bmatrix} \boldsymbol{I} & 0 \\ 0 & \boldsymbol{R}(\boldsymbol{O})^{-1} \end{bmatrix} \boldsymbol{J}_g \tag{A.5}$$

其中 $\boldsymbol{R}(\boldsymbol{O})$是方向分量的旋转矩阵：$\boldsymbol{O} = [\alpha, \beta, \gamma]^{\mathrm{T}}$ 。

虚拟工作原理

如果刚体在外力的作用下，这些力可以被视为发生了虚拟位移，从而产生了虚功。

虚功通常由力(或转矩)和线性位移(或角位移)的点积给出。根据虚功原理，这些位移很小：

$$F \cdot \delta x = \tau \cdot \delta q \tag{A.6}$$

其中 $F \cdot \delta x$ 是任务空间中终端执行器的虚功，而 $\tau \cdot \delta q$ 是关节位移的虚功。上述方程式也可写成

$$F^{\top} \delta x = \tau^{\top} \delta q \tag{A.7}$$

根据 Jacobian 矩阵定义(A.3)，$\delta x = \boldsymbol{J}(q) \delta q$，则

$$F^{\top} \boldsymbol{J}(q) \delta q = \tau^{\top} \delta q \tag{A.8}$$

因此，对于所有 δq，则有

$$F^{\top} \boldsymbol{J}(q) = \tau^{\top} \qquad \text{或} \qquad \tau = \boldsymbol{J}^{\top}(q) F \tag{A.9}$$

式(A.9)显示了关节扭矩和终端执行器中的力之间的关系。这是机器人交互控制设计的一种主要关系。

奇异性

如果 $\boldsymbol{J}(q)$ 不是方阵或 $\det[\boldsymbol{J}(q)] = 0$，即 Jacobian 矩阵不满秩。在这种情况下，它被称为奇异或奇异条件。在奇异条件中，机器人动力学失去了一定的自由度或可控性。

当 $[\boldsymbol{J}(q)] \neq 0$ 时，Jacobian 矩阵的逆矩阵为

$$\boldsymbol{J}^{-1}(q) = \frac{1}{\det\left[\boldsymbol{J}(q)\right]} \operatorname{adj}\left[\boldsymbol{J}(q)\right]$$

为了避免完整的 Jacobian 矩阵出现奇异性，可以使用线速度 Jacobian 矩阵 $\boldsymbol{J}_v$ 或角速度 Jacobian 矩阵 $\boldsymbol{J}_w$，或者使用两者的组合。因此可以根据如何设计控制问题的 Jacobian 矩阵来避免或增加新的奇点。

A.2 动力学

机器人操纵器的动态可以通过欧拉-拉格朗日方法获得。机器人操纵器的动能为

$$\begin{aligned}\mathcal{K}(q,\dot{q}) &= \frac{1}{2}\dot{q}^\top \boldsymbol{M}(q)\dot{q} \\ &= \frac{1}{2}\dot{q}^\top \underbrace{\left(\sum_{i=1}^{n}\left[m_i \boldsymbol{J}_{v_i}^T(q)\boldsymbol{J}_{v_i}(q) + \boldsymbol{J}_{\omega_i}^\top(q)\boldsymbol{R}_i(q)\mathcal{I}_i\boldsymbol{R}_i^\top(q)\boldsymbol{J}_{\omega_i}(q)\right]\right)\dot{q}}_{\boldsymbol{M}(q)}\end{aligned} \tag{A.10}$$

其中 m_i 是连杆 i 的质量，$\boldsymbol{J}_{v_i}$ 和 $\boldsymbol{J}_{w_i}$ 分别是连杆 i 相对于其他连杆的线性 Jacobian 矩阵和角度 Jacobian 矩阵，$\boldsymbol{I}_i$ 是连杆 i 的惯性张量，$\boldsymbol{R}_i(q)$ 是每个连杆相对于全局惯性框架的方向矩阵。$\boldsymbol{M}(q) \in \mathbb{R}^{n\times n}$ 是惯性矩阵，对于所有 $q \in \mathbb{R}^n$ 都是对称且正定的。

势能为

$$\mathcal{U}(q) = \sum_{i=1}^{n} m_i \boldsymbol{g}^\top r_{c_i} \tag{A.11}$$

其中 $\boldsymbol{g} = [g_x \quad g_y \quad g_z]^\mathrm{T}$ 是相对于全局惯性系的重力方向，r_{c_i} 是连杆 i 质心的坐标。

拉格朗日函数被定义为式(A.10)和式(A.11)之间的差值，

$$\mathcal{L}(q,\dot{q}) = \mathcal{K}(q,\dot{q}) - \mathcal{U}(q) \tag{A.12}$$

Euler-Lagrange 方程的完整形式(无消耗项)为

$$\frac{\mathrm{d}}{\mathrm{d}t}\left[\frac{\partial \mathcal{L}(q,\dot{q})}{\partial \dot{q}_i}\right] - \frac{\partial \mathcal{L}(q,\dot{q})}{\partial q_i} = \tau_i, \quad i = 1,\cdots,n \tag{A.13}$$

式中，τ_i 是施加在每个关节上的外力和扭矩。

使用拉格朗日函数(A.12)求解 Euler-Lagrange 方程(A.13)为

$$\begin{aligned}\frac{\mathrm{d}}{\mathrm{d}t}(\boldsymbol{M}(q)\dot{q}) - \frac{\partial \mathcal{K}(q,\dot{q})}{\partial q} + \frac{\partial \mathcal{U}(q)}{\partial q} &= \tau \\ \boldsymbol{M}(q)\ddot{q} + \dot{\boldsymbol{M}}(q)\dot{q} - \frac{\partial \mathcal{K}(q,\dot{q})}{\partial q} + \frac{\partial \mathcal{U}(q)}{\partial q} &= \tau\end{aligned}$$

定义

$$\boldsymbol{C}(q,\dot{q})\dot{q} \triangleq \dot{\boldsymbol{M}}(q)\dot{q} - \frac{\partial \mathcal{K}(q,\dot{q})}{\partial q}, \qquad \boldsymbol{G}(q) \triangleq \frac{\partial \mathcal{U}(q)}{\partial q} \tag{A.14}$$

其中 $\boldsymbol{C}(q,\dot{q}) \in \mathbb{R}^{n\times n}$ 是 Coriolis 力和向心力矩阵，$\boldsymbol{G}(q) \in \mathbb{R}^{n}$ 是引力矩矢量。Coriolis 矩阵的项可以简化为

$$\begin{aligned}\boldsymbol{C}(q,\dot{q})\dot{q} &= \dot{\boldsymbol{M}}(q)\dot{q} - \frac{\partial \mathcal{K}(q,\dot{q})}{\partial q} = \dot{\boldsymbol{M}}(q)\dot{q} - \frac{1}{2}\dot{q}^{\top}\frac{\partial \boldsymbol{M}(q)}{\partial q}\dot{q} \\ &= \frac{1}{2}\dot{q}^{\top}\frac{\partial \boldsymbol{M}(q)}{\partial q}\dot{q}, \qquad \text{其中} \qquad \dot{\boldsymbol{M}}(q) = \frac{\partial \boldsymbol{M}(q)}{\partial q}\dot{q} = \dot{q}^{\top}\frac{\partial \boldsymbol{M}(q)}{\partial q}\end{aligned}$$

Coriolis 矩阵 $\boldsymbol{C}(q,\dot{q})$ 不是唯一的。计算 Coriolis 矩阵的一种方法是使用 Christoffel 符号法，

$$\boldsymbol{C}_{kj} = \frac{1}{2}\sum_{i=1}^{n}\left\{\frac{\partial \boldsymbol{M}_{kj}}{\partial q_i} + \frac{\partial \boldsymbol{M}_{ki}}{\partial q_j} - \frac{\partial \boldsymbol{M}_{ij}}{\partial q_k}\right\}\dot{q}_i \tag{A.15}$$

最后，式(A.17)给出了 n 自由度机器人操纵器的动力学模型

$$\boldsymbol{M}(q)\ddot{q} + \boldsymbol{C}(q,\dot{q})\dot{q} + \boldsymbol{G}(q) = \tau \tag{A.16}$$

如果考虑相互作用力/扭矩，则动态模型(A.16)为

$$\boldsymbol{M}(q)\ddot{q} + \boldsymbol{C}(q,\dot{q})\dot{q} + \boldsymbol{G}(q) = \tau - \boldsymbol{J}^{\top}(q)\boldsymbol{f}_e \tag{A.17}$$

其中$\boldsymbol{f}_e = \begin{bmatrix} F_x & F_y & F_z & \tau_x & \tau_y & \tau_z \end{bmatrix}^{\top} \in \mathbb{R}^m$是施加在不同方向上的力和力矩。

动态模型属性

机器人动力学(A.16)[1, 104]的以下特殊特性，可用于控制设计和稳定性分析。

假定存在正的标量 $\beta_i\,(i = 0, 1, 2, 3)$ 使得：

P1. 惯性矩阵 $\boldsymbol{M}(q)$对称且正定

$$0 < \beta_0 \leqslant \lambda_{\min}\{\boldsymbol{M}(q)\} \leqslant \|\boldsymbol{M}(q)\| \leqslant \lambda_{\max}\{\boldsymbol{M}(q)\} \leqslant \beta_1 < \infty \tag{A.18}$$

其中 $\lambda_{\max}\{\boldsymbol{A}\}$ 和 $\lambda_{\min}\{\boldsymbol{A}\}$ 分别是任意矩阵 $\boldsymbol{A} \in \mathbb{R}^{n\times n}$ 的最大和最小特征值。

范数$\|A\| = \sqrt{\lambda_{\max}(A^{\mathrm{T}}A)}$和向量 b 的$\|b\| \in \mathbb{R}^n$ 分别代表导出的 Frobenius 范数和向量欧氏范数。

P2. 对于 Coriolis 矩阵$C(q,\dot{q})$，

$$\|C(q,\dot{q})\dot{q}\| \leqslant \beta_2\|\dot{q}\|^2 \text{或} \|C(q,\dot{q})\| \leqslant \beta_2\|\dot{q}\| \tag{A.19}$$

$\dot{M}(q) - 2C(q,\dot{q})$是斜对称的，即，

$$v^T\left[\dot{M}(q) - 2C(q,\dot{q})\right]v = 0 \tag{A.20}$$

对于任何向量$v \in \mathbb{R}^n$，还有

$$\dot{M}(q) = C(q,\dot{q}) + C^{\mathrm{T}}(q,\dot{q}) \tag{A.21}$$

P3. 引力矩矢量$G(q)$ 为 Lipschitz

$$\|G(q_1) - G(q_2)\| \leqslant k_g\|q_1 - q_2\| \tag{A.22}$$

对于某些$k_g > 0$，它还满足$\|G(q)\| \leqslant \beta_3$。

P4. Jacobian 矩阵是有界的，对于全秩的 Jacobian 矩阵，存在正标量$\rho_i(i=0,\ 1,\ 2)$使得

$$\begin{aligned}\|J(q)\| &\leqslant \rho_0 < \infty\\ \|\dot{J}(q)\| &\leqslant \rho_1 < \infty\\ \|J^{-1}(q)\| &\leqslant \rho_2 < \infty\end{aligned} \tag{A.23}$$

任务空间中的动态模型

考虑 Jacobian 矩阵映射(A.3)及其时间导数

$$\begin{aligned}\dot{x} &= J(q)\dot{q}\\ \ddot{x} &= J(q)\ddot{q} + \dot{J}(q)\dot{q}\end{aligned} \tag{A.24}$$

其中$\ddot{x} \in \mathbb{R}^m$是终端执行器的加速度，$\ddot{q} \in \mathbb{R}^n$是关节加速度矢量，$\dot{J}(q) \in \mathbb{R}^{m\times n}$是 Jacobian 矩阵的时间导数。

式(A.24)给出了关节空间和任务(笛卡儿)空间之间的映射。任务空间中的机器人交互动力学(A.17)为

$$M_x\ddot{x} + C_x\dot{x} + G_x = f_\tau - f_e \tag{A.25}$$

其中

$$
\begin{aligned}
\boldsymbol{M}_x &= \boldsymbol{J}^{-\top}(q)\boldsymbol{M}(q)\boldsymbol{J}^{-1}(q)\\
\boldsymbol{C}_x &= \boldsymbol{J}^{-\top}(q)\boldsymbol{C}(q,\dot{q})\boldsymbol{J}^{-1}(q) - \boldsymbol{M}_x(q)\dot{J}(q)J^{-1}(q)\\
\boldsymbol{G}_x &= \boldsymbol{J}^{-\top}(q)\boldsymbol{G}(q)\\
\boldsymbol{f}_\tau &= \boldsymbol{J}^{-\top}(q)\tau
\end{aligned}
\tag{A.26}
$$

关节空间中机器人动力学的所有特性都适用于任务空间模型。

A.3 示例

考虑本书中使用的以下机器人和系统。

示例 A.1 4-DOF 外骨骼机器人

图 A.1 显示了一个 4-DOF 外骨骼机器人。机器人有 3 个自由度来模拟肩部运动(屈伸、外展内收、内外旋转)，1 个自由度用来模拟肘部的屈伸运动。外骨骼机器人的 DH 参数如表 A.1 所示。

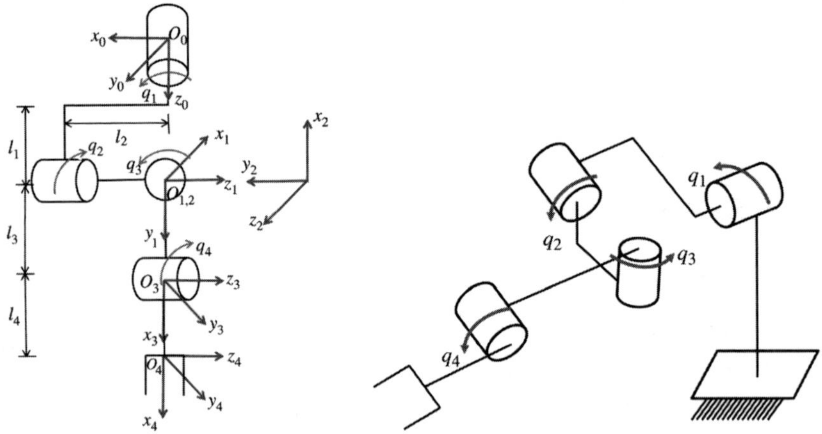

(a) 框架和长度　　　　(b) 外骨骼结构

图 A.1　4-DOF 外骨骼机器人

表 A.1 平移和倾斜机器人的 Denavit-Hartenberg 参数

关节 i	θ_i	d_i	a_i	α_i
1	q_1	l_1	0	$\frac{\pi}{2}$
2	q_2	0	0	$-\frac{\pi}{2}$
3	q_3	0	l_3	$\frac{\pi}{2}$
4	q_4	0	l_4	0

l_i, i=1, 2, 3, 4 是每个连杆的长度，$O_j, j=\overline{0,4}$ 代表每个惯性系的原点。

外骨骼的齐次变换矩阵 $\boldsymbol{T}$ 为

$$\boldsymbol{T}=\begin{bmatrix} c_1(c_2c_3c_4-s_2s_4)-c_4s_1s_3 & s_1s_3s_4-c_1(c_4s_2+c_2c_3s_4) & c_3s_1+c_1c_2s_3 & X \\ c_2c_3c_4s_1+c_1c_4s_3-s_1s_2s_4 & -c_4s_1s_2-(c_2c_3s_1+c_1s_3)s_4 & -c_1c_3+c_2s_1s_3 & Y \\ c_3c_4s_2+c_2s_4 & c_2c_4-c_3s_2s_4 & s_2s_3 & Z \\ 0 & 0 & 0 & 1 \end{bmatrix}$$

其中 $c_i=\cos(q_i)$，$s_i=\sin(q_i)$

机器人的笛卡儿位置由正向运动学给出，其形式如下：

$$\begin{aligned} X &= c_1\left(c_2c_3(l_3+l_4c_4)-l_4s_2s_4\right)-\left(l_3+l_4c_4\right)s_1s_3 \\ Y &= c_2c_3\left(l_3+l_4c_4\right)s_1-l_4s_1s_2s_4+c_1\left(l_3+l_4c_4\right)s_3 \\ Z &= l_1+c_3\left(l_3+l_4c_4\right)s_2+l_4c_2s_4 \end{aligned} \tag{A.27}$$

几何 Jacobian 矩阵[1]计算如下：

$$\boldsymbol{J}(q)=\begin{bmatrix} z_0\times(O_4-O_0) & z_1\times(O_4-O_1) & z_2\times(O_4-O_2) & z_3\times(O_4-O_3) \\ z_0 & z_1 & z_2 & z_3 \end{bmatrix}$$

外骨骼几何 Jacobian 矩阵由下式给出

$$\boldsymbol{J}(q)=\begin{bmatrix} J_{11} & -c_1J_{12} & J_{13} & J_{14} \\ J_{21} & -s_1J_{22} & J_{23} & J_{24} \\ 0 & c_2c_3(l_3+l_4c_4)-l_4s_2s_4 & -(l_3+l_4c_4)s_2s_3 & l_4\left(c_2c_4-c_3s_2s_4\right) \\ 0 & s_1 & -c_1s_2 & c_1c_2s_3+c_3s_1 \\ 0 & -c_1 & -s_1s_2 & c_2s_1s_3-c_1c_3 \\ 1 & 0 & c_2 & s_2s_3 \end{bmatrix} \tag{A.28}$$

并且

$$J_{11} = -\left(l_3 + l_4 c_4\right)\left(c_2 s_1 + c_1 s_3\right) + l_4 s_1 s_2 s_4$$
$$J_{12} = c_3(l_3 + l_4 c_4) s_2 + l_4 c_2 s_4$$
$$J_{13} = -(l_3 + l_4 c_4)\left(c_3 s_1 + c_1 c_2 s_3\right)$$
$$J_{14} = l_4\left(s_1 s_3 s_4 - c_1 c_4 s_2 + c_2 c_3 s_4\right)$$
$$J_{21} = -(l_3 + l_4 c_4) s_1 s_3 + c_1\left(c_2 c_3 (l_3 + l_4 c_4) - l_4 s_2 s_4\right)$$
$$J_{23} = (l_3 + l_4 c_4)\left(c_3 c_1 - s_1 c_2 s_3\right)$$
$$J_{24} = -l_4\left(s_1 s_2 c_4 + \left(c_2 c_3 s_1 + c_1 s_3\right) s_4\right)$$

表 A.2 给出了符合外骨骼结构的外骨骼机器人的运动学参数(见图 A.1)。

表 A.2 外骨骼的运动参数

参数	描述	数值
l_1	肩关节窝的长度	0.228 m
l_3	手臂的长度	0.22 m
l_4	前臂的长度	0.22 m

示例 A.2 2-DOF 平移和倾斜机器人

图 A.2 显示了 2-DOF 平移和倾斜结构及其各自的惯性系。表 A.3 中的 DH 参数是根据惯性系获得的。

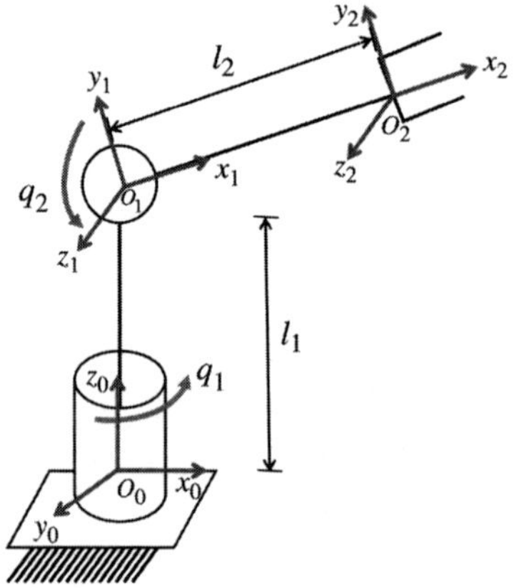

图 A.2 2-DOF 平移和倾斜机器人

表 A.3　外骨骼的 Denavit-Hartenberg 参数

关节 i	θ_i	d_i	a_i	α_i
1	q_1	l_1	0	$\frac{\pi}{2}$
2	q_2	0	l_2	0

平移和倾斜机器人的齐次变换矩阵 $\boldsymbol{T}$ 为

$$\boldsymbol{T}=\begin{bmatrix}\cos(q_1)\cos(q_2) & -\cos(q_1)\sin(q_2) & \sin(q_1) & l_2\cos(q_1)\cos(q_2)\\ \sin(q_1)\cos(q_2) & -\sin(q_1)\sin(q_2) & -\cos(q_1) & l_2\sin(q_1)\cos(q_2)\\ \sin(q_2) & \cos(q_2) & 0 & l_1+l_2\sin(q_2)\\ 0 & 0 & 0 & 1\end{bmatrix} \tag{A.29}$$

正向运动学为

$$\begin{aligned}X&=l_2\cos(q_1)\cos(q_2)\\ Y&=l_2\sin(q_1)\cos(q_2)\\ Z&=l_1+l_2\sin(q_2)\end{aligned} \tag{A.30}$$

几何 Jacobian 矩阵公式计算如下：

$$\begin{aligned}\boldsymbol{J}(q)&=\begin{bmatrix}z_0\times(O_2-O_0) & z_1\times(O_2-O_1)\\ z_0 & z_1\end{bmatrix}\\ &=\begin{bmatrix}-l_2\sin(q_1)\cos(q_2) & -l_2\cos(q_1)\sin(q_2)\\ l_2\cos(q_1)\cos(q_2) & -l_2\sin(q_1)\sin(q_2)\\ 0 & l_2\cos(q_2)\\ 0 & \sin(q_1)\\ 0 & -\cos(q_1)\\ 1 & 0\end{bmatrix}\end{aligned} \tag{A.31}$$

对于动力学模型，考虑对角惯性张量，其主惯性矩假设为对称细条：$I_{xx_i}=I_{yy_i}=I_{zz_i}=\frac{m_i l_i^2}{12}$。如(A.16)所示的平移和倾斜动力学为

$$\boldsymbol{M}(q)=\begin{bmatrix}M_{11} & 0\\ 0 & M_{22}\end{bmatrix},\quad \boldsymbol{C}(q,\dot{q})=\begin{bmatrix}C_1\dot{q}_2 & C_1\dot{q}_1\\ -C_1\dot{q}_1 & C_2\dot{q}_2\end{bmatrix},\quad \boldsymbol{G}(q)=\begin{bmatrix}0\\ G_2\end{bmatrix} \tag{A.32}$$

其中

$$M_{11} = I_{yy_1} + \frac{1}{8}\left((4I_{yy_2} - 4I_{xx_2} + m_2 l_2^2\right) + \left(4I_{yy_2} - 4I_{xx_2} + m_2 l_2^2\right)\cos(2q_2)$$
$$M_{22} = \frac{1}{4}\left(4I_{zz_2} + (l_1^2 + l_2^2)m_2 + 2l_1 l_2 m_2 \sin(2q_2)\right)$$
$$C_1 = -\frac{1}{8}\left(4I_{yy_2} - 4I_{xx_2} + m_2 l_1^2\right)\sin(2q_2)$$
$$C_2 = \frac{1}{4} l_1 l_2 m_2 \cos(q_2)$$
$$G_2 = \frac{1}{2} m_2 g l_2 \cos(q_2)$$

平移和倾斜机器人的运动学和动力学参数如表 A.4 所示，其中 m_i 、l_i 、I_{xx_i} 、I_{yy_i} 、 I_{zz_i} ， $i=1$、2 分别表示连杆 i 在 X、Y、Z 轴上的质量、长度和惯性矩。

表 A.4　2-DOF 平移和倾斜机器人运动学和动力学参数

参数	描述	数值
m_1	连杆 1 质量	1 kg
m_2	连杆 2 质量	0.8 kg
l_1	连杆 1 长度	0.0951 m
l_2	连杆 2 长度	0.07 m
$I_{xx_1} = I_{yy_1} = I_{zz_1}$	连杆 1 惯性矩	7.54×10^{-4} kgm^2
$I_{xx_2} = I_{yy_2} = I_{zz_2}$	连杆 2 惯性矩	3.27×10^{-4} kgm^2

示例 A.3　2-DOF 平面机器人

质心位于连杆的末端并写为(A.16)的 2-DOF 平面机器人(见图 A.3)的动力学模型为

$$\boldsymbol{M}(q) = \begin{bmatrix} M + m_2 l_2^2 + 2m_2 l_1 l_2 \cos(q_2) + J & m_2 l_2^2 + m_2 l_1 l_2 \cos(q_2) + J_2 \\ m_2 l_2^2 + m_2 l_1 l_2 \cos(q_2) + J_2 & m_2 l_2^2 + J_2 \end{bmatrix}$$
$$\boldsymbol{C}(q,\dot{q}) = \begin{bmatrix} -m_2 l_1 l_2 \sin(q_2)\dot{q}_2 & -m_2 l_1 l_2 \sin(q_2)(\dot{q}_1 + \dot{q}_2) \\ m_2 l_1 l_2 \sin(q_2)\dot{q}_1 & 0 \end{bmatrix}$$
$$\boldsymbol{G}(q) = \begin{bmatrix} m_1 l_1 g \cos(q_1) + m_2 g\left(l_1 cos(q_1) + l_2 \cos(q_1 + q_2)\right) \\ m_2 g\left(l_1 cos(q_1) + l_2 \cos(q_1 + q_2)\right) \end{bmatrix}, \quad \boldsymbol{\tau} = \begin{bmatrix} \tau_1 \\ \tau_2 \end{bmatrix} \tag{A.33}$$

其中$M=(m_1+m_2)l_1^2$，$\boldsymbol{q}=[q_1,q_2]^{\mathrm{T}}$，$m_i$，$l_i$，$J_i$分别是连杆$i$的质量、长度和惯性，$i=1$、2 和$J=J_1+J_2$。

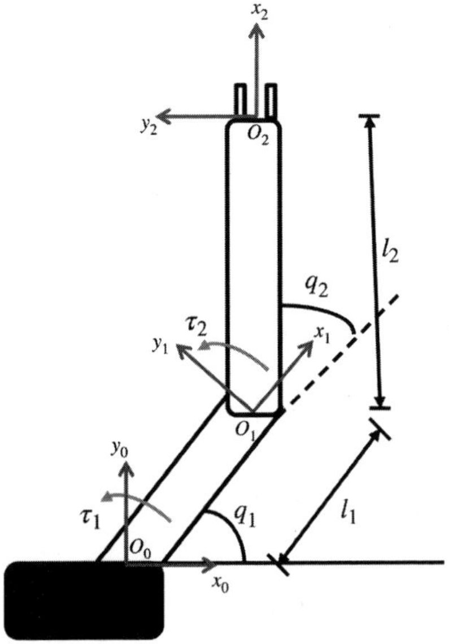

图 A.3　2-DOF 平面机器人

示例 A.4　推车杆系统

以(A.16)形式表示的 cart-pole 系统动力学(见图 A.4)为

$$\boldsymbol{M}(q)\ddot{q}+\boldsymbol{C}(q,\dot{q})\dot{q}+\boldsymbol{G}(q)=Bu$$

其中

$$\boldsymbol{M}(q)=\begin{bmatrix} M+m & ml\cos(q) \\ ml\cos(q) & ml^2 \end{bmatrix},\quad \boldsymbol{C}(\boldsymbol{q},\dot{\boldsymbol{q}})=\begin{bmatrix} 0 & -ml\sin(q)\dot{q} \\ 0 & 0 \end{bmatrix},$$
$$\boldsymbol{G}(q)=\begin{bmatrix} 0 \\ -mgl\sin(q) \end{bmatrix},\quad \boldsymbol{B}=\begin{bmatrix} 1 \\ 0 \end{bmatrix} \tag{A.34}$$

式中，M是推车质量，m是钟摆质量，l是钟摆长度，g是重力加速度，F是推车上施加的力。广义坐标表示为$\boldsymbol{q}=[x_c,q]^{\mathrm{T}}$，式中，$x_c$是推车位置，$q$是钟摆和垂直线之间形成的角度。该系统是一个欠驱动系统，其控制输入应用于推车。

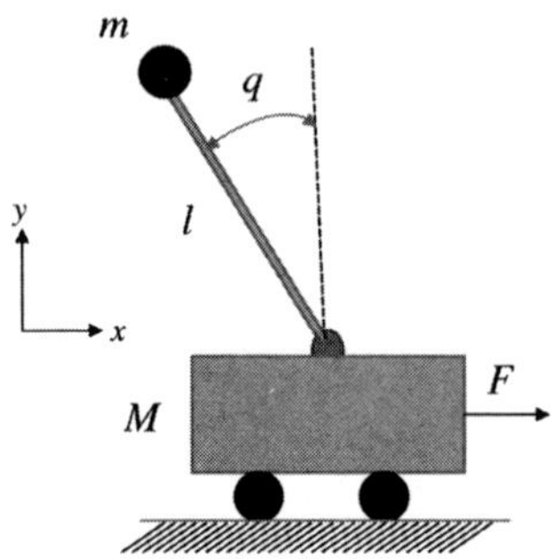

图 A.4　推车杆系统

系统动力学(A.35)可以改写为(8.1)的形式，如下所示：

$$\dot{\boldsymbol{x}} = \begin{bmatrix} 0 & 0 & 1 & 0 \\ 0 & 0 & 0 & 1 \\ 0 & 0 & 0 & 0 \\ 0 & 0 & 0 & 0 \end{bmatrix} \boldsymbol{x} + \begin{bmatrix} 0 \\ 0 \\ \frac{cd_1 - bd_2}{ac - b^2} \\ \frac{ad_2 - bd_1}{ac - b^2} \end{bmatrix} + \begin{bmatrix} 0 \\ 0 \\ \frac{c}{ac - b^2} \\ \frac{b}{b^2 - ac} \end{bmatrix} \boldsymbol{u} \tag{A.35}$$

其中 $a = m + M$ ，$b = ml\cos(q)$，$c = ml^2$，$d_1 = ml\sin(q)\dot{q}^2$，d_2=$mgl\sin(q)$。状态向量为 $\boldsymbol{x} = (x_c, \dot{x}_c, q, \dot{q})^{\mathrm{T}}$，$\boldsymbol{u} = F$ 为控制输入。

附录 B
强化学习控制

B.1 马尔可夫决策过程

为了理解动态编程(DP)的工作原理，使用图 B.1 中的框图。本附录中的控制器使用三个信号与系统交互：系统状态、动作或控制信号以及标量奖励信号。奖励提供控制器性能的反馈。在每个时间步，控制器接收状态并应用控制动作，这将导致系统进入新状态。这种转变是由系统动力学提供的。控制器的行为取决于其策略，这是一个从状态转变为动作的函数。该系统控制器与其状态和动作的交互构成了马尔可夫决策过程(MDP)。

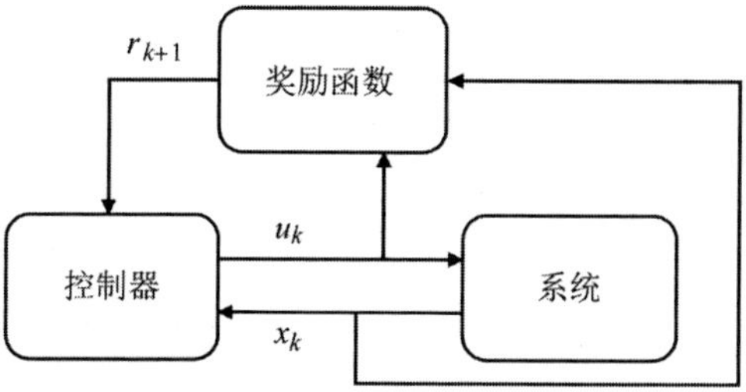

图 B.1　马尔可夫决策过程的控制系统

控制系统的确定性 MDP 定义如下

$MDP = (X, U, f, \rho)$

其中 X 是系统的状态空间，U 是控制的动作空间，f 是系统动力学，ρ 表示奖励函数。

在离散时间 k 中，当动作 $u_k \in U$ 被应用在状态 $x_k \in X$ 时，根据动力学 $f: X \times U \to X$，状态变为 x_{k+1}：

$$x_{k+1} = f(x_k, u_k) \tag{B.1}$$

同时，控制器根据奖励函数 ρ：$X \times U \to \mathbb{R}$ 接收标量奖励信号 r_{k+1}：

$$r_{k+1} = \rho(x_k, u_k) \tag{B.2}$$

控制器根据其策略 h：$X \times U$ 选择动作，使用

$$u_k = h(x_k) \tag{B.3}$$

动态规划(DP)的主要目标是找到一个最小化回报的最优策略，回报是交互过程中的累积值。在最简单的情况下，无限时域的回报 $R^h(x_k)$ 为

$$\sum_{k=0}^{\infty} r_{k+1} = \sum_{k=0}^{\infty} \rho\left[x_k, h(x_k)\right] = R^h(x_k) \tag{B.4}$$

另一种回报类型使用贴现的概念，即控制器试图选择动作或控制动作，以使其获得的贴现回报的总和最小化。无限时域的贴现回报为

$$\sum_{k=0}^{\infty} \gamma^k r_{k+1} = \sum_{k=0}^{\infty} \gamma^k \rho\left[x_k, h(x_k)\right] = R^h(x_k) \tag{B.5}$$

其中 $\gamma \in [0, 1]$ 是贴现因子。注意，如果 $\gamma = 1$，式(B.5)就变为式(B.4)。

γ 的选择通常涉及解的质量和 DP 算法收敛速度之间的权衡。如果 γ 太小，解可能不令人满意，因为它没有充分考虑奖励。

当控制器进程交互自然中断为子序列时，将其称为事件。每个片段都以最终状态结束，然后重置为标准开始状态。如果控制器进程交互没有自然中断，它将定义一个持续的任务。

B.2 值函数

有两种类型的值函数：(1)状态值函数，即 V 函数；(2)状态-动作值函数，如 Q 函数。对于任何策略 h，Q 函数 Q^h：$X \times U \to \mathbb{R}$ 是

$$Q^h(x, u) = \sum_{k=0}^{\infty} \gamma^k \rho(x_k, u_k) \tag{B.6}$$

上述表达式可以重写为

$$\begin{aligned}Q^h(x,u) &= \rho(x,u) + \sum_{k=1}^{\infty}\gamma^k \rho(x_k,u_k) \\ &= \rho(x,u) + \gamma R^h(f(x,u))\end{aligned} \tag{B.7}$$

其中 $\rho(x, u) = \rho(x_0, u_0)$。最优 Q 函数被定义为通过任何控制策略可以获得的最优 Q 函数

$$Q^*(x,u) = \min_h Q^h(x,u) \tag{B.8}$$

如果策略 h^* 在每个状态下都选择具有最小最优 Q 值的动作，则为最优：

$$h^*(x) \in \underset{u}{\operatorname{argmin}}\, Q^*(x,u) \tag{B.9}$$

一般来说，给定一个 Q 函数，如果满足以下条件，则称策略 h 在 Q 中是贪婪的。

$$h(x) \in \underset{u}{\operatorname{argmin}}\, Q(x,u) \tag{B.10}$$

根据 Bellman 方程，值 $Q^h(x, u)$ (在策略 h 下的状态 x 中采取动作 u)等于直接奖励 p 和下一状态下 h 的贴现值：

$$\begin{aligned}Q^h(x,u) &= \rho(x,u) + \gamma Q^h(x_{k+1}, u_{k+1}) \\ &= \rho(x,u) + \gamma Q^h\left[f(x,u), h(x_{k+1})\right]\end{aligned}$$

其中 $x_{k+1} = f(x_k, u_k)$， $u_k = h(x_k)$。

Q^* 的 Bellman 最优方程是

$$Q^*(x,u) = \rho(x,u) + \gamma \min_{u^*} Q^*(f(x,u), u^*) \tag{B.11}$$

策略 h 的 V 函数 $V^h: X \to \mathbb{R}$ 是

$$V^h(x) = R^h(x) = Q^h(x, h(x)) \tag{B.12}$$

最优 V 函数为

$$V^*(x) = \min_h V^h(x) = \min_u Q^*(x,u) \tag{B.13}$$

最优控制策略 h^* 可以从 V^* 计算得到

$$h^*(x) \in \underset{u}{\operatorname{argmin}}\left[\rho(x,u) + \gamma V^*(f(x,u))\right] \tag{B.14}$$

由于 V 函数仅描述状态的质量，因此为了推断转换的质量，V 函数使用以下 Bellman 方程：

$$V^h(x) = \rho\left[x, h(x)\right] + \gamma V^h\left[f(x), h(x)\right] \tag{B.15}$$

$$V^*(x) = \min_u \left[\rho(x,u) + \gamma V^*(f(x,u)\right] \tag{B.16}$$

B.3 迭代

为了找到最优值函数和最优策略，需要递归地应用 Bellman 方程。这个递归过程称为迭代。值迭代计算值函数，直到获得最优值。策略的迭代使策略进化，直到获得最优值函数和最优控制策略。

设 $\mathcal{L}$为所有 Q 函数的集合，$\mathcal{H}$为值迭代，计算 Bellman 最优方程的右侧部分

$$Q^*(x,u) = \rho(x,u) + \gamma \min_{u^*} Q^*(f(x,u), u^*) \tag{B.17}$$

对于任何 Q 函数，值迭代为

$$\mathcal{H}\left[Q(x,u)\right] = \rho(x,u) + \gamma \min_{u^*} Q(f(x,u), u^*) \tag{B.18}$$

Q 迭代算法从任意 Q_0 开始，Q 函数更新为

$$Q_{i+1} = \mathcal{H}\left[Q_i\right] \tag{B.19}$$

由于式(B.18)中的 $\gamma < 1$ 且 Q 适用于无穷范数，因此

$$\|\mathcal{H}\left[Q_1\right] - \mathcal{H}\left[Q_2\right]\| \leqslant \gamma \|Q_1 - Q_2\| \tag{B.20}$$

适用于任何 Q_1 和 Q_2。

为了证明式(B.20)，有

$$\begin{aligned}\mathcal{H}\left[Q_1\right] - \mathcal{H}\left[Q_2\right] &= \rho(x,u) + \gamma \min_{u^*} Q_1(y,u^*) - \rho(x,u) - \gamma \min_{u^*} Q_2(y,u^*) \\ &= \gamma \min_{u^*}\left(Q_1(y,u^*) - Q_2(y,u^*)\right) \\ &\leqslant \gamma \|Q_1 - Q_2\|\end{aligned}$$

其中 y 是任意状态。

通常使用 max 运算符而不是 min 运算符：

$$\max_{u^*} Q(f(x,u),u^*) = -\min_{u^*} Q(f(x,u),u^*)$$

Bellman 最优方程表明，$\boldsymbol{Q}^*$ 是$\mathcal{H}$上的固定点而且$\mathcal{H}$具有唯一的不动点(平衡点)：

$$Q^* = \mathcal{H}\left[Q^*\right] \tag{B.21}$$

因此，值迭代渐近收敛到最优值函数

$$Q \rightarrow_{j\rightarrow\infty} Q^*$$

此外，Q 迭代以 γ 的速率收敛到 Q^*，

$$\|Q_{j+1} - Q^*\| \leqslant \gamma \|Q_j - Q^*\|$$

策略迭代通过构造策略的值函数来评估策略，并使用这些值函数来查找新的改进策略。最优策略可以从 Q^* 中计算得到。从策略 h_0 开始，在每次迭代 j 时，确定当前策略 h_j 的 Q 函数 Q^{h_j} 。通过求解 Bellman 方程进行策略评估。

当策略评估完成时，新策略 h_{j+1} 在 Q^h 中会以贪婪的形式被发现

$$h_{j+1}(x) \in \min_{u} Q^{h_j}(x,u) \tag{B.22}$$

策略迭代也称为策略改进。当 $j \rightarrow \infty$ 时，策略迭代所产生的 Q 函数序列渐近收敛到 Q^* 。同时也能获得最优策略 h^* 。

B.4 TD 学习

时间差(TD)方法可以在线求解 Bellman 方程，而不必了解整个系统动力学。这是一种无模型方法。根据值函数和观测状态的估计来计算控制动作。

值迭代需要在每一步执行递归，策略迭代需要在 n 个线性方程的每一步求解。TD 学习使用观察值更新每个时间点的值。TD 方法沿系统轨迹实时在线调整值和动作。

Q 学习

由 Watkins 和 Werbos 开发的 Q 学习是一种 TD 方法，也称为依赖动作的启发式动态规划。其工作原理如下：

(1) 测量实际状态 x_k 。

(2) 对系统应用动作 u_k 。

(3) 测量下一状态 x_{k+1} 。

(4) 获得标量奖励 ρ 。

(5) 考虑当前状态、动作、奖励和下一个状态(x_k ， u_k ， ρ ， x_{k+1})来更新 Q 函数。

上述过程就是强化学习的思想。它不需要了解系统的动态状况。它是无模型的 MDP。

Q 函数的值迭代为

$$\mathcal{H}[Q(x,u)] = \rho(x,u) + \gamma \min_{u^*} Q(f(x,u),u^*) \tag{B.23}$$

Q 函数通过以下 Q 学习方法更新

$$\begin{aligned} Q_{k+1}(x_k,u_k) &= Q_k(x_k,u_k) \\ &\quad + \alpha_k \left\{ \rho(x_k,u_k) + \gamma \min_{u^*} \left[Q_k(x_{k+1},u^*) \right] - Q_k(x_k,u_k) \right\} \end{aligned} \tag{B.24}$$

其中 $\alpha_k \in (0, 1]$ 是学习率。

术语 $\rho(x_k,u_k) + \gamma \min_{u^*} \left[Q_k(x_{k+1},u^*) \right] - Q_k(x_k,u_k)$ 是时间差(TD)误差。由于这种学习独立于下一个策略 h，因此它是一种非策略算法。这种数值迭代算法也可以得到最优的 Q 函数。为了建立 Q 学习的收敛性，需要以下随机逼近引理。

引理 B.1 [1]考虑随机过程(ξ_k ， Δ_k ， F_k)，$k \geqslant 0$，其中 ξ_k ， Δ_k ， F_k : $X \to \mathbb{R}$ 。令 P_k 是一个递增序列 σ 域，使得 ξ_0 和 Δ_0 是 P_0 可测量的，ξ_k ， Δ_k ， F_k 是 P_k 可测量的，过程满足

$$\Delta_{k+1}(z_k) = \Delta_k(z_k) \left[1 - \zeta_k(z_k) \right] + \zeta_k(z_k) F_k(z_k) \tag{B.25}$$

其中 $z_k \in X$ ，X 是有限的。如果以下条件成立，

(1) $0 < \zeta_k(z_k) \leqslant 1, \sum_k \zeta_k(z_k) = \infty, \sum_k \zeta 2_k(z_k) < \infty, \forall z_1 \neq z_k : \zeta_k(z_1) = 0$。

(2) $\|E\{F_k(x)|P_k\}\| \leqslant \kappa\|\Delta_k\| + c_k, \kappa \in (0,1]$，且 c_k 以序列收敛到零。

(3) $var\{F_k(z_k)|P_k\} \leqslant K(1+\kappa\|\Delta_k\|)^2$，$K$ 是正常数，$\|\cdot\|$代表最大范数。

然后 Δ_k 以概率 1 收敛到零。

以下定理给出了 Q 学习算法的收敛性。

定理 B.1 对于有限 MDP(X, U, f, ρ)，Q 学习算法(B.24)几乎肯定可以收敛到最优值函数 Q^*，假定

$$\sum_k \alpha_k = \infty, \quad \sum_k \alpha_k^2 < \infty \tag{B.26}$$

证明：Q 学习算法(B.24)可以改写为，

$$Q_{k+1}(x_k,u_k) = (1-\alpha_k)Q_k(x_k,u_k) + \alpha_k\left[\rho(x_k,u_k) + \gamma\min_{u^*} Q_k(x_{k+1},u^*)\right] \tag{B.27}$$

其中 $r_{k+1} = \rho(x_k,u_k)$。式(B.27)两边同时减去 Q^* 并定义值函数误差 $\Delta_k(x_k,u_k) = Q_k(x_k,u_k) - Q^*$，

$$\Delta_{k+1}(x_k,u_k) = (1-\alpha_k)\Delta_k(x_k,u_k) + \alpha_k\left(r_{k+1} + \gamma\min_{u^*} Q_k\left(x_{k+1},u^*\right) - Q^*\right)$$

这里定义

$$F_k(x_k,u_k) = r_{k+1} + \gamma\min_{u^*} Q_k\left(x_{k+1},u^*\right) - Q^*$$

使用值迭代映射$\mathcal{H}$，

$$\begin{aligned} E\{F_k(x_k,u_k)|P_k\} &= \mathcal{H}\left[Q_k(x_k,u_k)\right] - Q^* \\ &= \mathcal{H}\left[Q_k(x_k,u_k)\right] - \mathcal{H}(Q^*) \end{aligned}$$

因为$\mathcal{H}$是收缩的，

$$\|E\{F_k(x_k,u_k)|P_k\}\| \leqslant \gamma\|Q_k(x_k,u_k) - Q^*(x_k,u_k)\| \leqslant \gamma\|\Delta_k(x_k,u_k)\|$$

然后

$$\begin{aligned} var\{F_k(x_k,u_k)|P_k\} &= E\left[\left(r_{k+1} + \gamma\min_{u^*} Q_k(x_{k+1},u^*) - \mathcal{H}\left[Q_k(x_k,u_k)\right]\right)^2\right] \\ &= var\left\{r_{k+1} + \gamma\min_{u^*} Q_k(x_{k+1},u^*)|P_k\right\} \end{aligned}$$

因为r_{k+1}是有界的，所以它可以清楚地验证

$$var\{F_k(x_k,u_k)|P_k\}\leqslant K\left(1+\gamma\|\Delta_k(x_k,u_k)\|\right)^2$$

其中K为常数。满足引理 B.1 的第二个和第三个条件。对于Q学习，通常选择恒定的学习率：

$$\alpha_k=\alpha,\quad 0<\alpha\leqslant 1$$

这里选择

$$\alpha_k=\frac{\eta}{1+\frac{1}{\beta}k},\quad 0<\eta\leqslant 1,\quad \beta>>1$$

其中η是常数。由于β非常大，对于有限时间k，学习率$a_k\approx\eta$，它是常量。因为

$$\sum_{k=1}^{\infty}\frac{\eta}{1+\frac{1}{\beta}k}=\infty,\quad \sum_{k=1}^{\infty}\left(\frac{\eta}{1+\frac{1}{\beta}k}\right)^2=\eta^2\beta^2\psi(\beta,1)-\eta^2<\infty$$

其中$\psi(\beta, 1)$是 digamma 函数，它是有界的。满足引理 B.1 或式(B.26)的第一个条件。Δ_k以概率 1 收敛到零，因此，Q_k以概率为 1 收敛到Q^*。

式(B.26)中的$\sum a_k^2<\infty$要求访问所有状态-动作对。这意味着动作应该位于每个遇到的状态中。控制器应选择贪婪的动作来运用所有知识空间。这是 RL 中的探索/运用权衡。平衡探索/运用的一种常用方法是ε-greedy 方法：在每个时间步，使用固定概率的随机动作代替贪婪的选择，其中$\varepsilon\in(0, 1)$，

$$u_k=\begin{cases}U\text{中的随机动作} & \text{符合概率}\,\varepsilon_k\,\text{的均匀分布}\\ u\in\operatorname{argmin}_{u^*}Q_k(x_k,u^*) & 1-\varepsilon_k.\end{cases}\tag{B.28}$$

Sarsa

Sarsa 是一种值迭代的替代方法。它连接数据元组(x_k，u_k，r_{k+1}，x_{k+1}，u_{k+1})中的每个元素：state(S)、action(A)、redward(R)、(next)state(S)和(next)action(A)。从任何初始Q函数Q_0开始，在每个步骤中，数据元组更新如下：

$$Q_{k+1}(x_k,u_k)=Q_k(x_k,u)+\alpha_k\left[r_{k+1}+\gamma Q_k(x_{k+1},u_{k+1})-Q_k(x_k,u_k)\right] \tag{B.29}$$

在 Q 学习中，TD 误差包括下一状态的最小 Q 值。在 Sarsa 中，时间差误差为$\left[r_{k+1}+\gamma Q_k(x_{k+1},u_{k+1})-Q_k(x_k,u_k)\right]$，它包括下一个状态中动作的 Q 值。因此，Sarsa 执行无模型策略评估。

与离线策略迭代不同，Sarsa 不需要等待 Q 函数收敛，它使用未改进的策略来节省时间。由于贪婪成分，Sarsa 在每一步都隐式地执行策略的改进。这是一个在线策略迭代，有时被称为完全高估。

为了证明收敛性，Sarsa 需要类似于 Q 学习的条件，这些条件在以下定理中建立。

定理 B.2　给定有限 MDP(X,U,f,ρ)，值 Q_k 的计算公式为

$$Q_{k+1}(x_k,u_k)=Q_k(x_k,u)+\alpha_k\left[r_{k+1}+\gamma Q_k(x_{k+1},u_{k+1})-Q_k(x_k,u_k)\right] \tag{B.30}$$

然后 Q_k 收敛到最优 Q^*，策略 $h(x_k)$ 收敛到最优策略 $h^*(x_k)$。假定学习策略在有限的时间内进行无限可能的探索(GLIE)，并且

$$\sum_k \alpha_k=\infty,\quad \sum_k \alpha_k^2<\infty \tag{B.31}$$

证明：Sarsa 更新规则(B.29)可改写为

$$\Delta_{k+1}(x_k,u_k)=(1-\alpha_k)\Delta_k(x_k,u_k)+\alpha_k F_k(x_k,u_k)$$

其中$\Delta_k(x_k,u_k)=Q_k(x_k,u_k)-Q^*$。$F_k$由以下公式给出

$$\begin{aligned}F_k(x_k,u_k)&=r_{k+1}\pm\gamma\min_{u^*}Q_k(x_{k+1},u^*)+\gamma Q_k(x_{k+1},u_{k+1})\\&=r_{k+1}+\gamma\min_{u^*}Q_k(x_{k+1},u^*)+C_k(x_k,u_k)\\&=F_k^Q(x_k,u_k)+C_k(x_k,u_k)\end{aligned}$$

其中

$$C_k(x_k,u_k)=\gamma\left(Q_k(x_{k+1},u_{k+1})-\min_{u^*}Q_k(x_{k+1},u^*)\right)$$
$$F_k^Q(x_k,u_k)=r_{k+1}+\gamma\min_{u^*}Q_k\left(x_{k+1},u^*\right)-Q^*$$

与 Q 学习类似，

$$E\{F_k^Q(x_k,u_k)|P_k\}\leqslant\gamma\|\Delta_k(x_k,u_k)\|$$

下面定义$Q_2(x_{k+1},a)=\min_{u^*}Q_k(x_{k+1},u^*)$，在该式中，$a$ 是在下一个状态 $\Delta_k^a=Q_k(x,u)-Q_2(x,u)$使函数 Q 最小化的动作。这里考虑如下两种情况：

(1) 如果

$$E\left\{Q_k(x_{k+1},u_{k+1})|P_k\right\}\leqslant E\{Q_2(x_{k+1},a)|P_k\}$$

$$Q_k(x_{k+1},u_{k+1})\leqslant Q_k(x_{k+1},a)$$

于是有

$$\begin{aligned}E\{C_k(x_k,u_k)|P_k\}&=\gamma E\{Q_k(x_{k+1},u_{k+1})-Q_2(x_{k+1},a)\}\\&\leqslant\gamma E\{Q_k(x_{k+1},a)-Q_2(x_{k+1},a)\}\\&\leqslant\gamma\|\Delta_k^a\|\end{aligned}$$

(2) 如果

$$E\{Q_2(x_{k+1},a)|P_k\}\leqslant E\{Q_k(x_{k+1},u_{k+1})|P_k\}$$

$$Q_2(x_{k+1},a)\leqslant Q_2(x_{k+1},u_{k+1})$$

于是有

$$\begin{aligned}E\{C_k(x_k,u_k)|P_k\}&=\gamma E\{Q_k(x_{k+1},u_{k+1})-Q_2(x_{k+1},a)\}\\&\leqslant\gamma E\{Q_k(x_{k+1},u_{k+1})-Q_2(x_{k+1},u_{k+1})\}\\&\leqslant\gamma\|\Delta_k^a\|\end{aligned}$$

由于策略是 GLIE，即非贪婪行为的选择概率为零。因此，条件(B.26)得到保证。通过引理 B.1，Δ_k^a 收敛到零，因此 Δ_k 也收敛到零并且 Q_k 收敛到 Q^*。

策略梯度

Q 学习使用 $Q(x,u)$的值来采取某种动作。它充当 critic，使用 $Q_k(x_k,u_k)$ 评估决策和结果。如果动作空间是连续的，Q 学习算法需要离散化动作空间。离散化将导致动作空间具有很高的维数，这使得 Q 学习算法很难找到最优值，并且计算速度相对较慢。

策略梯度通过计算下一步动作直接弥补了这一缺陷。也就是说，它的输出是动作或动作分布。它就像一个 actor 根据某种状态做出某种动作。

用 x_k 表示状态集合，$R(x)=\sum_{k=0}^{\infty} r\left[x_k,u_k\right]$表示奖励函数，$P(x,\theta)$ 表示轨迹 x 的概率。目标函数是

$$J(\theta)=E\left[R(x),h(\theta)\right]=\sum_x P(x,\theta)\,R(x)$$

其中 $h(\theta)$ 是策略。强化学习的目标是找到最优参数 θ，使得

$$\max J(\theta)=\max\sum_x P(x,\theta)\,R(x)$$

它使用最陡下降法(梯度法)作为

$$\theta_{k+1}=\theta_k+\eta\nabla J(\theta)$$

其中

$$\begin{aligned}\nabla_\theta J(\theta)&=\nabla_\theta\left(\sum_x P(x,\theta)\,R(x)\right)=\sum_x\nabla_\theta\left[P(x,\theta)\,R(x)\right]\\&=\sum_x P(x,\theta)\,\frac{\nabla_\theta\left[P(x,\theta)\right]}{P(x,\theta)}R(x)=\sum_x\nabla_\theta\left[\log P(x,\theta)\right]P(x,\theta)\,R(x)\\&=E\left[\nabla_\theta\left[\log P(x,\theta)\right]R(x)\right]\end{aligned}$$

可以使用经验平均值来估计$E\left[\nabla_\theta\left[\log P(x,\theta)\right]R(x)\right]$。如果当前策略有 m 条轨迹，则策略梯度与 m 条轨迹的经验平均值逼近为

$$\nabla_\theta J(\theta)\approx\frac{1}{m}\sum_{k=1}^{m}\log P\left(x_k,\theta\right)R(x_k)$$

$\nabla_\theta[\log P(x,\theta)$ 是可能性的梯度，因为有

$$P(x,\theta)=\Pi_i P\left(x_{k+1}^i\mid x_k^i,u_k^i\right)h_\theta\left(x_k^i\mid u_k^i\right)$$

这里有

$$\begin{aligned}\nabla_\theta\left[\log P(x,\theta)\right]&=\sum\nabla_\theta\log P\left(x_{k+1}^i\mid x_k^i,u_k^i\right)+\sum\nabla_\theta\log h_\theta\left(x_k^i\mid u_k^i\right)\\&=\sum_i\nabla_\theta\log h_\theta\left(x_k^i\mid u_k^i\right)\end{aligned}$$

最后，策略梯度为

$\nabla_\theta J(\theta) = E\left[\nabla_\theta\left[\log h_\theta(x,\theta)\right]R(x)\right]$

actor-critic

策略梯度为

$\nabla_\theta J(\theta) = E\left[\nabla_\theta\left[\log h_\theta(x,\theta)\right]R(x)\right]$

策略梯度的指数函数为

$$J(\theta) = \sum_k \log h_\theta\left(x_k, u_k\right) R_k$$

其中 R_k 是值函数，h_θ 是动作。
如果根据蒙特卡罗算法来估计 R_k，则它变为

$$J(\theta) = \sum_k \log h_\theta\left(x_k, u_k\right) G_k$$

G_k 是从多个随机变量中获得的。另一种方法是引入基线函数，

$$\begin{aligned} J(\theta) &= \sum_k \log h_\theta\left(x_k, u_k\right)\left[E\left(G_k\right) - R_k\right] \\ &= \sum_k \log h_\theta\left(x_k, u_k\right)\left[Q_k\left(x_k, u_k\right) - R_k\left(x_k\right)\right] \end{aligned}$$

其中 $E(G_k | x_k, u_k) = Q_k$。根据 Bellman 方程，

$$\begin{aligned} Q_k\left(x_k, u_k\right) &= E\left[r + \gamma R_k\left(x_{k+1}\right)\right] \\ Q_k\left(x_k, u_k\right) &= r_{k+1} + \gamma R_k\left(x_{k+1}\right) \end{aligned}$$

因此有

$$J(\theta) = \sum_k \log h_\theta\left(x_k, u_k\right)\left[r + \gamma R_k\left(x_{k+1}\right) - R_k\left(x_k\right)\right]$$

在此可将$\left[r + \gamma R_k\left(x_{k+1}\right) - R_k\left(x_k\right)\right]$视为 TD 误差，它由 Q 学习算法估计。
actor-critic 是 Q 学习和策略梯度方法的结合：
(1) actor 是策略梯度算法，用于确定哪种动作具有最佳效果。
(2) critic 在 Q 学习中评估特定状态下采取的动作。它影响 actor 未来的选择。
actor-critic 算法的优点是训练时间比策略梯度训练的时间短。

资格迹

资格迹是 RL 的基本机制。它有助于学习过程。它使用短期记忆向量将资格学分分配给访问的状态。

在每个步骤中，资格迹衰减因子是 $\lambda\gamma$，对于访问的状态，用 $e_x(x)$ 表示，

$$e_k(x)=\begin{cases}\lambda\gamma e_{k-1}(x)+1, & \text{如果 } x=x_k\\ \lambda\gamma e_{k-1}(x), & \text{如果 } x\neq x_k\end{cases} \tag{B.32}$$

其中 γ 是贴现率，λ 是跟踪衰减参数。

这种资格迹称为累积迹，因为每次都会访问状态并逐渐淡出。对其稍加修改(如替换踪迹)，可以显著提高性能。离散状态 x 的替换踪迹定义为

$$e_k(x)=\begin{cases}1, & \text{如果 } x=x_k\\ \lambda\gamma e_{k-1}(x), & \text{如果 } x\neq x_k\end{cases} \tag{B.33}$$

当每个状态有资格接受学习时，就会发生强化事件。由于这里使用一步 TD 误差，因此状态值函数的预测为

$$\delta_k=r_{k+1}+\gamma V_k(x_{k+1})-V_k(x_k) \tag{B.34}$$

这就是 TD(λ)方法的思想。TD 误差信号与更新规则中所有最近访问的状态成比例进行触发，如下所示：

$$W_{k+1}(x_k)=W_k(x_k)+\alpha_k\delta_k e_k(x) \tag{B.35}$$

W_k 是需要训练的参数。

累积和替换踪迹由状态-动作对定义，

$$e_k(x,u)=\begin{cases}\lambda\gamma e_{k-1}(x,u)+1, & \text{如果 } (x,u)=(x_k,u_k)\\ \lambda\gamma e_{k-1}(x,u), & \text{否则}\end{cases} \tag{B.36}$$

或者

$$e_k(x,u)=\begin{cases}1, & \text{如果 } (x,u)=(x_k,u_k)\\ \lambda\gamma e_{k-1}(x,u), & \text{否则}\end{cases} \tag{B.37}$$

因此，Q 函数的 TD(λ)更新为

$$Q_{k+1}(x_k,u_k)=Q_k(x_k,u_k)+\alpha_k\delta_k e_k(x,u) \tag{B.38}$$